电力行业特种设备安全监督管理手册

孟祥泽　主编

中国电力出版社
CHINA ELECTRIC POWER PRESS

内 容 提 要

本书从特种设备的概念入手，系统介绍了特种设备法规体系、特种设备行政许可、特种设备的现场安全监督检查、特种设备制造安装改造维修质量保证体系，特种设备制造监检，承压类特种设备的监造，特种设备安装改造维修，特种设备使用管理，焊接与热处理，无损检测，理化检验与重要部件的寿命预测及管理，特种设备故障、事故应急处理与预防要求，计量管理等内容，是一本电力行业从事特种设备安全监督管理和特种设备技术管理工作人员的实用工具书。

图书在版编目（CIP）数据

电力行业特种设备安全监督管理手册/孟祥泽主编．—北京：中国电力出版社，2016.12

ISBN 978-7-5198-0028-4

Ⅰ.①电… Ⅱ.①孟… Ⅲ.①电力设备-设备安全-安全管理-手册 Ⅳ.①TM4-62

中国版本图书馆CIP数据核字（2016）第277929号

中国电力出版社出版、发行

（北京市东城区北京站西街19号 100005 http://www.cepp.sgcc.com.cn）

北京天宇星印刷厂印刷

各地新华书店经售

*

2016年12月第一版 2016年12月北京第一次印刷

787毫米×1092毫米 16开本 18.75印张 538千字

印数0001—2000册 定价**60.00**元

前　言

特种设备是指锅炉、压力容器、压力管道、起重机械等涉及生命安全、危险性较大的设备，世界各国都十分重视它们的安全问题。对特种设备实施设计、制造、安装、检修、使用等阶段的全过程安全监督是世界各国普遍实行的制度。

特种设备的安全监督是一种技术性很强的管理工作，它以事故预防为目的。作为特种设备安全监督管理工作者，必须十分熟悉有关的法规、规程、规范和技术标准。为了给从事电力特种设备监督管理的有关人员提供一本实用的技术手册，我们在中国电力出版社的大力支持下，编写了这本书。

本书由孟祥泽任主编，张升坤、韩建慧、黄正斌、刘天佐、田诚、李忠东任副主编，参加编写的还有董彬、王文斌、张俊强、刘培勇、孟令晋、宋作印、金树生、郭资超、吕冰、王勇旗、郑鹏、李晓玲、杨晓伟、赵广建、刘圣文、谭恺、王建勇等。本书由孟祥泽负责通稿和定稿。

本书可供火电建设公司和火力发电厂的锅监工程师与锅炉、汽机、起重机械等专业的工程技术人员和管理人员及其他从事特种设备安全监督管理和检验工作的同志在工作中使用，也可供建设单位和监理单位从事电力建设工程管理与监理的工程技术人员参考。

本书在编写过程中得到了山东电力建设第一工程公司、山东省特种设备协会、山东电力特种设备安全监督委员会、华电莱州发电有限公司、华电国际股份有限公司技术中心、华能济南黄台发电有限公司、山东电力建设第三工程公司、山东科技大学济南校区电气工程系等单位的大力支持，在此一并表示感谢。

由于编写人员专业水平、经验有限，本手册缺点和不妥之处在所难免，热诚期望读者和同行批评指正。

作　者

2016 年 6 月

目　录

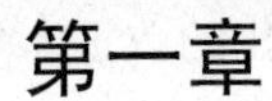

第一章 概 述

第一节 基 本 概 念

一、特种设备的概念

特种设备包括锅炉、压力容器、压力管道、电梯、起重机械、客运索道、大型游乐设施、场（厂）内专用机动车辆等。这些设备一般具有在高压、高温、高空、高速条件下运行的特点，易燃、易爆、易发生高空坠落等，对人身和财产安全有较大危险性。

（1）承压类特种设备：是指承载一定压力的密闭设备或管状设备，包括锅炉、压力容器（含气瓶）、压力管道。

（2）机电类特种设备：是指必须由电力牵引或驱动的设备，包括电梯、起重机械、大型游乐设施、客运索道、场（厂）内机动车辆。

特种设备的种类见表1-1。

表1-1　特种设备的种类

承压类特种设备	锅炉	包括其所用的材料、附属的安全附件、安全保护装置和与安全保护装置相关的设施
	压力容器（含气瓶）	
	压力管道	
机电类特种设备	电梯	乘客电梯、客货电梯、病床电梯、载货电梯、自动扶梯、自动人行道、其他电梯（液压电梯按用途分别归类）
	起重机械	桥式起重机、门式起重机、门座式起重机、塔式起重机、流动式起重机、升降机、缆索式起重机、桅杆式起重机、机械式停车设备
	厂内机动车辆	机动工业车辆、非公路用旅游观光车辆
	大型游乐设施	观览车类、滑行车类、架空游览车类、陀螺类、飞行塔类、转马类、自控飞机类、水上游乐设施、无动力游乐设施、赛车类、小火车类、碰碰车类
	客运索道	客运架空索道、客运拖牵索道、客运缆车

二、特种设备安装改造维修的概念

1. 特种设备安装

特种设备安装是指在特种设备设置场所，把特种设备零散部件组装成完整产品的过程。根据设计的规定，是指将特种设备完整地安装在指定位置和支架上的过程。包括按规范要求的所有现场装配、制作、检查和试验等工作。

2. 锅炉改造与重大修理

锅炉改造是指锅炉受压部件发生结构变化或者燃烧方式发生变化的改造。锅炉重大修理是指：

（1）A级锅炉重大修理：

1）锅筒、启动（汽水）分离器、减温器和集中下降管的更换以及主焊缝的补焊。

2）整组受热面50%以上的更换。

3）外径大于273mm的集箱、管道和管件的更换、挖补以及纵（环）焊缝补焊。

4）大板梁焊缝的修理。

（2）B级及以下锅炉重大修理：

1）筒体、封头、管板、炉胆、炉胆顶、回燃室、下脚圈和集箱等主要受压元件的更换和挖补。

2）受热面管子的更换，数量大于该类受热面（其分类分为水冷壁、对流管束、过热器、省煤器、烟管等）的10%，并且不少于10根；直流、贯流锅炉整组受热面更换。

3. 压力容器安装改造维修

（1）压力容器安装是指压力容器整体就位、整体移位安装的活动。

（2）压力容器改造是指对压力容器和主要受压元件进行更换、增减和特种设备设计条件、使用条件变更［导致主要受压元件、安全附件的几何尺寸（形状）、材料发生改变］，导致压力容器参数、介质和用途等安全技术性能指标改变的活动。

（3）压力容器维修是指对压力容器和主要受压元件进行修理，不导致压力容器参数、介质和用途等安全技术性能指标改变的活动。

4. 压力管道改造维修

（1）压力管道改造是指改变管道受压部分结构（如改变受压元件的规格、材质、改变管道的结构布置，改变支吊架位置等），致使管道性能参数或者管道特性发生变更的活动。

（2）压力管道重大维修指对管道不可机械拆卸部分受压元件的维修，以及采用焊接方法更换管段及阀门、管子矫形、受压元件挖补与焊补、带压密封堵漏等。

（3）压力管道一般维修是指重大维修以外的其他维修。

5. 起重机械改造维修

（1）起重机械改造是指改变原起重机主要受力结构件、主要配置、控制系统，致使原性能参数与指标发生改变的活动。

（2）起重机械重大维修是指拆卸或者更换原有主要受力结构件、主要配置、控制系统，但不改变起重机械的原性能参数与技术指标的维修活动。

（3）起重机械维修是指拆卸或更换原有主要零部件、调整控制系统、更换安全附件和安全保护装置，但不改变起重机械的原性能参数与技术指标的修理活动。

6. 电梯改造维修

电梯改造维修的类别划分见表1-2。

表 1－2　　电梯改造维修类别划分

<table>
<tr><th>类别</th><th>部件调整</th><th>参数调整</th></tr>
<tr><td>改造</td><td>以下部件变更型号、规格，致使右栏列出的电梯参数等内容发生变更时，应当认定为改造作业：限速器、安全钳、缓冲器、门锁、绳头组合、导轨、曳引机、控制柜、防火层门、玻璃门及玻璃轿壁、上行超速保护装置、含有电子元件的安全电路、液压泵站、限速切断阀、电动单向阀、手动下降阀、机械防沉降（防爬）装置、梯级或踏板、梯级链、驱动主机、滚轮（主轮、副轮）、金属结构、扶手带、自动扶梯或自动人行道的控制屏</td><td>不管左栏所列部件是否变更，致使以下参数等内容发生变更，应当认定为改造作业：额定速度、额定载荷、驱动方式、调速方式、控制方式、提升高度、运行长度（对人行道）、倾斜角度、名义宽度、防爆等级、防爆介质、轿厢重量</td></tr>
<tr><td>重大维修</td><td>不变更右栏列出的参数等内容，但需要通过更新或者调整以下部件（保持原规格）才能完成的修理业务，应当认定为重大维修作业：限速器、安全钳、缓冲器、门锁、绳头组合、导轨、曳引机、控制柜、导靴、防火层门、玻璃门及玻璃轿壁、上行超速保护装置、含有电子元件的安全电路、液压泵站、限速切断阀、电动单向阀、手动下降阀、机械防沉降（防爬）装置、梯级或踏板、梯级链、驱动主机、滚轮（主轮、副轮）、金属结构、扶手带、自动扶梯或自动人行道的控制屏</td><td rowspan="3">额定速度、额定载荷、驱动方式、调速方式、控制方式、提升高度、运行长度（对人行道）、倾斜角度、名义宽度、防爆等级、防爆介质、轿厢重量</td></tr>
<tr><td>维修</td><td>不变更右栏列出的参数等内容，但需要通过更新或者调整以下部件（保持原型号、规格）才能完成的修理业务，应当认定为维修作业：缓冲器、门锁、绳头组合、导靴、防火层门、玻璃门及玻璃轿壁、液压泵站、电动单向阀、手动下降阀、梯级或踏板、梯级链、滚轮（主轮、副轮）、扶手带</td></tr>
<tr><td>日常维护保养</td><td>不变更右栏列出的参数等内容，需要通过调整以下部件（保持原型号、规格）才能完成的修理业务，应当认定为维修作业：缓冲器、门锁、绳头组合、导靴、电动单向阀、手动下降阀、梯级或踏板、梯级链、滚轮（主轮、副轮）、扶手带</td></tr>
</table>

第二节　特种设备法规体系

目前，特种设备法律法规体系分为 5 个层次，即法律一法规一部门规章一安全技术规范一各类国家标准、行业标准。

一、第一层——法律

法律是由全国人大或全国人大常委会批准通过，国家主席签发，以国家主席令的形式颁布的法律文件。

《中华人民共和国特种设备安全法》（十二届主席令第 4 号），2014 年 1 月 1 日实施。

相关法律：《中华人民共和国安全生产法》《中华人民共和国行政许可法》《中华人民共和国产品质量法》《中华人民共和国标准化法》。

二、第二层——法规

法规是由国务院总理签发，以国务院令的形式颁布的法律文件。

1. 行政法规

《特种设备安全监察条例》（国务院令第373号）2003年3月11日发布，2003年6月1日实施，修订后新的《特种设备安全监察条例》（国务院令第549号）2009年1月24日发布，2009年5月1日实施。

相关其他行政法规：《国务院关于特大安全事故行政责任追究的规定》（2001年4月21日发布，国务院令第302号）、《生产安全事故报告和调查处理条例》（2007年4月9日发布，国务院令493号）、《国务院对确需保留的行政审批项目设定行政许可的决定》（2004年6月29日发布，国务院令第412号）。

2. 法规性文件

国务院授权颁布的法规性文件。如：关于实施新修改的《特种设备安全监察条例》若干问题的意见（国质检法〔2009〕192号）。

3. 地方性法规

省、自治区、直辖市人大通过的条例，如：《山东省特种设备安全条例》《浙江省特种设备安全管理条例》《广东省特种设备安全条例》《黑龙江省特种设备安全监察条例》。

三、第三层——部门规章

部门规章是由政府机构行政长官签发，以令的形式发布的规范性文件。如：《特种设备作业人员监督管理办法》（国家质量监督检验检疫总局令第140号）、《起重机械安全监察规定》（国家质量监督检验检疫总局令第92号）。

四、第四层——安全技术规范

安全技术规范是以国家质检总局文件或公告形式发布。

安全技术规范是规定特种设备的安全性能和相应的设计、制造、安装、修理、改造、使用管理和检验检测方法，以及许可、考核条件、程序的一系列行政管理文件。安全技术规范是特种设备法规体系的重要组成部分，其作用是把法律、法规和行政规章原则规定具体化，提出特种设备基本安全要求。

1. 综合

国质检锅函〔2003〕408号《特种设备行政许可实施办法（试行）》

TSG G0001—2012《锅炉安全技术监察规程》

TSG 21—2016《固定式压力容器安全技术监察规程》

TSG D0001—2009《压力管道安全技术监察规程——工业管道》

TSG ZF001—2006《安全阀安全技术监察规程》

TSG Q0002—2008《起重机安全技术监察规程——桥式起重机》

《起重机械安全技术监察规程》（正在制定）

TSG Z6002—2010《特种设备焊接操作人员考核细则》

TSG Z0004—2007《特种设备制造、安装、改造、维修质量保证体系基本要求》

TSG R0005—2011《移动式压力容器安全技术监察规程》

TSG ZF003—2011《爆破片装置安全技术监察规程》

TSG 03—2016《特种设备事故报告和调查处理导则》

TSG R006—2014《气瓶安全技术监察规程》

2. 制造环节

国家质量监督检验检疫总局令第 22 号《锅炉压力容器制造监督管理办法》

TSG D2001—2006《压力管道元件制造许可规则》

TSG D7002—2006《压力管道元件型式试验》

TSG G7001—2015《锅炉监督检验规则》

TSG R7004—2013《压力容器监督检验规则》

TSG D7001—2013《压力管道元件制造监督检验规则》（暂缓执行）

国质检锅〔2003〕174 号《机电类特种设备制造许可规则（试行）》

《起重机械制造许可规则》（正在制定）

国质检锅〔2003〕305 号《起重机械型式试验规程（试行）》

TSG Q7004—2006《塔式起重机型式试验细则》

TSG Q7011—2006《旋臂式起重机型式试验细则》

TSG Q7013—2006《机械式停车设备型式试验细则》

TSG Q7002—2007《桥式起重机型式试验细则》

TSG Q7003—2007《门式起重机型式试验细则》

TSG Q7006—2007《铁路起重机型式试验细则》

TSG Q7007—2007《门座起重机型式试验细则》

TSG Q7008—2007《升降机型式试验细则》

TSG Q7009—2007《缆索起重机型式试验细则》

TSG Q7010—2007《桅杆起重机型式试验细则》

TSG Q7005—2008《流动式起重机型式试验细则》

TSG Q7012—2008《轻小型起重设备型式试验细则》

TSG Q7014—2008《起重机械安全保护装置型式试验细则》

TSG R7003—2011《气瓶制造监督检验规则》

TSG T7007—2016《电梯型式试验规则》

3. 安装改造维修环节

TSG G3001—2004《锅炉安装改造单位监督管理规则》

TSG R3001—2006《压力容器安装改造维修许可规则》

TSG D3001—2009《压力管道安装许可规则》

TSG G7001—2015《锅炉监督检验规则》

TSG G5003—2008《锅炉化学清洗规则》

TSG R7004—2013《压力容器监督检验规则》

国质检锅〔2002〕83号《压力管道安装安全质量监督检验规则》

国质检锅〔2003〕251号《机电类特种设备安装改造维修许可规则》

《起重机械安装改造维修许可规则》（正在制定）

TSG Q7016—2016《起重机械安装改造重大修理监督检验规则》

TSG T7005—2012《电梯监督检验和定期检验规则——自动扶梯和自动人行道》

TSG T7006—2012《电梯监督检验和定期检验规则——杂物电梯》

TSG T7004—2012《电梯监督检验和定期检验规则——液压电梯》

TSG T7002—2011《电梯监督检验和定期检验规则——消防员电梯》

TSG T7003—2011《电梯监督检验和定期检验规则——防爆电梯》

TSG R4002—2011《移动式压力容器充装许可规则》

4. 使用环节

TSG G5004—2014《锅炉使用管理规则》

TSG R5002—2013《压力容器使用管理规则》

TSG D5001—2009《压力管道登记使用管理规则》

质技监锅发〔2001〕57号《特种设备注册登记与使用管理规则》

TSG Q5001—2009《起重机械使用管理规则》

TSG Q7015—2016《起重机械定期检验规则》

TSG G7002—2015《锅炉定期检验规则》

TSG R7001—2013《压力容器定期检验规则》

TSG D7004—2010《压力管道定期检验规则——公用管道》

TSG D7003—2010《压力管道定期检验规则——长输（油气）管道》

国质检锅〔2003〕108号《在用工业管道定期检验规程》

TSG Q6001—2009《起重机械安全管理人员和作业人员考核大纲》

TSG Z6001—2013《特种设备作业人员考核规则》

TSG G8001—2011《锅炉水（介质）处理检测人员考核规则》

TSG G5002—2010《锅炉水（介质）处理检验规则》

TSG G5001—2010《锅炉水（介质）处理监督管理规则》

TSG R6001—2011《压力容器安全管理人员和操作人员考核大纲》

TSG T7005—2012《电梯监督检验和定期检验规则——自动扶梯和自动人行道》

TSG T7006—2012《电梯监督检验和定期检验规则——杂物电梯》

TSG T7004—2012《电梯监督检验和定期检验规则——液压电梯》

TSG T7002—2011《电梯监督检验和定期检验规则——消防员电梯》

TSG T7003—2011《电梯监督检验和定期检验规则——防爆电梯》

TSG R4002—2011《移动式压力容器充装许可规则》

5. 检验检测机构

TSG Z7005—2015《特种设备无损检测机构核准规则》

TSG Z7003—2004《特种设备检验检测机构质量管理体系要求》

TSG Z8001—2013《特种设备无损检测人员考核规则》

TSG Z7002—2004《特种设备检验检测机构鉴定评审细则》

TSG Z7004—2011《特种设备型式试验机构核准规则》

6. 鉴定评审

国质检特〔2005〕220 号《特种设备行政许可鉴定评审管理与监督规则》

TSG Z0003—2005《特种设备鉴定评审人员考核大纲》

TSG Z0005—2007《特种设备制造、安装、改造、维修许可鉴定评审细则》

五、第五层——国家标准、行业标准

国家标准和行业标准是安全技术规范的重要基础和支撑，用来指导设备的生产和使用。

我国标准分为国家标准、行业标准、地方标准、社团（协会学会）标准、企业标准。其中，国家标准、行业标准又分为强制性标准和推荐性标准。

特种设备的各类各项标准正逐步制定和修订，目前正向体系化发展。

全国专业标准化技术委员会（简称技术委员会）是在一定专业领域内，从事全国性标准化工作的技术组织，负责本专业领域内的标准化技术归口工作，是国家标准化管理机构的重要技术支撑。

如：起重机械 370 余个；电梯约 40 个；厂（场）内专用机动车辆约 50 个。

WTO 准则：5 个方面可以制定技术法规：涉及国家安全，防止欺诈行为，保护人身健康与安全，保护动物、植物的生命与健康，保护环境等基本要求的所有产品。

安全技术规范是技术法规，目前强制性标准也是技术法规的一部分。安全技术规范大量引用了有关的国家标准或者行业标准，国家标准、行业标准是安全技术规范的重要基础和补充，凡列入安全技术规范的国家标准或者行业标准是强制执行的。

六、安全技术规范与标准的比较

1. 相同点

它们规定的内容都可以包括产品特性、相应的加工或生产方法、相应的术语、符号、包装、标志或标签要求。

2. 不同点

(1) 安全技术规范是强制执行的，标准是自愿采用的。

(2) 安全技术规范由具有立法权的机关制定，标准由公认的机构，包括民间机构批准发布。

(3) 安全技术规范中包含行政管理性规定，标准主要是技术内容。

(4) 安全技术规范体现安全监察的全过程，标准不能涵盖安全监察的全过程。

(5) 安全技术规范反映安全的最低要求，一般只做出原则性的规定，而标准包括了全面的安全质量、经济性、通用性互换性要求。

(6) 安全技术规范不要求国际互认，通过技术规范建立本国的技术壁垒，而标准追求国际互认和统一。

第三节 特种设备行政许可

一、行政许可的有关概念

1. 行政许可的定义

行政许可是指行政机关根据公民、法人或者其他组织的申请，经依法审查，准予其从事特定活动的行为。

行政许可是行政机关依法对社会、经济事务实行事前监督管理的一种重要手段，是一项重要的行政权力。行政许可具有下述特点。

(1) 行政许可是依法申请的行政行为。行政机关针对行政相对人的申请，依法采取相应的行政行为。行政机关不因行政相对人准备从事某项活动而主动颁发许可证或者执照。行政相对人提出申请，是颁发行政许可的前提条件。行政许可是行政机关基于行政权而为的单方行为。行政相对人提出申请，是其从事某种法律行为之前必须履行的法定义务。

(2) 行政许可是一种经依法审查的行为。行政许可并不是一经申请即可取得，而要经过行政机关的依法审查。这种审查的结果，可能是给予或者不给予行政许可。行政机关接到行政许可申请之后，首先审查决定是否受理。属于本机关职责范围，材料齐全，符合法定形式的，予以受理。受理之后，根据法定条件和标准，按照法定程序，进行审查，决定是否准予当事人的申请。审查应当公开、公平和公正，依照法定的权限、条件和程序，以保证行政许可决定的准确性。

(3) 行政许可是一种授益性行政行为。行政许可赋予行政相对人某种权利和资格，是一种准予当事人从事某种活动的行为。

(4) 行政许可是要式行政行为。行政许可除了要遵循一定的法定程序，还应以正规的文书、格式、日期、印章等形式予以批准。行政机关作出行政许可的决定，需要颁发行政许可证件的，应当向申请人颁发加盖印章的许可证、执照或者其他许可证书；资格证、资质证或者其他合格证书；批准文件或者证明文件等。

2. 行政许可的分类

行政许可包括审批、审核、批准、认可、同意、登记等不同形式。按照行政许可性质、功能、适用事项的不同，可将行政许可分为以下5类。

(1) 普通许可。普通许可是由行政机关确认自然人、法人或者其他组织是否具备从事特定活动的条件。它是运用最广泛的一种行政许可，适用于直接关系国家安全、经济安全、公共利益、人身健康、生命财产安全的事项。普通许可的功能主要是防止危险、保障安全，一般没有数量控制。

(2) 特许。特许是由行政机关代表国家向被许可人授予某种权利，主要适用于有限自然资源的开发利用、有限公共资源的配置、直接关系公共利益的垄断性企业的市场准人等。特许的功能主要是分配稀缺资源，一般有数量控制。

(3) 认可。认可是由行政机关对申请人是否具备特定技能的认定，主要适用于为公众提供服务、直接关系公共利益并且要求具备特殊信誉、特定条件或者特殊技能的资格、资质。认可的主要功能是提高从业水平或者某种技能、信誉，没有数量限制。

(4) 核准。核准是由行政机关对某些事项是否达到特定技术标准、经济技术规范的判断、确定，主要适用于直接关系公共安全、人身健康、生命财产安全的重要设备设施的设计、建造、安装和使用，直接关系人身健康、生命财产安全的特定产品、物品的检验、检疫。核准的功能也是为了防止危险、保障安全，没有数量控制。

(5) 登记。登记是由行政机关确立个人、企业或者其他组织的特定主体资格。登记的功能主要是确立申请人的市场主体资格，没有数量控制。

3. 行政许可的设定

设定行政许可的事项主要是直接关系国家安全、经济安全、公共利益以及人身健康、生命财产安全的事项，有限自然资源的开发利用、有限公共资源的配置的事项，通过事后补救难以消除影响或者造成难以挽回的重大损害的其他事项。

《中华人民共和国行政许可法》规定下列事项可以设定行政许可。

(1) 直接涉及国家安全、公共安全、经济宏观调控、生态环境保护以及直接关系人身健康、生命财产安全等特定活动，需要按照法定条件予以批准的事项。

(2) 有限自然资源开发利用、公共资源配置以及直接关系公共利益的特定行业的市场准入等，需要赋予特定权利的事项。

(3) 提供公众服务并且直接关系公共利益的职业、行业，需要确定具备特殊信誉、特殊条件或者特殊技能等资格、资质的事项。

(4) 直接关系公共安全、人身健康、生命财产安全的重要设备、设施、产品、物品，需要按照技术标准、技术规范，通过检验、检测、检疫等方式进行审定的事项。

(5) 企业或者其他组织的设立等，需要确定主体资格的事项。

(6) 法律、行政法规规定可以设定行政许可的其他事项。

4. 行政许可的实施

(1) 行政许可实施的概念。行政许可的实施就是指行政机关依照法定的程序，审查批准公民、法人或者其他组织的行政许可申请，并作出准予或不准予行政许可决定的行为。

(2) 行政许可的实施机关。行政许可的实施机关分为以下三种情况。

1) 行政许可由具有行政许可权的行政机关在其法定职权内实施。

2) 法律、法规授权有管理社会公共职能的组织在法定职权范围内以自己的名义实施行政许可。经过授权，具有管理社会公共职能的组织就取得了实施行政许可的主体资格，能够以自己的名义行使行政许可权，以自己的名义独立地承担法律责任。

这里所说的有管理社会公共职能的组织，根据其成立的目的不同，可以分为社会团体、事业组织和企业组织。而授权组织实施行政许可，只能是法律、法规授权，规章和规章以下的规范性文件不能授权组织实施行政许可。

3）行政机关在其法定职权范围内，依照法律、法规、规章的规定，可以委托其他行政机关实施行政许可。

委托实施行政许可时，受委托的机关应当以委托机关的名义实施行政许可。委托行政机关对受委托行政机关实施行政许可的行为应当负责监督，并对该行为的后果承担法律责任。受委托行政机关不得再委托其他组织或者个人实施行政许可。

对直接关系公共安全、人身健康、生命财产安全的设备、设施、产品、物品的检验、检测、检疫等行政许可，其实施机关除法律、行政法规规定由行政机关实施的外，应当逐步由符合法定条件的专业技术组织实施。由专业技术组织对关系公共安全、人身健康、生命财产安全的设备、设施、产品、物品进行检验、检测、检疫，是市场经济条件下的一种发展趋势。专业技术组织作为中介组织，进行检验、检测、检疫可以收取费用。根据权利与责任相一致的原则，专业组织应当对其检验、检测、检疫结果承担法律责任。如果专业技术组织不认真负责，让不合格的设备、设施投入使用，不合格的产品、物品进入市场，造成财产损失和人身伤害的，专业技术组织及其人员要承担相应的责任，包括承担刑事责任、行政责任和承担民事赔偿责任。

（3）实施行政许可应注意的事项。

行政机关在实施行政许可时，一要遵守法定的权限，不得越权实施行政许可。二要遵守法定的条件，对符合条件的要依法准予许可；对不符合条件的，应当决定不予许可。行政机关在掌握条件时，既不能故意提高标准，也不能放宽标准，应当严格依照法定条件。三要遵守法定的程序。法定的程序既包括行政许可法规定的一般程序，也包括有关单行法律规定的特别程序。如行政机关受理行政许可申请，应当出具受理凭证；遵守法定期限，在法定期限内作出是否准予行政许可的决定等。

行政机关实施行政许可，应当遵循公开、公平和公正的原则；应当遵循便民的原则，提高办事效率，提供优质服务。

行政机关实施行政许可贯彻效率原则要求，最重要的是行政机关应当在法定的期限内作出行政许可决定。除当场决定的行政许可外，行政机关应当自受理行政许可之日起20日内作出是否准予行政许可的决定；20日内不能作出的，可以延长10日。采取集中办理、联合办理或者统一办理的，办理的时间不超过45日；45日内不能办结的，可以延长15日；行政机关在法定期限内不能办结的，要承担违法的责任。某些行政许可，行政机关不作答复的，就视为行政机关已经准予许可。

5. 对实施行政许可的监督

对实施行政许可的监督包括对实施行政许可行政机关的监督、实施行政许可机关对被许可人的监督和实施行政许可机关对被许可人生产经营的产品依法进行抽样检查、检验、检测，对直接关系公共安全、人身健康、生命财产安全的重要设备、设施进行定期检验等内容。

对行政机关实施行政许可进行监督的主要方式有权力机关实施监督、人民法院的监督、平行的行政机关相互之间的监督、群众和当事人的监督、上级行政机关对下级行政机关的监督等方式。其中，上级行政机关对下级行政机关实施行政许可行为的监督检查，有以下几类：一是各级人民政府对其所属各工作部门实施行政许可行为的监督检查；二是上级人民政府对下级人民政府实施行政许可行为的监督检查；三是上级人民政府的业务主管部门对下级人民政府相关部门实施行政许可行为的监督检查。上级行政机关对下级行政机关实施行政许可的方式可以灵活多样，不拘一格。既可以进行不定期的抽样检查、抽点检查、抽部门检查，也可以定期检查、定点检查或者定行业、定部门检查。上级行政机关对下级行政机关实施行政许可的监督检查，主要是指对其实施行政许可行为合法性的监督检查，以保证下级行政机关依法许可、依法行政。这种监督检查主要包括两方面内容：一是要监督检查实施行政许可的行政主体和权限是否合法。二是要监督检查实施行政许可的程序是否合法。

二、特种设备行政许可的设定

1. 特种设备行政许可的设定情况

特种设备行政许可的设定情况见表 1－3 和表 1－4。

表 1－3　特种设备行政许可设定情况

许可项目	设备种类	许可范围（类别、级别、类型或者品种）	
		国家质检总局负责	省级质量技术监督局负责
设计（单位）	压力容器	1. 固定式压力容器（A）：①超高压容器、高压容器（A1）；②第三类低、中压容器（A2）；③球形储罐（A3）；④非金属压力容器（A4） 2. 移动式压力容器（C）：①铁路罐车（C1）；②汽车罐车或者长管拖车（C2）；③罐式集装箱（C3） 3. 压力容器分析设计（SAD）	固定式压力容器（D）：①第一类压力容器（D1）；②第二类低、中压容器（D2）
	压力管道	1. 长输管道（GA 类） 2. 工业管道（GC 类的 GC1 级）：①输送毒性程度为极度危害介质的管道；②输送甲、乙类可燃气体或者甲类可燃液体且设计压力大于或者等于 4.0MPa 的管道；③输送可燃、有毒流体介质，设计压力大于或者等于 4.0MPa 且设计温度大于或者等于 400℃的管道；④输送流体介质且设计压力大于或者等于 10.0MPa 的管道	1. 公用管道（GB 类） 2. 工业管道（GC 类的 GC2 级）：①输送甲、乙类可燃气体或者甲类可燃液体且设计压力小于 4.0MPa 的管道；②输送可燃、有毒流体介质，设计压力小于 4.0MPa 且设计温度大于或者等于 400℃的管道；③输送非可燃、无毒流体介质，设计压力小于 10MPa 且设计温度大于或者等于 400℃的管道；④输送流体介质，设计压力小于 10MPa 且设计温度小于 400℃的管道
设计（文件鉴定）	锅炉		全部（由省级交由被核准的检验检测机构鉴定）
	压力容器	1. 气瓶（B） 2. 氧舱（A5）（由总局核准的检验检测机构鉴定）	
	客运索道	全部（由总局核准的检验检测机构鉴定）	
	大型游乐设施	全部（由总局核准的检验检测机构鉴定）	

续表

许可项目	设备种类	许可范围（类别、级别、类型或者品种）	
		国家质检总局负责	省级质量技术监督局负责
制造（单位）	锅炉	1. 承压蒸汽锅炉：①所有锅炉（A）；②额定蒸汽压力小于或者等于2.5MPa的蒸汽锅炉（B）；③额定蒸汽压力小于或者等于0.8MPa且额定蒸发量小于或者等于1t/h的蒸汽锅炉（C） 2. 承压热水锅炉：①额定出水温度大于或者等于120℃的热水锅炉（按额定出水压力相对应的承压蒸汽锅炉额定蒸汽压力分属C级以上各级）；②额定出水温度小于120℃的热水锅炉（C） 3. 有机热载体锅炉	1. 承压蒸汽锅炉：额定蒸汽压力小于或者等于0.1MPa的蒸汽锅炉（D） 2. 承压热水锅炉：额定出水温度小于120℃且额定热功率小于或者等于2.8MW的热水锅炉（D）
	压力容器	1. 固定式压力容器（A）：①超高压容器、高压容器（A1）；②第三类低、中压容器（A2）；③球形储罐现场组焊或者球壳板制造（A3）；④非金属压力容器（A4）；⑤医用氧舱（A5） 2. 移动式压力容器（C）：①铁路罐车（C1）；②汽车罐车或者长管拖车（C2）；③罐式集装箱（C3） 3. 气瓶（B）：①无缝气瓶（B1）；②焊接气瓶（B2）；③特种气瓶（B3）	固定式压力容器（D）：①第一类压力容器（D1）；②第二类低、中压容器（D2）
	压力管道（元件）	见表1-4	见表1-4
	电梯	1. 乘客电梯（A、B、C） 2. 液压电梯（B）：①液压客梯；②防爆液压客梯	1. 载货电梯（B、C） 2. 液压电梯（C）：①液压货梯；②防爆液压货梯 3. 杂物电梯（C） 4. 自动扶梯（B、C） 5. 自动人行道（B、C）
	起重机械	1. 桥式起重机（A）：①额定起重量大于50t的通用桥式起重机；②电站桥式起重机；③防爆桥式起重机；④绝缘桥式起重机；⑤冶金桥式起重机；⑥架桥机 2. 门式起重机（A）：①额定起重量大于50t的通用门式起重机；②电站门式起重机；③装卸桥 3. 塔式起重机（A）：①额定起重力矩大于63tm的普通塔式起重机；②电站塔式起重机；③塔式皮带布料机 4. 流动式起重机（A）：①额定起重量大于20t或者额定起重力矩大于200tm的轮胎起重机；②额定起重量大于40t或者额定起重力矩大于300tm的履带起重机 5. 铁路起重机（A）：①额定起重量大于60t的蒸汽铁路起重机；②额定起重量大于60t的内燃铁路起重机；③电力铁路起重机 6. 门座起重机（A）：①门座式起重机；②电站门座起重机	1. 桥式起重机（B、C）：①额定起重量小于或者等于50t的通用桥式起重机（B、C）；③电动单梁起重机（B、C）；③电动单梁悬挂起重机（B、C）；④电动葫芦桥式起重机（B、C）；⑤防爆梁式起重机（B） 2. 门式起重机（B、C）：额定起重量小于或者等于50t的通用门式起重机 3. 塔式起重机（B、C）：额定起重力矩小于或者等于63tm的普通塔式起重机（B、C） 4. 流动式起重机（B）：①额定起重量小于20t且额定起重力矩小于200tm的轮胎起重机；②额定起重机小于40t且额定起重力矩小于300tm的履带起重机 5. 铁路起重机（B）：①额定起重量小于或者等于60t的蒸汽铁路起重机；②额定起重量小于或者等于60t的内燃铁路起重机 6. 门座起重机（B）：①港口台架起重机；②固定式起重机

续表

许可项目	设备种类	许可范围（类别、级别、类型或者品种）	
		国家质检总局负责	省级质量技术监督局负责
制造（单位）	起重机械	7. 升降机（A）：曲线施工升降机 8. 缆索起重机（A） 9. 机械式停车设备（A）	7. 升降机（B）：①施工升降机；②简易升降机 8. 桅杆起重机（B）
	大型游乐设施	全部	
	客运索道	全部	
	厂内机动车辆	全部	
	安全附件及安全保护装置	全部	
安装改造（单位）	锅炉		全部
	压力容器		全部
	压力管道	1. 长输管道（GA类） 2. 工业管道（GC类的GC1级）：①输送毒性程度为极度危害介质的管道；②输送甲、乙类可燃气体或者甲类可燃液体且设计压力大于或者等于4.0MPa的管道；③输送可燃、有毒流体介质，设计压力大于或者等于4.0MPa且设计温度大于或者等于400℃的管道；④输送流体介质且设计压力大于或者等于10.0MPa的管道。随制造许可范围一同申请	1. 公用管道（GB） 2. 工业管道（GC类的GC2级、GC3级）：①输送甲、乙类可燃气体或者甲类可燃液体且设计压力小于4.0MPa的管道；②输送可燃、有毒流体介质，设计压力小于4.0MPa且设计温度大于或者等于400℃的管道；③输送非可燃、无毒流体介质，设计压力小于10MPa且设计温度大于或者等于400℃的管道；④输送流体介质，设计压力小于10MPa且设计温度小于400℃的管道
	电梯	随制造许可范围一同申请	1. 随制造许可范围一同申请。 2. 只申请安装、改造
	起重机械		
	大型游乐设施		
	客运索道	全部	
检验检测机构		除气瓶检验站外的其他检验检测机构	气瓶检验站
人员		1. 压力容器（含气瓶、氧舱）、压力管道设计审批人员（移交行业组织实施并发证） 2. 检验检测人员：①高级检验师；②检验师（初试）；③氧舱、大型游乐设施、索道检验员；④高级无损检测人员 3. 安全监察人员（统一组织考核、发证） 4. 作业人员：①氧舱维护管理人员；②带压堵漏人员；③客运索道作业人员；④游乐设施管理人员、安装人员	1. 检验检测人员：①锅炉、压力容器、压力管道、起重机械、电梯、厂内机动车辆检验员；②检验师（复试）；③初级、中级无损检测人员 2. 安全监察人员（负责培训） 3. 作业人员：除氧舱维护管理、带压堵漏人员、客运索道作业人员、游乐设施管理人员、安装人员以外的其他作业人员

注　1. 涉及境外的所有的行政许可或者设计文件鉴定由国家质检总局或者其核定的检验检测机构负责。
2. 以型式试验形式实行制造许可的由质检总局负责；从事型式试验的检验检测机构由国家质检总局核定并批准。
3. 所有安全附件、安全保护装置、受压元件材料的制造许可由国家质检总局负责。
4. 锅炉部件制造许可按其所对应的锅炉许可范围分别由国家质检总局和省级质量技术监督局负责；直径小于1800mm的封头、铸铁锅炉片、锅炉用封头由省级质量技术监督局负责。
5. 由省级质量技术监督局负责的特种设备作业人员的考核发证，省级质量技术监督局可以规定省级及其省级以下质量技术监督局分级范围。

表 1－4　　压力管道元件制造许可项目及其级别

<table>
<tr><th colspan="3">许可项目及其级别</th><th rowspan="2">各级别许可产品基本范围</th><th rowspan="2">限制范围</th></tr>
<tr><th colspan="2">品种（产品）</th><th>级别</th></tr>
<tr><td colspan="2" rowspan="3">无缝钢管</td><td>A1</td><td>公称直径大于 200mm 的无缝钢管</td><td rowspan="3">材料、规格、标准</td></tr>
<tr><td>A2</td><td>（1）公称直径小于或者等于 200mm 的锅炉压力容器气瓶用无缝钢管
（2）公称直径小于或者等于 200mm 的石油天然气输送管道用和油气井油（套）管用无缝钢管</td></tr>
<tr><td>B</td><td>（1）公称直径大于 25mm 的其他无缝钢管
（2）各类管坯</td></tr>
<tr><td rowspan="9">焊接钢管</td><td rowspan="3">螺旋缝埋弧焊钢管</td><td>A1</td><td>有特殊要求的石油天然气输送管道用螺旋缝埋弧焊钢管</td><td rowspan="8">材料、钢级、规格、标准</td></tr>
<tr><td>A2</td><td>石油天然气输送管道用螺旋缝埋弧焊钢管</td></tr>
<tr><td>B</td><td>（1）低压流体输送用螺旋缝埋弧焊钢管
（2）各类螺旋缝桩用管</td></tr>
<tr><td rowspan="2">直缝埋弧焊钢管</td><td>A1</td><td>石油天然气输送管道用直缝埋弧焊钢管</td></tr>
<tr><td>A2</td><td>低压流体输送用直缝埋弧焊钢管</td></tr>
<tr><td rowspan="3">直缝高频焊管</td><td>A1</td><td>（1）有特殊要求的石油天然气输送管道用直缝高频电阻焊钢管
（2）油气井油（套）管用直缝高频电阻焊钢管</td></tr>
<tr><td>A2</td><td>石油天然气输送管道用直缝高频电阻焊钢管</td></tr>
<tr><td>B</td><td>低压流体输送用直缝高频电阻焊钢管</td></tr>
<tr><td>其他焊接钢管</td><td>B</td><td></td><td>材料、规格</td></tr>
<tr><td colspan="2">有色金属管（铝、铜、钛、铅、镍、锆等有色金属管及其合金管）</td><td>A</td><td></td><td>材料、规格</td></tr>
<tr><td colspan="2">铸铁管</td><td>B</td><td></td><td>材料、规格</td></tr>
<tr><td colspan="2" rowspan="2">钢制无缝管件（包括工厂预制弯管、有缝管坯制管件）</td><td>A</td><td>（1）公称直径大于 250mm 的耐热钢钢制无缝管件
（2）公称直径大于 250mm 的双相不锈钢制无缝管件
（3）公称直径大于 250mm，且标准抗拉强度大于 540MPa 的合金钢制无缝管件</td><td rowspan="2">产品名称、材料、规格</td></tr>
<tr><td>B</td><td>其他无缝管件</td></tr>
<tr><td colspan="2" rowspan="2">钢制有缝管件（钢板制对焊管件）</td><td>B1</td><td>（1）不锈钢制有缝管件
（2）标准抗拉强度大于 540MPa 的合金钢制有缝管件</td><td rowspan="2">材料、规格</td></tr>
<tr><td>B2</td><td>其他有缝管件</td></tr>
<tr><td colspan="2">有色金属及有色金属合金制管件</td><td>A</td><td></td><td>材料、规格</td></tr>
<tr><td colspan="2">锻制管件（限机械加工）</td><td>B</td><td></td><td>规格</td></tr>
<tr><td colspan="2">阀门</td><td>A1</td><td>公称压力大于 10MPa，设计温度大于 425℃，且公称直径大于或者等于 300mm 的特殊工况用阀门</td><td>用途、产品名称、规格</td></tr>
</table>

续表

许可项目及其级别：品种（产品）	许可项目及其级别：级别	各级别许可产品基本范围	限制范围
阀门	A2	（1）公称压力大于或者等于6.4MPa，且公称直径大于或者等于300mm的特殊工况阀门 （2）设计温度低于－46℃，公称压力大于或者等于4MPa，且公称直径大于或者等于300mm的特殊工况阀门	用途、产品名称、规格
	B	一般工况的阀门和其他特殊工况阀门	
锻制法兰及管接头（限机械加工）	B		产品名称、规格
金属波纹膨胀节	A	（1）公称压力大于或者等于4.0MPa，且公称直径大于或者等于500mm金属波纹膨胀节 （2）公称压力大于或者等于2.5MPa，且公称直径大于或者等于1000mm的金属波纹膨胀节	产品名称、规格
	B	其他金属波纹膨胀节	
其他型式补偿器（不含聚四氟乙烯波纹管膨胀节）	B		产品名称、规格
金属软管	B		规格
密封件（金属垫片、非金属垫片、金属非金属复合垫片、密封填料）	AX		产品名称
元件组合装置：井口装置和采油树、截流压井管汇	A	额定压力大于或者等于35MPa的井口装置和采油树、截流压井管汇	产品名称
	B	其他井口装置和采油树、截流压井管汇	
元件组合装置：燃气调压装置、减温减压装置	A	额定压力大于1.6MPa的燃气调压装置	产品名称
	B	各类减温减压装置	
元件组合装置：其他组合装置	B		产品名称
防腐蚀压力管道用管子、管件、阀门、法兰（涂敷防腐层、内衬防腐蚀材料、内搪玻璃等）	AX		产品名称、规格
低温绝热管、直埋夹套管	AX		产品名称
聚乙烯及聚乙烯复合管材、管件：聚乙烯管材	A1	公称直径大于或者等于450mm的燃气用埋地聚乙烯管材	产品名称
	A2	其他燃气用埋地聚乙烯管材	
	A3	流体输送用埋地聚乙烯管材	
聚乙烯及聚乙烯复合管材、管件：聚乙烯管件	A1	（1）燃气用和流体输送用埋地聚乙烯电熔管件 （2）燃气用和流体输送用埋地聚乙烯热熔管件	
	A2	燃气用和流体输送用埋地聚乙烯多角焊制管件	
聚乙烯及聚乙烯复合管材、管件：带金属骨架的聚乙烯复合管材、管件	A		产品名称、规格
其他非金属及非金属复合压力管道元件（管材、管件、阀门、波纹管膨胀节）	A		材料

续表

许可项目及其级别			各级别许可产品基本范围	限制范围
品种（产品）		级别		
阀门铸件	铸铜件	B	各种铸铜阀体	材料
	铸铁件	B	各种铸铁阀体	
	铸钢件	B1	精密铸造的铸钢件	材料
		B2	砂型铸造的铸钢件	
锻制法兰、锻制管件、阀体锻件的锻坯		A	（1）公称直径大于250mm的耐热钢制各种锻制法兰、管件、阀体锻坯 （2）公称直径大于250mm的双相不锈钢制各种锻制法兰、管件、阀体锻坯 （3）公称直径大于250mm且标准抗拉强度大于540MPa的合金钢制各种锻制法兰、管件、阀体锻坯	材料
		B	其他锻制法兰、管件、阀体锻坯	
压力管道制管专用钢板（钢级L360及以上压力管道制管专用钢板）		AX		材料、规格
聚乙烯管材及复合管材、管件原料（聚乙烯混配料）		AX		牌号、级别

注 1. 许可级别栏中的“A级（A1、A2、A3），AX级”表示该许可项目由国家质检总局审批，“B级（B1、B2）”表示该许可项目由国家质检总局委托制造单位所在地的省级质量技术监督部门审批。制造单位申请的项目中同时含有A级项目和B级项目时，由国家质检总局统一负责审批。表中同一品种（产品）的许可项目，A级许可可以覆盖B级许可，A1级许可可以覆盖A2级许可，B1级许可可以覆盖B2级许可，以此类推，但无缝钢管、燃气调压装置、减温减压装置、聚乙烯管件和铸钢件除外，不能相互覆盖。在确定的许可产品基本范围内，A2级许可不包括A1级许可，B级许可不包括A级许可，以此类推。

境外压力管道元件制造许可范围和许可方式由国家质检总局另行规定。

2. 压力管道密封件、防腐蚀压力管道元件、低温绝热管、直埋夹套管、压力管道制管专用钢板、聚乙烯混配料的制造许可采用型式试验方式（AX级），单独颁发制造许可证。
3. 产品限制范围是指许可品种产品的范围，一般涉及其产品名称、规格、产品标准，部分还涉及制造工艺、材料等。限制范围通过型式试验和生产条件确定。许可证书无法表明产品限制范围时，可采用许可证书加明细表方式予以详细标注。许可产品的工作压力应当大于或者等于0.1MPa，公称直径应当大于25mm。
4. 特殊工况阀门，是指用于石油天然气及化工、电站用高温、高压、剧毒管道、低温管道和城镇燃气高压管道上使用的阀门；一般工况阀门，是指不属于特殊工况阀门的其他压力管道用阀门。

阀门典型品种名称（包括特殊工况阀门和一般工况阀门）：闸阀、截止阀、节流阀、球阀、止回阀、蝶阀、隔膜阀、旋塞阀、柱塞阀、疏水阀、低温阀、调节（控制）阀、减压阀（自力式）、眼镜阀（冶金工业用阀）、孔板阀（冶金工业用阀）、排污阀、减温阀、减压阀、紧急切断阀、其他阀门（无行业标准或者国家标准，用于石油、化工装置上的非标准阀门）。

5. 元件组合装置项目中的其他组合装置，包括过滤器、除污器、混合器、缓冲器、凝气（水）缸、绝缘接头、阻火器和其他等产品。本表未列入的其他元件组合装置，应当由国家质检总局确定是否按照《压力管道元件制造许可规则》管理。

元件组合装置中不包括已纳入压力容器管理范围的产品。

6. 防腐蚀压力管道元件仅指对金属压力管道元件内、外表面复合防腐层（不含油漆）制造的许可，金属压力管道元件制造还应当取得相应的制造许可。
7. 仅对无缝钢管或有缝钢管进行扩径、减径的制造单位也应取得相应的钢管制造许可。
8. 螺旋缝埋弧焊桩用管和仅用于给排水的流体输送用埋地聚乙烯管材，制造单位可以申请特种设备制造许可。
9. 焊接钢管中，有特殊要求的石油天然气输送管道用钢管一般指符合GB 9711.2或者GB 9711.3要求的钢管。
10. 本表所称的公称直径根据相关标准，依据不同的管材、管件，可以代表其公称外径、公称内径、通径和口径、公称尺寸。

2. 压力管道元件制造许可标志及其使用

(1) 许可标志样式如图 1-1 所示。

图 1-1　许可标志样式

(2) 许可标志字体和尺寸。许可标志“TS”采用黑体字体，标志的尺寸可根据元件的大小确定，但最小直径不应小于 5mm，一般为 10mm、15mm、20mm 等。

(3) 许可标志的使用。应当遵循以下要求。

1) 被允许使用许可标志的制造单位在制造许可范围内的每个压力管道元件上（已经完成的或者是处在最终评定状态的压力管道元件和组合件上），以清晰可辨的和不易擦除的方式加贴（喷、刻、钢印等）许可标志，许可标志应当加贴（喷、刻、钢印等）在明显可见的位置，且工整、清晰。

2) 许可标志后加注必须制造单位的许可证书编号（可以不含年份）。

3) 组成组合件的每个元件可以不分别加贴许可标记，如果在组装组合件时，元件已经贴有许可标志，则在组合后可继续携带此标志。

4) 不得在压力管道元件上或者组合件上加贴可能会对许可标志含义或形式产生误导的其他标志，若加贴其他标志，必须保证许可标志的可见性和清晰性不会因此降低。

(4) 其他要求。

1) 安全技术规范有要求时，许可标志还应当附有参与监督检验的检验机构的编号，编号的方式、方法按安全技术规范确定。

2) 制造单位应当在质量保证手册中对许可标志的样式和具体使用方法做出规定。

三、特种设备行政许可（部分）的基本程序

(一) 通用部分

(1) 国家质检总局设立特种设备许可证办公室（地址、电话、电子邮箱在相关网站上公布）负责申请书的接受和许可证的发放。

(2) 国家质检总局委托省级质量技术监督局负责受理、审批的许可项目，以国家质检总局名义颁发许可证。

(3) 特种设备行政许可程序分为基本程序和具体程序，以下所列均为基本程序，具体程序见相应的特种设备安全技术规范。

(二) 安装改造维修单位资格许可的基本程序

锅炉、压力容器、压力管道、电梯、起重机械、客运索道、大型游乐设施、厂内机动车辆安装改造维修单位资格许可基本程序包括申请、受理、试安装改造维修、鉴定评审、审批、发证等阶段。

1. 申请

申请安装改造维修资格许可的单位（以下简称申请单位）填写申请书（申请书从相关网站下载，一式四份）向许可实施机关提出申请，并附以下材料（各一份）。

(1) 依法取得的工商营业执照或者当地政府依法颁发的登记、注册证件复印件。

(2) 安全技术规范需要的其他材料。

2. 受理

许可实施机关对申请材料进行审查，同意受理的在申请书上签署受理意见，并返回申请单位。不同意受理的，向申请单位出具不予受理决定书。

3. 试安装改造维修

按照规定需要准备试安装改造维修设备的，申请单位应当在受理后，进行试安装改造维修。

4. 鉴定评审

申请单位应当携带经批准受理的申请资料，约请鉴定评审机构进行现场实地鉴定评审（鉴定评审机构由国家质检总局在相关网站上公布）。

鉴定评审按照安装改造维修许可规则进行，鉴定评审机构在完成现场实地鉴定评审工作后，出具鉴定评审报告、上报许可实施机关。

5. 审批、发证

许可实施机关经过审查，履行审批程序，符合条件的颁发《特种设备安装改造维修许可证》（正、副本各一份）。不符合条件的，向申请单位出具不予许可决定书。

四、特种设备行政许可的相关事项介绍

1. 许可证的有效期

特种设备的设计、制造、安装、改造、维修、充装单位资格许可证，检测检测机构核准证，检验检测人员证件的有效期均为 4 年。

2. 许可增项

获得特种设备的设计、制造、安装、改造、维修、充装单位资格许可证的单位在许可证或者核准证有效期内需要增加许可项目、种类、类别、品种的；检验检测机构在核准证有效期内需要增加许可项目的，按照相关许可规则的要求办理增项手续。

3. 许可的变更与延续

(1) 与获证单位有关的许可变更与延续。获得特种设备的设计、制造、安装、改造、维修、充装单位资格许可证的单位和获得检验检测机构核准证的检验检测机构，如因单位名称、地址发生变化，应当填写变更申请书（在相关网站上公布），出具变更的相关证明，由发证机关换发许可证。

获证单位在按照规定办理复查申请后，由于单位地址变更、改制、灾害、战争及其他不可抗力等原因，需要延续已取得的许可有效期的，应当在许可有效期满 30 日前办理延续手续，但延续时间一般不超过 1 年。

(2) 与获证人员有关的许可变更与延续。获得有效证件的检验检测人员、作业人员，如工作单位发生变化，需要变更资格证件的，应当填写变更申请书（申请书已在相关网站上公布），出具相关证明，由发证机关变更证件。

获得有效证件的检验检测人员、作业人员在按照规定办理复试申请后，由于单位变

化、疾病、灾害、战争及其他人力不可抗力等原因，需要延续取得的资格有效期的，应当在许可有效期满前30日办理延续手续，但延续时间一般不超过1年。

（3）设计文件的变更。鉴定后的设计文件需变动影响安全性能的主要结构、主要部件的，应当重新办理鉴定手续。因原设计单位的名称发生变更，需要更改设计文件上的设计单位名称，设计单位可以凭名称变更证明向鉴定机构申请变更。

（4）使用登记的变更。特种设备安全状况发生变化、长期停用、移装或者过户的，使用者应当按照有关安全技术规范的规定向登记机关申请办理变更手续。特种设备报废时，使用者应当将使用登记证交回登记机关予以注销。

4. 换证复查

获得特种设备的设计、制造、安装、改造、维修、充装单位资格许可证的单位；获得特种设备检验检测机构核准证的检验检测机构；获得特种设备检验检测人员和作业人员证件的个人，欲在许可证期满后继续从业的，应当在相应证件有效期满前6个月，按照相关许可规则的规定程序办理换证复查。

第四节　特种设备的现场安全监督检查

特种设备现场安全监督检查工作包括各级质量技术监督部门对特种设备生产（含设计、制造、安装、改造、维修，下同）单位、特种设备使用单位（含气瓶充装单位，下同）实施的现场安全监督检查。

特种设备现场安全监督检查分为日常监督检查和专项监督检查。

日常监督检查，是指按照《特种设备现场安全监督检查规则》规定的检查计划、检查项目、检查内容，对被检查单位实施的监督检查。

专项监督检查，是指根据各级人民政府及其所属有关部门的统一部署，或由各级监管部门组织的，针对具体情况，在规定的时间内，对被检查单位的特定设备或项目实施的监督检查。

一、日常监督检查

对特种设备生产单位的日常监督检查，由省、自治区、直辖市监管部门（以下简称省级监管部门）根据风险情况提出当年检查重点，由市级监管部门（包括副省级市、地级市、自治州、盟、直辖市的辖区或县的监管部门，以下简称市级监管部门）结合当地实际制订检查计划，报同级人民政府后组织实施。

特种设备生产单位的日常监督检查，应当重点安排对以下单位进行检查。

（1）取得许可资质未满1年的。

（2）近2年发生过特种设备事故的。

（3）近2年发生过因产品缺陷实施强制召回的。

（4）举报投诉较多且经确认属实的，以及检验、检测机构和鉴定评审机构等反映质量和安全管理较差的。

对特种设备使用单位的日常监督检查，由市级监管部门根据风险情况确定当年检查的重点和检查单位数量，制订计划并报同级人民政府，由市、县（含县级市、上述市级下辖的区和县，下同）级监管部门按计划分级组织实施。

其中，属于重点监督检查的特种设备使用单位，每年日常监督检查次数不得少于1次。

日常监督检查的项目和内容见表1-5～表1-12。

表1-5　特种设备生产单位现场安全监督检查项目

检查项目编号	检查内容
1	检查许可证是否在有效期内
2	抽查特种设备管理人员、检测人员、专业技术人员、作业人员是否具有相应资格
3	抽查设计制造、安装、改造、重大修理档案是否建立
4	抽查设计图样审批手续是否符合要求
5	抽查产品生产过程资料是否保存完整，特种设备出厂是否附有质量合格证明等相关文件和资料，特种设备安装、改造、修理竣工后是否移交相关技术资料的文件
6	抽查型式试验、监督检验资料是否齐全
7	最近一次评审提出的整改项目是否整改
8	抽查是否存在超出许可范围和许可有效期生产的情况
9	检查生产单位法定代表人、名称、产权、生产场地等变更是否及时申请变更

表1-6　特种设备使用单位现场安全监督检查项目

类别	检查项目	检查项目编号	检查内容
单位安全管理	机构及制度	1	是否设置安全管理机构或配备专兼职管理人员
		2	是否按规定建立安全管理制度和岗位安全责任制度
		3	是否制订事故应急专项预案并有演练记录
	设备档案	4	是否建立设备档案，档案是否齐全
		5	所抽查设备是否在定期检验有效期内
		6	所抽查的设备是否按规定进行日常维护保养或者定期自行检查并有记录
	人员档案	7	抽查安全管理人员和作业人员证件是否在有效期内
		8	是否有特种设备作业人员培训记录

表1-7　锅炉使用情况检查项目

类别	检查项目	检查项目编号	检查内容
锅炉	作业人员	1	现场作业人员是否具有有效证件
	使用登记及检验标志	2	是否有使用登记证，是否在检验有效期内

续表

类别	检查项目	检查项目编号	检查内容
锅炉	安全附件及安全保护装置	3	液位（面）计是否有最高、最低安全液位标记
		4	安全阀是否有有效的校验报告或标记
		5	压力表是否有有效的检定证书或标记
	运行情况	6	水位、压力是否在允许范围内
		7	是否及时填写运行记录
	水（介）质处理	8	是否有水（介）质化验记录和定期水质化验报告

表 1-8　　压力容器使用情况检查项目

类别	检查项目	检查项目编号	检查内容
压力容器	作业人员	1	现场作业人员是否具有有效证件
	使用登记及检验标志	2	是否有使用登记证，是否在检验有效期内
	安全附件及安全保护装置	3	安全阀是否有有效的校验报告或标记
		4	压力表是否有有效的检定证书或标记
	年度检查情况	5	是否按规定进行年度检查（查看该台设备的年度检查报告）

表 1-9　　压力管道使用情况检查项目

类别	检查项目	检查项目编号	检查内容
压力管道	作业人员	1	现场作业人员是否按规定具有有效证件
	使用登记及检验标志	2	是否有使用登记证，是否在检验有效期内
	安全附件及安全保护装置	3	安全阀是否有有效的校验报告或标记
		4	压力表是否有有效的检定证书或标记
	运行情况	5	是否有运行、检修和日常巡检记录
	年度检查	6	是否开展年度检查

表 1-10　　电梯使用情况检查项目

类别	检查项目	检查项目编号	检查内容
电梯	作业人员	1	现场作业人员是否具有有效证件
	使用登记及警示标记	2	是否有使用登记标志，并按规定固定在电梯的显著位置，是否在下次检验期限内
		3	安全注意事项和警示标志是否置于易于为乘客注意的显著位置
	安全装置	4	电梯内设置的报警装置是否可靠，联系是否畅通

续表

类别	检查项目	检查项目编号	检查内容
电梯	安全装置	5	抽查呼层、楼层等显示信号系统功能是否有效，指示是否正确
		6	门防夹保护装置是否有效
		7	自动扶梯和自动人行道入口处急停开关是否有效
		8	限速器校验报告是否在有效期内
	维保情况	9	是否有有效的维保合同，维保资质及人员资质是否满足要求
		10	是否有维保记录，并经安全管理人员签字确认，维保周期是否符合规定

表 1-11　　起重机械使用情况检查项目

类别	检查项目	检查项目编号	检查内容
起重机械	作业人员	1	现场作业人员是否具有有效证件
	使用登记及警示标志	2	是否有使用登记证，是否有安全检验合格标志并按规定固定在显著位置，是否在检验有效期内
		3	是否有必要的使用注意事项提示牌、吨位标识
	安全装置	4	运行警示铃、紧急停止开关是否有效
	维保状况	5	抽查检修记录是否及时填写

表 1-12　　场（厂）内专用机动车辆使用情况检查项目

类别	检查项目	检查项目编号	检查内容
场（厂）内专用机动车辆	作业人员	1	现场作业人员是否具有有效证件
	使用登记及警示标志	2	是否有安全检验合格标志，是否在有效期内使用；是否取得有效牌照
		3	是否设置安全警示标志
	安全装置	4	车辆的照明系统是否正常
		5	车辆的行车、驻车制动系统是否有效
		6	倒车镜是否完好
	运行情况	7	抽查检修记录是否及时填写

二、专项监督检查

1. 特种设备专项监督检查包括的几个方面

（1）重点时段监督检查。根据国家或地区重大活动及节假日的安全保障需要，针对特定单位、设备和项目开展的监督检查。

（2）专项整治监督检查。根据安全生产形势、近期发生的典型事故或连续发生同类事故的隐患整治等需要，由各级人民政府及其所属有关部门统一部署，或由各级监管部门自行组织的，对特定的设备或项目实施的监督检查。

(3) 其他专项监督检查。针对特种设备检验、检测机构报告的重大问题或投诉举报反映的问题等实施的监督检查。

2. 特种设备检验、检测机构实施监督检验和定期检验发现重大问题的处理

特种设备检验、检测机构实施监督检验和定期检验时，发现以下重大问题之一的，应当及时书面告知受检单位，并书面报告所在地的县或者市级监管部门。

(1) 特种设备生产单位重大问题。

1) 未经许可从事相应生产活动的。

2) 不再符合许可条件的。

3) 拒绝监督检验的。

4) 产品未经监督检验合格擅自出厂或者交付用户使用的。

(2) 特种设备使用单位重大问题。

1) 使用非法生产特种设备的。

2) 超过特种设备的规定参数范围使用的。

3) 使用应当予以报废的特种设备的。

4) 使用超期未检、经检验检测判为不合格且限期未整改的或复检不合格特种设备的。

3. 特种设备专项监督检查的实施

特种设备专项监督检查由各级监管部门按照职责权限实施，具体如下：

(1) 重点时段监督检查和专项整治监督检查，由各级监管部门按照统一部署实施。

(2) 对检验、检测机构报告的重大问题，需要实施现场监督检查的，由县级监管部门实施。未设立县的地方，由市级监管部门实施。监管部门接到报告后应当在5个工作日内进行检查。

(3) 针对投诉举报的内容，需要实施现场监督检查的，由接到投诉举报的监管部门或者由其通知下级监管部门在5个工作日内派出检查人员进行检查。

4. 专项监督检查的项目和内容

专项监督检查的项目和内容按照以下要求确定。

(1) 重点时段监督检查和专项整治监督检查，检查设备的种类和数量、检查项目和内容，应当按照相应部署的具体要求执行，如无专门明确的，参照日常监督检查的检查项目和内容执行。

(2) 对检验、检测机构报告的重大问题或针对投诉举报开展的专项监督检查的检查项目和内容，由实施检查的监管部门根据报告和投诉举报反映的情况确定。

三、检查方式与程序

特种设备现场安全监督检查实行抽查方式。其中，专项整治监督检查在市、县级监管部门抽查实施前，应当部署特种设备相关生产、经营和使用单位按照相应检查要求开展自查自纠；重点时段监督检查各级监管部门的相关负责人应当带队参加。

特种设备现场监督检查程序主要包括：出示证件、说明来意、现场检查、做出记录、交换检查意见、下达安全监察指令书、采取查封扣押措施等。

第二章
特种设备制造安装改造维修质量保证体系

第一节 质量保证体系与质量管理体系的区别

质量保证体系是企业内部的一种系统的技术和管理手段，是指企业为生产出符合合同要求的产品，满足质量监督和行政许可认证工作的要求，建立的必需的全部有计划的系统的企业活动。它包括对外向用户提供必要保证质量的技术和管理“证据”，这种证据，虽然往往是以书面的质量保证文件形式提供的，但它是以现实的内部的质量保证活动作为坚实后盾的，即表明该产品或服务是在严格的质量管理中完成的，具有足够的管理和技术上的保证能力。

在合同环境中，质量保证体系是生产单位取得用户信任的手段，使人们确信某产品或某项服务能满足给定的质量要求。

质量管理体系是企业内部建立的、为保证产品质量或质量目标所必需的、系统的质量活动。它根据企业特点选用若干体系要素加以组合，加强从设计研制、生产、检验、销售、使用全过程的质量管理活动，并予制度化、标准化，成为企业内部质量工作的要求和活动程序。

质量保证体系是对外部，对执行法律、法规和用户的承诺。质量管理体系是对内部的要求。

第二节 特种设备制造安装改造维修质量保证体系的建立

2007 年，国家质检总局公告发布并实施特种设备安全技术规范 TSG Z0004—2007《特种设备制造、安装、改造、维修质量保证体系基本要求》和 TSG Z0005—2007《特种设备制造、安装、改造、维修许可鉴定评审细则》，对特种设备制造、安装、改造、维修企业质量保证体系控制进一步细化，是强制实施的安全技术规范，是取得相关许可的必备要件。

一、建立和保持特种设备制造安装改造维修质量保证体系时应注意的问题

1. 建立和保持质量保证体系必须考虑风险及成本和利益

企业在建立质量保证体系时，应考虑到企业与顾客双方的风险、费用和利益。在风险方面，带有质量缺陷的产品会导致企业信誉下降，造成产品滞销、顾客索赔、市场减少、资源浪费及发生产品责任等问题，而顾客的风险是质量缺陷可能危及人身健康和安全等问题，中间商的风险则是供货不及时引起索赔，丧失顾客信任等问题；在成本方

面，企业当产品有缺陷或生产过程出现不符合规定要求时，要支付内、外部故障成本，而用户也要在产品的维修、保养、故障处理、人身安全等方面付出费用；在利益方面，经营得当的企业，能增加利润，不断扩大市场占有率，而顾客也会得到物美价廉的产品，中间商也能取得顾客的更大信任。因此所建立的质量保证体系应在符合相关标准、安全规范和法律的前提下，尽可能使双方的风险、成本、利益等趋于平衡，在相对平衡、平稳中保持持续改进。

2. 建立和保持质量保证体系必须满足顾客和企业需要

首先是满足顾客的需要，顾客需要企业具有保证其交付的产品符合质量要求，符合有关特种设备安全技术规范、法律规定，并能持续保证产品质量的能力。其次是满足企业的需要，企业要以最佳成本达到和保持期望的产品质量，必须有计划地、有效地利用企业的技术、人力和物质资源。企业开展内部质量保证活动和外部质量保证活动既是企业建立和保持质量保证体系的前提，也是企业建立和保持质量保证体系的最终目标。通过内部质量保证活动使企业技术、人力和物质资源发挥到最佳境界，成本尽可能降低，产品质量尽可能上乘；通过外部质量保证活动使产品尽可能达到顾客的期望。

3. 建立和保持质量保证体系必须符合产品类别特点和结合企业自身的特点

不同的产品其质量形成的规律和特点是不同的，即使同一种类的产品在不同企业的产出过程也不完全相同，产品和其产出工艺的差异性要求所建立和保持的质量保证体系构成也应有区别，以适应不同产品特性的要求。TSG Z0004 是适用特种设备类产品建立、健全质量保证体系的指导性文件，各企业在建立、健全质量保证体系时应综合考虑，结合承压类特种设备和机电类特种设备的不同特点，合理设置控制要素，构成统一整体，使各过程得到有效控制。

一个企业的质量保证体系要受到本企业的目标、产品特点、服务项目及管理基础的影响，因此，企业在建立质量保证体系时，应根据企业的特点、生产情况、技术状况、设备状况、工艺过程等恰当地选择要素，合理地设计各过程控制程序，建立与企业特点相适应的质量保证体系。

二、建立和保持特种设备制造安装改造维修质量保证体系应具备的基本要求

1. 具有系统性

质量保证体系是指为实施质量管理所必需的组织结构、程序、过程和资源构成的有机整体。它是对产品质量发生影响的各个方面综合起来的一个完整的系统。其内涵是企业以一定的格局确立组织机构，明确职责范围和相互联系的方法，规定实施质量活动的方法，对产品质量形成的各个过程进行控制，以及配备必要的资源和各个岗位上称职的人员。因此，企业建立质量保证体系必须树立系统的观念，才能确保企业质量方针和质量目标的实现。

2. 保持适合性

建立质量保证体系必须结合企业、产品、工艺过程特点等，选择适当的体系要素，决定采纳和应用要素的程度，使质量保证体系能适合需要，尽可能全面地考虑各种需要

实施控制的因素，这并不是要求每个企业在建立、完善质量保证体系时都要全部应用，而是允许企业根据实际情况和产品特点，对规范所列要素进行适当的剪裁和增删，也允许企业因不同的产品要求对同一要素控制程度有所不同，使它适应企业经营的需要和满足顾客的要求。

3. 突出预防性

建立质量保证体系要突出预防思想，做到预防为主。每项质量活动都要订好计划，规定好程序，使各项质量活动都处于受控状态，以求把质量缺陷减少至最低限度或消灭在形成过程之中，千万不能完全依靠事后的检查验证。

4. 注重有效性

质量保证体系的有效性主要体现在质量保证体系要素的有效性，质量保证体系功能发挥的有效性，质量成本保持在最佳水平的有效性和产品质量稳定达到规定目标的有效性。企业建立和保持质量保证体系时，必须将组织结构、程序、过程和资源有机地组合起来，充分发挥质量保证体系的功能，稳定提高产品质量，减少质量损失，降低质量成本，取得良好的经济效果。因此，注重质量保证体系的有效性就要求企业通过体系的运行，不但要对产品质量形成全过程连续地实施控制，预防质量问题发生，还必须及时发现质量问题，迅速采取相应的纠正措施和预防措施，努力开展质量改进活动。

5. 符合经济性

一个完善的质量保证体系，既要满足顾客的需要，同时也要考虑企业的利益，要圆满地解决企业与顾客双方的风险、费用和利益，使质量保证体系运行效果最优化，做到以最经济的方法生产出满足用户要求和期望的产品，使产品质量最佳化与产品质量经济性融为一体。

三、质量保证体系的组织机构和质量控制系统的设置

特种设备制造安装改造维修企业应根据 TSG Z0004—2007《特种设备制造、安装、改造、维修质量保证体系基本要求》，并结合本单位的实际情况，将所展开的各项活动的职责分解到企业的各个部门中去。同时除了规定部门的质量职责外，还必须由最高管理者任命适量的责任人员协助质量保证工程师（质量保证工程师除具有管理者代表的职责外，还具有承担工程质量的具体责任）进行产品（工程）项目的质量控制和重点过程的质量控制。也就是说，特种设备制造安装改造维修单位的质量保证组织体系的设置既要结合本单位的实际情况，同时还必须适应特种设备制造安装改造维修的要求。形成既适应特种设备产品（工程）项目施工需要，又能适应特种设备施工过程质量控制需要的质量保证组织体系。与一般产品生产不同，特种设备安装改造维修通常是以工程项目施工的形式实施的，在同一个企业内往往有多个外出施工机构的建制。在这种企业组织结构下，质量保证体系不便于仅由公司一级机构直接控制。一般施工单位应当在项目部设立项目质量保证体系的子体系，这种质量控制子体系通常是以工程项目为主体设立质量保证组织机构，以适应工程施工的质量管理的需要。

特种设备制造安装改造维修质量保证体系的质量控制系统，是运用系统工程原理，把产品（工程）施工全过程的主要影响因素，按其内在联系划分为若干相互独立，又有机联系的质量控制系统、控制环节和控制点，对制造安装改造维修全过程质量实行系统控制。这种质量控制系统通常由若干专业质量控制系统组成，如材料零部件、工艺、焊接、热处理、无损检测、理化试验、检验与试验、设备和检验与试验装置，等等。每个专业质量控制系统由最高管理者任命一名责任工程师，并明确其职责和权限，由其实施对特种设备产品（工程）重点过程的质量控制。其具体控制内容包括人（人员素质和资格）、机（施工机具和设备）、料（材料和半成品）、法（法规、标准规范和质量保证体系文件）、环（工作环境）五大因素。

对每个控制系统，又可分解为若干控制环节，每个控制环节又可分解为若干个控制点，在各质量控制系统、控制环节和控制点之间应明确信息传递和反馈渠道，形成一个有机的整体。同时，在质量保证体系文件中应绘出各质量控制系统“质量控制程序图”，列出各质量控制系统“质量控制点一览表”，内容应包括控制体系、控制环节和控制点或停止点名称，责任人员职务称号（或代号）、控制点的工作依据、标准和工作见证等。表图必须内容一致，不互相矛盾。

由于各企业的基本条件、检测手段、技术力量和制造安装改造维修的特种设备型号和级别等不尽相同，企业质量控制系统的设置应按照本单位的具体情况，全面地系统地研究确定。一般大、中型企业或大型特种设备制造安装改造维修的质量控制系统需要分得细一点，以适应其复杂、多变的施工环境，而一些规模较小，制造安装级别低，职工人数不多的特种设备制造安装改造维修单位的质量控制系统则不宜分得过细，否则，如果系统太多，会造成技术力量不足，手续烦琐而影响生产。但若系统设立过少，也会由于管理力量太少而出现失控现象，不能有效控制产品（工程）质量。所以为了使企业有限的力量实现对重要过程的控制，从特种设备制造安装改造维修实际要求出发，可以适当减少质量控制系统，如将焊接质量控制系统与热处理质量控制系统合并为焊接与热处理质量控制系统等。

质量控制点是为保证工序处于受控状态，在特种设备制造安装改造维修过程的一定时间和条件下需要重点控制的质量特性、关键部位或薄弱环节。其控制对象是对工序进行管理的更小一些的范畴，需要特别注意的质量控制重点。需要设置控制点应是关键工序、施工工艺有特殊要求的工序、反馈集中的工序、质量不稳定的工序；企业生产变化的影响点，等等。控制点按控制程度不同可划分以下几类。

（1）检查点（E）：也称检验点，是特种设备制造安装改造维修过程中进行各种检测、验证的控制点，应提供检查数据，判定合格与否，规定表格见证或印检标记。有时称此点为“见证点”。

（2）审阅点（R）：也称审查点、审批点。可以通过抽查、检查或审阅认可方式进行管理的控制点。

（3）停点（H）：是特种设备制造安装改造维修过程中必须暂时停止下来进行见证和检验的控制点，未经指定责任人、指定部门授权代表确认签字，此点就不能继续，以此来验证认定上一道工序的正确，否则要造成返工或不可弥补的质量损失或事故的控制点。

在质量控制点中，那些应列为检查点、审阅点、停点，应根据每个控制点职能和控制程度以及对产品（工程）质量指标的影响程度来考虑。同时，控制点设置也应根据质量控制的实际需要设置，控制点过多容易流于形式，设置过少则难以保证制造安装改造维修质量，所以要根据特种设备产品安装改造维修质量控制要求的实际情况进行设置。

四、质量保证体系责任人员的职责、权限及其选任

特种设备制造安装改造维修质量管理是一项系统工程，所以要求企业特种设备制造安装改造维修质量保证体系应在企业最高管理者领导并在质量保证工程师主持下开展工作。

特种设备制造安装改造维修的法律、法规、安全技术规范、技术标准以及设计资料是特种设备制造安装改造维修质量控制的依据，企业应据此对各级质量控制责任人员明确规定其进行质量控制的职责和权限，包括其在本岗位上的工作依据、工作程序、工作标准和工作见证等。

特种设备制造安装改造维修质量保证体系的主要责任人员有最高管理者、质量保证工程师和各级责任人员。最高管理者即为制造安装改造维修单位的法定代表人。很多安装改造维修工程实行项目管理，项目经理受最高管理者委托对项目工程全面负责，是项目工程的实际管理者，所以项目经理也是重要的责任人员。

不同的制造安装改造维修单位，责任人员（责任师）的设置方式不同。经常在外地施工，且实行工程项目管理法的安装改造维修单位，其责任人员通常分两个层次：公司级责任人员和工程项目责任人员。也有一些单位主要在本地施工，只设公司级质量控制专业责任人员，此种情况下针对具体项目的各质量控制系统的质量控制，由公司级质量控制系统责任人员来完成。而项目施工人员主要负责项目工程的现场技术管理。

对于企业一级的特种设备制造安装改造维修质量保证体系，其质量保证工程师应具有领导各质量控制系统责任工程师的权威，所以必须由企业最高管理层成员之一担任，因为系统责任工程师分散在企业的不同部门，企业质量保证工程师必须具有超越该部门领导的职权（或经企业法人授权），所以一般由制造安装改造维修单位的技术质量负责人如技术副总经理、总工程师等来担任质量保证工程师（有些大型制造安装改造维修企业，特种设备制造安装改造维修可能是其业务的一部分，在此情况下也可设副质量保证工程师来协助质量保证工程师分管特种设备制造安装改造维修工作）。应该指出，责任人员的数量要与制造安装改造维修特种设备的级别及工程量相适应，重要的过程要由责任人员来控制，但不是要求一个人只负责一个质量控制系统（一种过程）的控制。

系统责任人员一般应当具有以下职责和权限。

（1）确定过程的界限，包括过程活动的范围，以及与其他过程的接口。

（2）确定过程内的各子过程，并指定专人负责。

（3）规定过程的输出，当输出已被规定时则应理解输出的要求。

（4）跟踪监控过程。以保证过程的输出满足要求。

（5）改进过程。

对质量保证体系责任人员的配置，要考虑质量控制系统责任师的专业对口、岗位资格和履行职责的能力，并充分体现质量保证工程师对特种设备制造安装改造维修质量控制与领导各质量控制系统的职能。质量控制系统责任工程师应在本专业质量控制系统范围内对特种设备制造安装改造维修的质量控制负责，具体而有效地履行其规定的职权，部门负责人应支持其工作。

施工企业项目级质量保证体系责任人员的职责是对项目工程质量负责，应有对项目工程质量进行有效控制的职责和权限。一般应设置项目质量保证工程师及其领导下的若干专业质量控制责任人员，以实施对项目工程的质量控制。项目质量控制专业责任人员的数量可根据项目工程的规模大小来确定，但应考虑责任人员的资格，如无损检测人员必须是持有相应资格证书，实施质量验证的人员应与工艺实施人员分立等。同时，项目质量控制责任人员还应接受企业一级质量控制系统质量责任师的检查、监督和指导。项目质量保证工程师应及时向公司质量保证工程师汇报工作，接受和执行其指示。同时还应对项目责任人员的工作作出适当的评价，并提出奖惩建议。

第三节　特种设备制造安装改造维修质量保证体系的运行

企业在建立和实施特种设备制造安装改造维修质量保证体系之后，为了使产品（工程）质量持续稳定地达到预期的要求，满足顾客和其他有关方面的期望，企业管理者必须认真实施质量保证体系，运用质量管理的系统方法和过程方法对质量保证体系过程进行管理，使为满足产品（工程）质量要求所确定的过程处于连续受控状态。这样才能使过程有效。

一、特种设备制造安装改造维修质量保证体系运行的一般要求

质量管理是“在质量方面指挥和控制组织的协调的活动”，上面所说的“对过程进行管理”，也就是要通过质量控制活动对各个过程的要素，包括输入、输出、活动和资源等进行控制，质量控制的目标就是确保工程质量满足顾客、法律法规等方面提出的质量要求，如适用性、可靠性、安全性等。质量控制的范围涉及产品（工程）质量形成全过程的各个环节，内容包括专业技术和管理技术两个方面影响工作质量的人、机、料、法、环等 5 个因素。同时企业管理层还应注意质量控制的动态性，在质量控制过程中运用全面质量管理方法，通过 PDCA 循环不断研究新的控制方法，改进与提高质量控制水平，以满足不断更新的质量要求。

在实施质量控制时，必须严格遵循“该说的要说到，说到的一定要做到，做到的要留有证据”的原则，也就是对各质控系统、质控环节和质控点都要明确其工作依据、工作程序、工作标准和工作见证，特种设备制造安装改造维修质量保证体系中所设置的各控制点，应是停点必停，检验点必检，无见证不得进入下道工序，见证所要求的检测数据应由检验人员将检测所得的准确数据填入规定的记录表格，并要做到字迹清晰，签字

完整，日期不漏。使各质控系统的工作有序进行，以此来度量质量控制的效果及作用。

一个企业特种设备制造安装改造维修质量保证体系的有效性，一般应表现为下列各个方面：

(1) 企业最高管理者对质量保证工程师有明确的实质性的授权。

(2) 质量保证工程师和各系统责任工程师行使指挥、组织质量保证体系各系统运转工作的权利时能通畅无阻。

(3) 企业质量保证体系所确定程序完善，可操作性强。

(4) 企业设置的质量控制系统紧紧围绕特种设备制造安装改造维修工程质量要求，设置了必要的控制环节和控制点，无失控环节和失控点。

(5) 各质控环节和质控点均有明确的工作依据、工作程序、工作见证和管理责任人员，实施控制的质量记录和见证资料齐全。

(6) 资源条件满足施工要求，产品（工程）实体质量符合国家现行法律法规、安全技术规范、技术标准的规定。

(7) 质量保证体系文件能做到动态管理，能随着企业管理水平的提高和技术的发展随时充实完善。

二、工程项目质量控制

特种设备安装改造维修工程特点之一是其“产品实现”过程以“工程项目”的形式完成。特别是在我国建筑业普遍推行项目法施工以来，施工企业已经普遍建立了以施工项目为核心、适应项目施工需要的企业组织形式，在企业内部形成了一种能够根据项目特点和需要调配使用生产要素的机制，和以完成项目施工任务，实现项目技术经济指标的目标责任体系。项目管理已经成为施工企业管理的核心。承担特种设备安装改造维修的施工企业在质量保证体系的运行中也必然会形成以项目质量管理为核心的运行机制。

项目质量控制是项目质量管理的重要职能。从根本上说，没有控制就没有管理，控制就是一定的主体为了保证在变化着的外部条件下实现其目标，按照事先拟订的计划和标准通过各种方式对被控制对象进行监督、检查、引导、纠正的行为过程。因此，项目控制是项目工程顺利进行的重要保证，也是实现项目目标的必要手段，而项目质量控制是其中的主要组成部分。

1. 特种设备安装改造维修工程项目质量控制的主要内容

特种设备安装改造维修工程项目质量控制的主要内容包括以下几个方面：

(1) 施工准备阶段的质量控制，包括设计审查，图纸会检，编制施工组织设计、施工技术方案和工艺规程，进行技术交底和人员培训，以及施工设备、检测器具和施工现场的准备等。

(2) 施工阶段的质量控制，包括材料质量控制、施工过程控制、工序质量检验等。

(3) 交工验收阶段的质量控制，包括烘煮炉 72h（168h）试运转等。

2. 实施工程项目质量控制工作的具体要求

为了实施工程项目的质量控制，企业应按照质量保证体系的要求，具体做好以下几项工作：

（1）通过编制工程项目施工组织设计进行质量策划，确定工程项目的质量目标，规定完成工程施工必需的人力、物力和技术资源，明确必须执行的施工验收标准规范，拟定主要施工工艺技术措施和质量保证措施。

（2）确定项目质量管理组织机构，配置责任人员：应根据工程项目的规模和技术复杂程度适当设置质量管理机构并任命相关责任人员，以满足特种设备安装改造维修工程质量控制的要求。

（3）组织设计审查、图纸会检和技术交底。

（4）编制质量检验计划，明确停点、审查点、检验点及其检验方法和责任人员。

（5）根据设计图纸资料编制或选定施工工艺文件。必要时应进行工艺试验。

（6）按照施工组织设计的要求配置人力、物力资源，进行必要的人员培训和资格取证工作。

（7）实施材料（包括顾客提供的材料）质量控制和设备、计量控制，搞好材料标识和检验状态标识，防止不合格材料、设备和计量器具的非预期使用。

（8）实施工艺过程控制，严格按照工艺标准进行施工，并按照质量检验计划进行工序检验及最终检验和试验，作好质量记录和检验试验状态标识，防止不合格品进入下道工序或交付使用。

（9）对出现的任何不合格品进行评审和处置，并采取相应的纠正与预防措施。

（10）在工程进展的适当阶段开展内部审核工作。

（11）组织工程的试运和维修工作。

（12）进行工程回访，对顾客的意见进行分析并采取改进措施。

从上述内容可以看出，特种设备安装改造维修的质量保证体系要求主要是在项目工程中实施和体现的，离开工程项目就无从谈论质量保证体系的运行和评价。

三、重点过程质量控制（制造企业可参照实施）

上面提到项目质量控制是企业质量保证体系运行的核心，但企业质量保证体系的运行不仅仅局限在项目上。项目管理只是企业管理的一个重要组成部分，施工企业的组织结构一般有三个层次：经营决策层、中间管理层和作业层。企业的管理职能也应在这三个层次上进行分配。特种设备安装改造维修质量保证体系的运行在质量保证工程师的主持指挥下，由各职能部门、各质量控制系统责任人员和项目质量控制责任人员分别承担中间管理层的质量控制任务，企业职能部门和质量控制系统责任人员与项目管理层形成矩阵结构，对工程项目进行有效的质量控制，确保质量管理体系的正常、连续、有效地运行。其中，企业的职能部门和质量控制系统责任人员发挥指导、检查和监督的作用。当然，对于一些在当地承担小型特种设备安装改造维修任务的小型企业来说，可以只设一级质量管理机构，其工程项目的重点过程质量控制任务由企业一级质量控制系统责任人员直接负责，这种组织机构设计也是符合要求的。

企业中间管理层的主要任务是对重点过程进行质量控制，特别是企业级的质量控制系统责任人员，必须对本专业范围内的工程质量进行有效的控制。因为这些专业控制系统都是特种设备安装改造维修质量控制的关键过程，如材料零部件、工艺、焊接、检验试验、无损检测、理化试验、设备和检验与试验装置，等等。一旦这些过程失控，就会严重影响安装改造维修质量，甚至留下安全隐患，给人民生命财产造成危害。所以，特种设备安装改造维修质量保证体系的运行必须紧紧抓住这些重点过程的质量控制。特别是材料零部件、焊接、热处理、无损检测、理化检验系统，由于特种设备安装改造维修在这几个过程中对标识和可追溯性要求比较严格，管理上会有一定难度。如锅炉零、部件和焊接材料的使用必须具有可追溯性，因此从入库验收开始，经过检验、保管、发放、使用、回收等一系列过程，这些材料都必须保持其唯一性标识，所以必须为标识方法及其移植制定详细、可行的程序。例如，库场的待检材料、合格材料和不合格材料的分区隔离标识，材料标识及其检验试验状态标识，材料标识的移植规定等。而且由于锅炉组成件品种复杂、材质规格多，实际运作时还应有必要的作业指导文件才能使这个过程落到实处。焊接也是特种设备质量管理的关键过程，施工时必须对焊接工艺评定、焊工、焊接材料、焊接设备、施焊作业、焊缝质量检验和焊后热处理等进行严格的质量控制，除了材料及其检验状态标识外，对每一条焊缝的施焊焊工、焊接方法和位置、外观检查和无损检测结果、返修、扩检以及热处理情况等都必须有唯一性标识，除了要有完善的现场标识程序外，还应有一套用于追溯的记录文件，特种设备安装改造维修记录、合格焊工表、焊接记录、无损检测报告、理化检验报告、热处理记录等。有关操作人员和质量控制责任人员应在这些质量记录文件上签字确认。另外，施工现场的计量器具管理也是难点之一，由于锅炉施工人员多，地点分散，施工周期又比较长，现场在用的计量器具多属于各基层施工单位管理，很容易出现失控问题，必须采取措施保证计量器具的周检率和合格率，防止不合格计量器具的非预期使用，保证检测数据的准确性。

除了企业设置的专业质量控制系统之外，对特种设备安装改造维修质量起关键作用的过程还有合同评审（顾客要求）和分包方管理（资源管理和采购），也应作为重点进行质量控制。

特种设备安装改造维修质量保证体系各专业质量控制系统的质量控制活动内容及要求分述如下。

（一）材料、零部件质量控制系统的设置

建立材料、零部件质量控制系统，以明确材料零部件系统质量控制的主管部门和配合部门，落实各级材料零部件人员的岗位职责和控制程序，实行材料零部件质量责任工程师或材料零部件质控负责人负责制，并接受质量保证工程师监督检查的体制，将材料零部件管理的各个过程均纳入材料零部件质量控制系统，进而实施对材料零部件系统的质量控制。

1. 材料零部件质量控制系统的控制环节和控制点

一般设采购订货、验收入库、材料零部件保管、材料代用、材料零部件发放、材料零部件使用等6个控制环节和若干个控制点。各控制环节中控制点的设置大致如下。

(1) 采购订货：采购计划审批、合格供方确认。

(2) 验收入库：质量证明书审查、实物检查、补项及复验、材料代号编制及标记、材料入库审查。

(3) 材料零部件保管：保管质量检查、标记恢复确认。

(4) 材料代用：材料代用单审批。

(5) 材料零部件发放：实物复核（规格、表面质量材料标志及代号标记）。

(6) 材料零部件使用：附加检验、使用前复核、下料时标记移植确认。

2. 材料零部件质量控制系统应制定的管理（程序）制度

制定并实施材料零部件质量管理（程序）制度，是保证材料零部件质量控制系统正常运转从而对材料零部件质量进行有效控制的基本措施和手段。制定内容应符合本企业实际情况，切实可行，满足标准规范对材料零部件的规定要求，并能对材料零部件质量进行全面的系统管理。一般应制定以下几个方面的材料质量管理制度。

(1) 材料零部件采购订货管理制度。

(2) 材料零部件验收入库管理制度。

(3) 材料代用管理制度。

(4) 材料零部件保管、发放管理制度。

(5) 材料使用管理制度。

由于特种设备用材料零部件种类较多，一般来说材料零部件的质量控制是指对特种设备所用材料零部件的质量控制。包括金属板材、管材、焊材、锻件、圆钢及外购外协件等。

（二）焊接质量控制系统的设置

建立焊接质量控制系统，一般应明确焊接质量控制系统的主管部门和配合部门，落实各级责任人员的岗位职责和控制程序，实行焊接责任工程师负责制，并接受质量保证工程师监督、检查的体制，把锅炉等特种设备安装改造、重大维修焊接全过程纳入焊接质量控制系统，进而实施对焊接系统的质量控制。

1. 焊接质量控制环节的设定

根据特种设备安装改造维修对焊接质量要求，结合焊接技术及其加工工艺的特点，一般应设置5个焊接控制环节，包括焊工、焊接材料、焊接工艺评定、焊接施工工艺及焊接设备，等等。

(1) 焊工控制环节的控制点的数量、内容。焊工这一控制环节，可设两个控制点，即强调焊工的持证上岗和自觉执行工艺纪律。

(2) 焊接材料控制环节的控制点的数量、内容。焊接材料这一控制环节可设三个控制点，包括焊材保管、烘干和发放。特别是发给具体产品的施焊焊材时，除了应核查牌号、规格、入厂编号外，还应做到限额、限量和每根焊条头的追溯性。另外，焊材代用，应有合乎要求的代用手续。

(3) 焊接工艺评定控制环节的控制点的数量、内容。焊接工艺评定控制环节，可设

3个控制点，包括审阅焊接工艺评定任务书、指导书和批准工艺评定报告。

(4) 焊接施工控制环节的控制点的数量、内容。焊接施工控制环节，可设6个控制点，包括以下几个方面：

1) 审阅焊接工艺卡，确保所选用焊接工艺的正确性，并保证该产品的焊接工艺评定覆盖率。

2) 控制二次返修。为确保返修合格，应由焊接责任工程师审批返修方案，必要时现场监督指导。

3) 控制超次返修。焊接责任工程师必须制订或审核返修方案和返修工艺，必要时必须进行返修工艺评定，并经单位总技术负责人批准。

4) 焊工钢印。在进行安装改造及重大维修工程最终检验，焊接接头施焊结束时，根据施焊记录对照焊工钢印（标记），核查上岗焊工资格。

5) 对需要焊后热处理的焊缝，则应审阅热处理工艺。

6) 产品焊接试板（需要时）。有产品试板要求的，产品焊接试板应严格按国家所规定的程序进行，只有试验报告结论为合格后，产品方可组装。

(5) 焊接设备控制环节的控制点的数量、内容。焊接设备控制环节可设1个控制点，保证焊接设备运转正常，设备所有仪表（电流表、电压表）的周期检定在有效期内。

2. 焊接质量控制系统管理制度

焊接质量控制系统管理制度一般包括以下几个方面：

(1) 焊接工艺评定管理规定。

(2) 焊接施工管理制度。

(3) 焊接接头返修管理制度。

(4) 焊接试板管理规定（需要时）。

(5) 焊前预热与焊后热处理规定。

(6) 焊接试验室管理制度等。

(7) 焊工培训与资格评定及考核成绩档案管理制度。

(三) 无损检测质量控制系统的设置

建立无损检测质量控制系统，一般应明确无损检测的主管部门和配合部门，落实无损检测责任人员的岗位职责和控制程序，实行无损检测责任工程师或无损检测负责人负责制，并接受质量保证工程师的监督检查，以建立无损检测质量控制系统，进而实施对无损检测系统的质量控制。

1. 无损检测质量控制系统的控制环节及控制点

无损检测质量控制系统一般设4个控制环节（接受任务、无损检测前的准备、无损检测实施和报告签发）。其中：

(1) 接受任务环节设1个控制点——接受委托；

(2) 无损检测前准备环节设3个控制点——人员资格、仪器检验及无损检测工艺编制；

(3) 无损检测实施环节设2个控制点——施探表面复查、复验扩探；

（4）报告签发环节设1个控制点——报告签发。此控制点又是停止点。

2. 无损检测质量控制系统的有关管理制度

无损检测质量控制系统制定一套完整的无损检测管理制度十分重要。一般应编制无损检测管理办法、委托制度，无损检测人员培训考核和持证上岗制度，无损检测仪器的使用、维护及周检制度，各种无损检测方法的通用工艺守则（规程），无损检测档案资料管理办法，底片质量控制办法，无损检测安全操作规程等。

（1）无损检测管理办法的内容。管理办法要点是：管理体制系统所采用的无损检测方法，无损检测对象，委托手续，无损检测工艺守则，无损检测程序，无损检测记录和报告，返修复探和扩探，检测校验方法，仪器设备管理，人员培训与考核等内容。

（2）无损检测委托制度的内容：委托制度主要包括：手续、范围、委托件的预处理及委托单的正确填写等。

无损检测委托单既是无损检测人员施探的依据，也是向无损检测人员送达的任务书，必须严肃认真地填写，无损检测人员一旦发现委托有误，应及时向委托人反馈信息。重点放在核对产品编号、设备名称、委托检测方法、检测比例、合格级别是否正确。产品的无损检测委托是否正确，责任在委托人时，无损检测人员也有责任协助委托人把好这一关。

3. 各种无损检测方法的通用工艺守则应含的内容

（1）焊缝X射线与γ射线检测工艺守则：应含裁片、装片、拍片、暗室处理，焊缝的质量评定与原始记录、报告等内容。

（2）超声波检测工艺守则：应含对被检测工件要求、操作方法及判废条件、操作、验收标准、记录与报告等内容。

（3）磁粉检测工艺守则：应含检测表面处理、仪器与磁粉、磁悬液配制、灵敏度、操作技术、质量评定、原始记录与报告等内容。

（4）渗透检测工艺守则：应含检测表面处理、预清洗、渗透、清洗、显像、检查和记录、报告等内容。

4. 对无损检测人员资格的要求

特种设备安装改造维修无损检测人员应当持有由国家质量监督检验检疫总局特种设备安全监察局印制，由各级无损检测人员资格鉴定考核委员会颁发的资格证书，才可从事相应检测方法、相应技术等级的无损检测工作。例如，射线检测的拍片工作应由已取得射线检测Ⅰ级或Ⅱ级以上资格证书的人员担任；而评片、签发和审核报告（不得为同一个人）必须由射线检测Ⅱ级或Ⅲ级人员承担。无证人员不得独立从事无损检测工作。

5. 无损检测工作外协

当无损检测工作需要外协时，无损检测责任工程师应对外协单位进行评价，并与其签订外协技术协议，对外协单位的射线底片进行抽查，对无损检测报告进行签字确认。

（四）工艺质量控制系统

特种设备安装改造维修单位应规定特种设备安装改造维修施工过程的工艺质量管理

机构及职能，明确各类工艺质量控制人员及职责，制定必要的工艺质量管理制度及检查要求，提出各质量控制环节、控制点的质量见证，实施工艺责任工程师负责制，并接受质量保证工程师的监督检查，以建立工艺质量控制系统，进而保证特种设备安装改造维修质量在安装改造维修过程得到有效控制。

1. 工艺质量控制系统一般应设置的控制环节和控制点

工艺质量控制系统一般应设置工艺准备、工装设计 2 个控制环节。

(1) 工艺准备控制环节中共设置 5 个控制点：

1) 图纸会检（停止点）；

2) 施工方案；

3) 施工工艺文件；

4) 施工工艺规程；

5) 施工工艺更改。

(2) 工装设计：

1) 工装设计任务书；

2) 工装图绘制；

3) 工装验证。

2. 简述工艺管理制度的内容

由于行业性质、施工规模、企业特点各异，各企业的工艺管理机构的设置与工艺管理制度也不可能一致，一般应设置：

(1) 图纸会检制度；

(2) 材料消耗工艺定额管理制度；

(3) 标记移植制度；

(4) 外购、外协件及零部件管理制度；

(5) 施工工艺文件的编制及审核制度；

(6) 施工工艺文件管理制度；

(7) 施工工艺信息反馈制度；

(8) 施工工艺装备管理制度。

3. 图纸会检制度的编制原则

图样审核包括对来自制造厂的图样和设计院设计的图样的审核，制度应规定图样的有效性和对产品设计图样的工艺性审核的要求，其目的是控制不合格的图纸不安装，不出现重大技术问题。通过图样审核，为编写安装工艺，预见关键设备和特殊工装，提出材料代用，设计变更，焊接工艺评定等做好工艺技术准备工作。

4. 图纸会检应包含的内容

(1) 设计图样的有效性审查：

1) 主要审查设计单位是否具备法定设计资格。

2) 产品图样（通常在总图）上是否盖有设计资格印章，设计资格印章中应注明设计单位名称，技术负责人姓名，证书编号及批准日期。设计总图上按规定应有设计、校核、审核、审定人员的签字。非法定部门批准的设计单位和无设计资格印章的图样，不得安排施工。

(2) 图纸会检的重点：

1) 施工图纸与设备、原材料的技术要求是否一致。

2) 施工的主要技术方案与设计是否相适应。

3) 图纸表达深度能否满足施工需要。

4) 构件划分和加工要求是否符合施工能力。

5) 扩建工程的新老厂及新老系统之间的衔接是否吻合，施工过渡是否可能。除按图面检查外，还应按现场实际情况校核。

6) 各专业之间设计是否协调。如设备外形尺寸与基础设计尺寸、土建和锅炉压力管道对建（构）筑物预留孔洞及埋件的设计是否吻合，设备与系统连接部位、管线之间、电气、热控和锅炉压力管道之间相关设计等是否吻合。

7) 设计采用的五新（新技术、新工艺、新流程、新装备、新材料）在施工技术、机具和物资供应上有无困难。

8) 施工图之间和总分图之间、总分尺寸之间有无矛盾。

9) 能否满足生产运行对安全、经济的要求和检修作业的合理需要。

10) 设备布置及构件尺寸能否满足其运输及吊装要求。

11) 设计能否满足设备和系统的启动调试要求。

12) 材料表中给出的数量和材质以及尺寸与图面表示是否相符。

5. 材料消耗工艺定额管理制度编制（参考）

材料消耗工艺定额是在一定的技术装备条件下，施工单位在特种设备安装改造维修过程中所需消耗材料的数量标准。它是企业的一项重要经济指标，是供应计划编制的基础，也是限额发料、余额退库、成本核算及进行质量控制的依据。制度应对领料、发料、余料退库、废品补料的程序定额的编制要求及审批权限等作出相应规定。

6. 标记移植制度的编制

在安装改造维修过程中需要去除标记前或材料下料分离前，对特种设备安装改造维修工程所需材料的制造编号、材料标记等，应进行标记的移植。制度应对标记移植的确认、核对、记录的要求及程序作出具体而明确的规定，以保证各种标记的可追溯性。

7. 外购、外协件管理制度的编制

特种设备安装改造维修过程中的外购件、外协件是指受本单位加工能力限制的工艺性协作件和由定型批量生产厂家提供的零部件。制度应对厂家选择认证、零部件进厂验收或复验等提出要求，以保证锅炉等特种设备安装的质量。

8. 工艺文件的编制及校核制度的编制

制度应对施工方案、材料消耗工艺定额、施工工艺规程、作业指导书等施工工艺文件的编制、审核、批准的程序作出规定，以保证工艺文件符合图纸、标准、法规的要求和工艺文件的正确性、完整性与统一性。

9. 工艺文件管理制度的编制

(1) 本制度对工艺文件应发放的部门、数量及工艺规程的流转程序作出具体规定:

(2) 对工艺文件的变更、修改、回收的签署审核提出要求;

(3) 对工艺文件在加工流转过程中损坏、丢失问题规定处理方法;

(4) 对于特种设备安装改造维修质量记录,在工程竣工后,应进行收集、整理、存档。

对存档的工艺技术文件及安装改造维修质量记录的分类、编号及归档的程序也应作出具体规定。

10. 工艺质量反馈制度的编制

(1) 制度应对施工方案、作业指导书、质量检验计划、工艺装备及各种定额在实施中出现的问题,规定出反馈的流程及要求;

(2) 对反馈的问题进行处理的办法,以保证锅炉等特种设备安装质量及生产秩序的正常进行;

(3) 应对生产过程中不合格品的处理,材料代用等生产信息处理,规定技术管理部门应负担的工作内容及审批要求。

11. 工艺装备管理制度的编制

制度应对工艺装备的设计、方案审批、加工制造、检验和验收的方法、内容、程序以及在生产中的使用、维修作出规定;对外购工艺装备的选型、审批、订货、验收、入库及现场验收提出管理办法;同时对工装的出入库、保管、定期检验作出具体要求。

12. 编制施工工艺规程的重要性

施工工艺规程的编制是施工工艺准备的基本内容。施工工艺规程就是根据施工方案中所确定的编制原则,结合施工条件,将施工过程和操作方法,通过文件或附图的形式具体地表现出来。施工工艺规程不仅是直接指导现场操作的重要技术文件,也是安排计划、生产调度、质量检验、劳动组织、材料供应、工具管理、经济核算的技术依据。

工艺规程的制定是否先进合理,工艺参数的选取是否科学,设备及工艺装备选用是否恰当,工艺专用术语是否符合标准,书写是否工整,语言是否简练,工艺简图是否正确,不仅直接影响到特种设备安装改造维修的质量、劳动生产率和经济效益,而且影响到工艺文件的严肃性,影响工艺纪律的贯彻执行。

13. 编制工艺规程的原则

(1) 在充分利用本企业现有生产条件的基础上,尽可能采用先进工艺,所采用的技术要保证先进、可行。

(2) 在保证产品质量的前提下,尽量提高生产率和降低消耗,不断提高各项技术经济指标,获得最大经济效益。

(3) 创造良好的劳动条件和工作环境,符合劳动安全法和环境保护法的要求。

(4) 工艺规程的编写要正确、统一、完整、清晰。

(5) 结构特征和工艺特征相近的部件安装改造重大维修尽量采用通用工艺规程。

(6) 工艺规程的幅面、格式、填写方法与编号应符合有关规定。

(7) 工艺规程中的计量单位应使用法定计量单位。

(8) 工艺规程中所使用术语、符号和代号要符合相应标准的规定。

14. 通用作业指导书（工艺规程）

通用作业指导书（工艺规程）是某一专业工种（或分项工程）共同遵守的通用操作规程，是主要工艺规程之一，通用作业指导书（工艺规程）主要用于分部、分项工程和关键工序的施工。某些重要的关键工序，不可能规定得十分详尽，通用作业指导书（工艺规程）则可补充相应工艺规程的不足，同时，也可简化编制内容。

15. 工艺规程的编审

一般工艺规程，由编制者自己校核后，交工艺责任工程师审核。工艺规程是企业组织生产的法规，因此，工艺规程的审核工作是一项严肃认真的工作。对工艺规程应逐项进行审核，对审核中发现的问题应提出并交编制者进行修改。对有争议的问题应充分听取编制人员的意见后决定，如意见不能统一时，呈请质量保证工程师或总工程师裁决。

(1) 工艺规程审核的内容如下：

1) 工艺规程中的内容是否符合设计图样和工艺方案的要求，是否符合有关法规、标准的规定。

2) 工艺路线、工序顺序、工序内容及技术要求、所使用的设备工装等是否正确合理。

3) 规程中所填写的工艺参数，以及术语、符号、代号、计量单位是否正确。

4) 编制人员的签署是否完整。

(2) 工艺规程的会签。

工艺规程经审核签署后，应按企业会签制度由有关项目和部门进行会签。会签的主要内容包括以下两个方面。

1) 工艺规程中所定内容能否实现。

2) 工艺规程中所用设备、工艺装备和检测仪器是否具备条件，自制或改装有无可能。经会签后的工艺规程可复制发放，投入安装运行，对重要的工艺规程，要按企业工艺文件审批制度要求，由企业总技术负责人批准后复制发放。

（五）检验与试验质量控制系统的设置

检验与试验质量控制系统在企业质量体系中占有相当重要的地位，起着保证特种设备安装改造维修质量十分关键的作用。检验与试验质量控制系统作为一个独立的体系，不受行政干扰，独立行使企业内部的“监督检验”，监督操作者强制性地执行工艺纪律，对整个安装改造维修过程实施控制，同时通过检验与试验获得质量信息和数据，从而为质量控制提供科学管理的依据，并起到“预防”的作用。

1. 如何建立检验质量控制系统

特种设备安装改造维修单位必须设置独立的质量检验机构，由总经理直接（或委托技术副总经理、总工程师、质量保证工程师）领导，规定该机构各级责任人员的职、责、权及工作内容、工作标准、工作见证，在自己的职责范围内对生产过程中各环节、各工序进行检查，对规定的控制环节、控制点进行见证；同时实施检验与试验责任工程师负责制，对施工过程中各环节、工序、控制点进行监督检查，并接受质量保证工程师的监督，从而建立一个能正常运行并能保证安装改造维修质量得以有效控制的检验与试验质量控制体系。

2. 检验与试验质量控制的主要任务、工作的主要依据及应遵循的工作原则

（1）主要任务：

1）对原材料入厂、保管、发放、使用进行检查。

2）对外协件、外购件、外配套件进行质量检查。

3）对安装改造维修过程中各个工序、各环节以及工艺纪律执行情况进行检查。

4）对各部件、安装几何尺寸、内外质量、安装改造维修总体质量进行检查。

5）压力试验综合性能检查。

6）其他检查。

7）安装改造维修质量证明文件及产品档案的整理。

（2）主要依据：

1）特种设备安全技术规范。

2）国家、部、行业颁发的标准。

3）企业制定的《特种设备安装改造维修质量保证体系文件》。

4）本单位制定的企业标准。

5）产品设计图样及产品工艺文件等。

6）供货合同。

（3）遵循原则：特种设备安装改造维修检验中应遵循的原则是未经检验合格的零、部件、材料不使用，上道工序未经检验合格不转下道工序，不合格的零部件不组装，对违反工艺纪律的行为不放过，不合格的工程不验收、不交工。

3. 检验与试验质量控制系统一般应设置的控制环节和控制点

检验与试验质量控制系统一般应设置检验准备、过程检验和资料整理 3 个控制环节。

检验与试验准备环节设置检验与试验文件审核和检具校验 2 个控制点。

过程检验控制环节的设置应根据特种设备的安装改造维修特点，如可设置材料及零部件验收、标记移植、安装基础的检查及验收、设备安装的检查及验收、水压试验阶段的检查及验收、砌筑阶段的检查及验收、燃烧设备的检查与验收，设备及管道保温的检查与验收等控制点。其中，材料及零部件检查验收、设备安装的检查验收、水压试验阶段的检查及验收及总体验收为停止点。

4. 检验与试验质量控制系统一般应编制的管理制度

检验与试验质量控制系统一般应编制质检人员业务培训考核制度、安装改造维修过程检查制度、试板管理制度、不合格品管理制度、产品技术文件归档制度、量（检）具

管理制度、接受第三方安全监察及监督检验制度及为用户服务管理制度等。

5. 质检人员业务培训考核制度的编制要求

制度对各级质检人员对特种设备安全技术规范、现行标准的学习，认真执行工作标准，坚持现场检查，提供完善、真实、齐全的工作见证记录作出规定，坚持奖惩条件，达到积极推进检验质量控制的良性循环。

6. 特种设备安装改造维修过程检查制度的编制要求

对安装改造维修过程中的各环节、各工序以及控制环节、控制点的工作内容、检查方法、检查要求应达到的标准等作出具体规定。

7. 不合格品管理制度的编制要求

不符合设计图样、规程、标准的零件或产品，在企业内部一般按回用、返修、报废三种方法进行处理。制度应对处理的程序、职责权限、处理办法及改进措施等作出明确规定。

8. 技术文件归档制度

对安装改造维修质量证明文件和档案的整理、装订、存放、保管、借阅等作出规定。

9. 计量器具管理制度的编制要求

对计量器具的保管、使用、周期检定等做出具体规定。计量器具应有相应的校验工作见证。

10. 接受安全监察和监督检验制度的编制要求

应规定接受质量技术监督部门安全监察和监检，安装改造维修告知和对安全监察和监检中提出的问题，其处理程序、协调方式等须作出规定。

11. 为用户服务管理制度的编制要求

应规定服务项目、服务方法、改进措施等。

12. 材料检验的主要内容

安装改造维修所用的材料，应附有材料质量证明书（原件或复印件，复印件应有经销单位的红章及经手人签字），按国家标准、行业标准或有关技术条件进行验收，合格后方可办理入库手续。具体应检查如下内容。

（1）核查材料质量证明书。应根据GB 247《钢板和钢带验收、包装、标志及质量证明书的一般规定》、GB 2102《钢管验收、包装、标志及质量证明书的一般规定》等其他有关规定进行审查。质量证明书内容齐全、数据应正确。

（2）复核材料标记。对要求有标记的材料，材料检查员应将材料质量证明书和实物进行复核。其标记应和材料质量证明书一致。

（3）外观质量、几何尺寸。检查材料的外观质量和几何尺寸应符合标准规定，不允许存在气孔、裂纹、结疤、夹杂等缺陷。钢板的长度、宽度和厚度，其尺寸偏差应符合GB 709、GB 6645等标准的规定。

（4）对材料的理化项目进行补项和复验。根据标准要求对主要受压锅炉安装理化项目进行全项复验。有怀疑或用户要求等，应进行补项和复验。

（5）用于安装改造重大维修的受压元件必须有材料质量证明书，其要求应与上述相同。

（6）外购的安全附件必须有质量证明书或合格证。按相关标准进行检定、校验、验收合格后方可入库。

（六）理化质量控制系统的设置

1. 建立理化质量控制系统的重要性

特种设备安装改造维修通过正确的理化试验可以获得准确、可靠的理化性能数据，从而为锅炉等特种设备安装质量提供保证，且理化试验是特种设备安装改造维修单位必须具备的测试手段。因此，建立理化质量控制系统是确保理化性能数据完整、正确、有效的保证，进而对保证特种设备安装改造维修质量起到重要的质量控制作用。

2. 特种设备安装改造维修单位建立理化质量控制系统的要求

特种设备安装改造维修单位根据本单位的实际情况，建立专门的理化试验机构，配置能满足本单位所需进行试验项目的手段，明确各岗位职责，健全各项理化试验管理制度，建立理化试验责任工程师负责制并接受质量管理工程师监督检查的理化试验质量控制体系，使理化试验质量在试验的全过程始终处于受控状态。

3. 理化质量控制的主要任务

（1）原材料的补项及复验。

（2）焊接工艺评定试件的试验（需要时）。

4. 理化质量控制系统一般应设置的控制环节和控制点

理化试验质量控制系统一般应设接受委托、试验准备、试验过程及试验报告 4 个控制环节。其中：

（1）接受委托环节设核实委托内容和实物、验收试样 2 个控制点。

（2）试验准备环节设人员资格、仪器设备检定/校准、方法选择 3 个控制点。

（3）试验过程环节设数据处理 1 个控制点。

（4）试验报告环节设签发报告 1 个控制点。

5. 理化质量控制系统一般应设的管理制度及主要内容

（1）理化试验委托制度，其内容应包括试验委托范围、委托手续及委托单的填写等。

（2）试验记录与报告制度，其内容应包括记录与报告格式、填写要求、审核或审批程序以及保管等规定。

（3）试样资料的管理制度，其要点为试样保管的责任人员、试样保管的环境条件、保存期等。

（4）技术资料的管理制度，其要点为技术资料的保管范围、环境条件、保管期限、借阅手续等。

（5）试验仪器设备管理制度，其要点为技术资料的保管范围、环境条件、定期周检与养护、降级与报废等规定。

（6）试验人员培训与考核制度，其内容包括培训考核机构、培训内容、考核办法、考绩档案与奖惩等。

其他管理制度，如安全技术管理、危险品管理、事故分析、报告与处理等制度。

6．理化试验仪器、设备配备与管理的一般要求

（1）试验仪器、设备的配备必须种类、参数、量程、准确度与精度合适，并能满足特种设备安装改造维修质量检测的需要。

（2）试验仪器、设备使用过程中其准确度会发生变化，为保证检测数据的准确、可靠，应加强仪器、设备的使用，维护管理；建立严格的管理制度和操作规程，定期周检；实行专人管理、定期维护、保养，使仪器、设备经常处于完好状态，并保证在用仪器、设备100%完好。

7．对理化试验环境的一般要求

试验环境应达到以下要求。

（1）试验室内应清洁，整齐，仪器设备安置合理，便于操作。

（2）室内采光良好，不影响操作、读数。存放有避光要求的仪器设备和试剂的操作间，应有避光窗帘。

（3）安放精密仪器的操作间，其温度、湿度应控制在仪器要求的范围内，不允许有强烈振动与腐蚀性气体的侵入。

（4）分析操作室内应设通风柜，以便及时排出有毒气体。

（5）试验室应有三废处理设施，防止试验排放液污染环境。

（6）试验室应设置必要的消防器材。

8．理化试验与标准的关系

试验标准是影响试验质量的基础因素，是理化试验操作的准则和科学依据。各理化试验所使用的标准应齐全，现行有效，使用正确。

9．从事理化试验各岗位的专业人员应符合的条件

（1）应具有高度责任心和实事求是的科学态度，掌握试验所需的基础理论知识及规程。

（2）具有熟练的检测技能，熟悉仪器、设备的性能。

（3）经岗位专业培训并取得相应岗位资格。

10．理化试验的委托程序

理化试验委托是从事理化试验，试验评定结果与出具报告的依据。委托人应严肃认真填写委托单，接收人员与专业人员应仔细审核，发现问题及时提出并纠正。

（1）委托单。凡是按有关标准要求做理化试验的原材料、焊接材料、工艺评定及焊工考试试件等，均应填写试验委托单，携带试件（或试样）到理化室办理委托手续。

（2）委托单内容。应写明委托单位、委托时间、试验项目、数量、试验标准、委托人等。各种委托单填写要求如下：

1）原材料（包括焊接材料），委托单应填写材料名称、材料牌号、规格、材料代号、试件编号，必要时还应填写热处理状态，试验项目按需要填写。

2）焊工考试试件（必要时），委托时要求填写名称、试件编号、材料牌号、规格、材料代号、焊工钢印、坡口型式、焊接方法及位置等。试验项目根据要求填写。

3）产品焊接试板（必要时），除填写焊工考试的全部栏目外，还应填写产品编号或代表产品批号（试板以批代台时）、代表部位。产品需热处理时，应填写热处理状态。

（3）接收试样（或试件）时，接收人必须核对委托单与实物是否相符，并考虑试样与试验条件能否满足委托单位的全部要求。

（4）收样人员（或试验人员）收到委托单后应检查样品数量、尺寸、加工精度、粒度、清洁情况是否合格，不合格试样一律退回。

接收人员将试验委托单登记、编号，然后交各专业人员进行试验。

11. 理化试验工作外协

理化试验工作外协时，理化试验责任工程师应对外协单位进行评审，签订外协合作协议，并对其出具的理化试验报进行签字确认。

（七）热处理质量控制系统（必要时）

1. 建立热处理质量控制系统的重要性

热处理是特种设备安装改造维修消除焊接应力和安装用材、零部件改善力学性能或耐腐蚀的重要手段，也是保证产品质量和性能的基础。建立热处理质量控制系统并纳入质量保证体系的运转轨道，必将对特种设备安装改造维修质量的科学性、经济性、安全性起到重要作用。

2. 特种设备安装改造维修单位建立热处理质量控制系统的要求

特种设备安装改造维修单位应根据自身的实际情况，设立专门的机构和相关的配合部门，制定相应的热处理管理制度，明确机构部门及各级专业人员的职责，建立热处理责任工程师负责制，并接受质量保证工程师监督检查的热处理质量控制体系。

3. 特种设备安装改造维修单位热处理质量控制系统一般应设置的控制环节和控制点

一般应设置热处理工艺编制、热处理准备、热处理过程、热处理报告共 4 个控制环节。

热处理工艺编制环节中应设置热处理工艺和修改 2 个控制点。

热处理准备控制环节中应设置热处理前对检验资料审核、热处理设备和测量仪表、测温点布置 3 个控制点。

热处理过程控制环节中应设置热处理时间—温度曲线审查，材料、产品试板力学性能报告及不锈钢材料抗晶间腐蚀试验报告，热处理时间—温度记录曲线和热处理报告 3 个控制点。

4. 热处理质量控制系统一般应编制的管理制度

一般应编制热处理工作管理制度、热处理工艺文件编制与修改管理制度。

5. 热处理工艺的编制依据

（1）热处理工艺试验报告。

（2）热处理技术规程、规范。

6. 热处理准备环节对热处理设备、测量仪表、测温点的控制要求

（1）热处理设备、测量仪器应完好，所使用的测量和记录仪表的精度、灵敏度、量程均符合规定要求，且经计量检定在有效期内。

（2）测温点的数量和位置符合热处理工艺和有关规范、标准的要求。

7. 热处理外协质量控制要点

（1）特种设备安装改造维修单位对热处理外协时应对外协单位进行评审，并签署定点外协技术合作协议书。

（2）特种设备安装改造维修单位应向外协单位提出热处理控制要求和热处理工艺；并对热处理件进行检验，将外协单位提交的热处理时间—温度记录曲线和热处理报告由热处理责任工程师审核确认。

（3）特种设备安装改造维修单位自行热处理时主要控制热处理设备的周期检定、热处理报告和进行硬度检查。

（八）设备和检验与试验装置质量控制系统

1. 特种设备安装改造维修单位建立设备和检验与试验装置质量控制系统的要求

特种设备安装改造维修单位应根据自身的实际情况，设立专门机构和相关的配合部门，制定相应的设备管理制度。明确机构、部门及各级专业人员的职责，建立设备和检验与试验责任工程师负责和接受质量保证工程师监督检查的体制。

2. 设备和检验与试验装置质量控制系统一般应设置的控制环节和控制点

设备和检验与试验装置质量控制系统一般设置设备购置、设备管理、设备使用、设备维修保养和测量设备检定/校准及测量设备计量确认6个控制环节。

3. 设备和检验与试验装置质量控制系统一般应制定的管理制度

设备和检验与试验装置质量控制系统一般应制定设备采购管理制度，设备使用、保养和维修管理制度，设备安全操作规程、封存、启用、报废管理制度和设备事故处理制度、计量管理制度等。

4. 设备和检验与试验装置质量控制系统的主要任务

（1）结合企业生产特点配置必要的特种设备安装改造维修所必要的设备和检验与试验装置，做到设备专管达100％，测量设备定期进行检定/校准，计量确认合格。

（2）做好现有设备和检验与试验装置的挖潜、改造，保证生产发展需要。

（3）提高设备和检验与试验装置维护、保养水平，保证设备处于良好技术水平。设备完好率达85％以上。

（4）建立健全各项设备和检验与试验装置管理制度。

5. 对焊接设备的要求

（1）焊接设备及辅助装置应保持完好，定人操作、维护和保养，应装有完好的在周检期的电流表，电压表和压力表。

（2）采购焊接设备及辅助装置时，应会同焊接责任工程师确定型号和生产厂家，以

满足生产的要求。

6. 对理化设备、仪器管理的要求

（1）理化设备、仪器应满足本单位特种设备安装改造重大维修级别对理化试验项目的要求。

（2）试验装置应由专人负责并保持完好，在周检期内使用。

7. 对无损检测设备管理要求

（1）无损检测设备和条件应满足特种设备安装改造维修单位许可规则的强制性要求。

（2）各种检测设备、仪器和器材能适应生产需要。

（3）由专人负责保管、维护，保持完好状态并在周检期内。

（九）安装改造维修档案的管理

特种设备安装改造维修档案是安装改造维修的重要组成部分，是质量保证体系文件执行情况的具体反映，是质量管理活动的记录和见证，是产品质量好坏的见证。

安装改造维修档案具有下列基本属性。

（1）是本单位在特种设备安装改造维修和质量控制活动中形成的，是安装改造维修质量形成过程和实际质量的真实记录。

（2）是真实的历史记录，本单位的质量控制活动和质量保证体系运转的历史记录。

安装改造维修档案工作的基本任务，是按一定的原则和要求，科学地管理好特种设备安装改造维修档案，充分发挥其作用，并能及时准确地提供，更好地为生产、科研等服务。

1. 安装改造维修档案的内容

安装改造维修档案的内容应根据安装改造维修建立档案的目的和作用而定，不宜搞得太复杂，否则将成为企业的一种负担；其内容应是安装改造维修过程中第一手资料的汇总，而不是安装改造维修完成后的“再生品”；企业制定的特种设备安装改造维修质量控制表卡，使用时可根据需要一式若干份，其中一份使用完毕后归档，特种设备安装改造维修完成后，有关的资料也应同时完毕，二者是同步进行的。

安装改造维修档案内至少有以下几个方面内容。

（1）安装改造维修工程竣工图。该图须反映特种设备安装改造维修的最终真实情况。竣工图可在原设计蓝图上修改而成，所有修改之处均应有修改人签章，特殊情况也可另行绘制。

（2）原材料资料。包括安装改造维修材料质量证明书、材料入厂验收通知单、材料复验报告、材料代用单等。

（3）焊接资料。包括焊接工艺指令卡、焊缝返修焊接工艺卡、施焊及焊缝外观检查记录，等等。焊接工艺评定资料可单独存放。

（4）施工技术记录、质量验收资料。

（5）理化检验资料。包括焊接试件试验报告（必要时）、化学分析试验报告（必要时）、金相试验报告等。

（6）无损探伤工艺和报告及射线底片（可以和产品资料共同存放，也可单独存放；一般移交建设单位保存）。

（7）其他检验资料。①压力试验报告；②热处理报告；③特殊产品应有产品最终检验或工程验收资料。

（8）其他资料。产品合格证、安装改造维修质量监督检验证书、设计变更单、不良品处理资料等。

为了使档案内容真实、可行，存档资料应使用原件，为了使用和管理方便，安装改造维修档案必须逐台建档，部分资料（如焊接工艺评定资料、材料质量证明书、材料复验报告、材料入厂验收通知单、探伤资料）等可以单独存放，但安装改造维修档案应有这些资料的索引号，以便查找。

2. 安装改造维修资料归档

根据安装改造维修档案的内容要求，把在质量控制活动中形成的，已经办理结束或告一段落，并具有保存价值的见证，按照一定的制度和要求收集齐全，系统整理，移交档案室。

各单位应建立安装改造维修资料的归档制度，归档制度是安装改造维修资料归档工作的依据和规范，它规定哪些技术资料必须归档、应该归档几份、安装改造维修资料在形成后什么时间归档、归档的手续和要求等。

安装改造维修资料归档的要求可以从以下几个方面考虑。

（1）归档范围内的资料，必须收集齐全，保证安装改造维修档案完整、准确。

（2）应将需要的归档资料加以系统整理，按照要求组成保管单位（卷、册、袋、盒）。

（3）应按保管期限要求，注明安装改造重大维修档案的保管期限，根据本单位的保密制度注明密别。

（4）永久保存的安装改造维修档案，应当字迹线条清楚，纸质优良。

（5）对于归档的技术文件材料，应编制移交目录一式两份。在归档时，按目录点清，交接双方在目录上签字。

3. 安装改造维修档案的整理

安装改造维修档案整理工作，就是按照一定的原则和方法，对技术档案进行系统的整理，并通过编目录将其内容与成分提示出来的一种工作。

安装改造维修档案的整理和编目，是安装改造维修档案整理工作不可缺少的两个方面。如果只进行系统整理，不加以编目，那么，整理过的档案仍会紊乱，这就不便于利用；没有经过系统整理、面对数量庞大、眉目不清的一堆技术档案材料，也无法编目，同样也达不到便于利用安装改造维修档案的目的。

整理安装改造维修档案的基本原则如下：

（1）按照规定的顺序，安装改造重大维修过程中的第一手资料理顺，尽量不要重新抄写，更不能随便更改、涂改资料，保证资料的真实性。

(2) 便于保管、保密和提供利用，最大限度地延长安装改造维修档案寿命是保管工作的重大任务，完成这一任务必须从各方面着手，整理安装改造维修档案时，从保护档案出发，允许做些加工整理工作，使经整理的档案便于长期保管，为了便于提供利用，应编写好页码、目录以及各种编号等。

4. 安装改造维修档案的保管

(1) 安装改造维修档案保管的基本原则：

1) 贯彻统一集中管理原则。

2) 贯彻防重于治，防治兼施的思想。

3) 在解决档案设备，保管技术设施等问题时，必须本着勤俭办一切事业的精神，注意人力、物力、财力的节约。

(2) 安装改造维修档案的保管条件：

1) 档案室必须清洁卫生，防虫、防灰尘。

2) 档案室应调节好温度和防火、防光。

3) 档案室设备应力求完整，除有通风、取暖、防火、防潮、防灰尘、防虫等设施外，还应有放置产品档案的框架等。

(3) 安装改造维修档案的保管方法。

凡归档的安装改造维修档案应放在档案框架上保管。安装改造维修档案上架排列方法很多，但归纳起来，不外乎有“流水排架”和“分类排架”两种。流水排架，就是档案不分类，按安装归档先后依次排列；分类排架，就是根据特种设备的规格或型号分门别类进行排列。

无论采用流水排架还是采用分类排架，均应由上而下，从左到右，先归档者在前，后归档者在后，按顺序排列，既取放方便，又合乎人们的习惯。

(4) 安装改造维修档案的借阅。

安装改造维修档案借阅是档案室的一项重要工作，是提供利用档案的基本形式。安装改造维修档案要想发挥其作用，必须促使利用者使用它，要使利用者获得安装改造维修档案，其提供方法一般采用借阅形式。各单位应建立借阅制度，履行借阅手续。在借阅期间，利用者应精心爱护和妥善保管。不允许在档案上画线条或作其他标记，并防止拆散、涂改和玷污，不经允许不能转借他人或携带公出。对机密档案的借阅、摘录、复制要经有关领导批准。

安装改造维修档案归还时，应仔细清点检查，经检查无误后方能签收，把档案放回原处；如发现借出的档案有问题，应查明原因，报告领导处理。

(5) 安装改造维修档案的保管期限。

应根据 GB/T 50328《建设工程文件归档整理规范》附录 A 建设工程文件归档范围和保管期限表、DL/T 241《发电建设项目文件收集及档案整理规范》、DA/T 28《国家重大建设项目文件归档要求与档案整理规范》的规定进行保管。其余未尽事宜均应符合整理规范的规定。

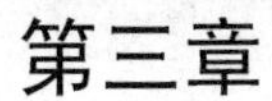
第三章

特种设备制造监检

第一节　锅炉制造监检

锅炉产品安全性能的监督检验是锅炉检验工作体系的首要环节，做好锅炉产品安全性能的监督检验工作，是保证锅炉安全性能的重要手段，是保证锅炉安全运行的基本条件。

锅炉产品安全性能监检工作，由企业所在地的省级质量技术监督部门特种设备安全监察机构授权有相应资格的检验单位承担；监检单位所监检的产品，应当符合其资格认可批准的范围。

接受监检的锅炉制造企业，必须持有锅炉制造许可证或者经过省级以上特种设备安全监察机构对试制产品的批准。

锅炉产品的监检工作应当在锅炉制造现场，且在制造过程中进行。监检是在受检企业质量检验（自检）合格的基础上，对锅炉产品安全性能进行的监督验证。监检不能代替受检企业的自检，监检单位应当对所承担的监检工作质量负责。

监检员应当持有省级或国家质检总局特种设备安全监察机构颁发的相应检验项目的检验员（师）资格证书。

一、锅炉产品安全性能监督检验工作的内容与依据

1. 锅炉产品安全性能监督检验工作的内容

锅炉产品安全性能监督检验工作的内容包括对锅炉产品制造过程中涉及安全质量的项目进行监督检验和对锅炉制造单位的锅炉制造质量保证体系的建立与运转情况进行监督检查。

2. 锅炉产品安全性能监督检验工作的依据

锅炉产品安全性能监督检验工作的依据是《中华人民共和国特种设备安全法》、《特种设备安全监察条例》、TSG G0001—2012《锅炉安全技术监察规程》、TSG G7001—2015《锅炉监督检验规则》和现行的国家标准、行业标准、技术条件及设计文件等。

二、锅炉产品安全性能监督检验准备工作

（1）监督检验人员应按照TSG G7001—2015《锅炉监督检验规则》的规定，要求受检单位提供以下资料进行审查。

1）受检单位的质量保证体系文件，包括质量保证手册、质量保证体系程序、管理制度、责任人员的任命文件、质量信息反馈资料等。

2）从事锅炉焊接的持证焊工名单（列出持证项目、有效期、钢印代号等）一览表。

3）从事锅炉质量检验的人员名单一览表。

4）从事无损检测人员名单（列出持证项目、级别、有效期等）一览表。

5）锅炉的设计资料，工艺文件和检验资料，以及焊接工艺评定一览表。

6）锅炉产品的月生产计划。

上述文件、资料如有变更，应当及时通知监检单位。

(2) 监督检验人员应熟悉锅炉的制造工艺，并了解制造单位制造和检测工装的性能指标、种类等。

(3) 监督检验工作需要配备的工具设备仪器主要包括直尺、钢卷尺、塞尺、焊缝检测器、棱角测量仪、检验锤、10倍的放大镜、超声波测厚仪、射线检测仪、超声检测仪、观片灯、内径测量杆、内外样板、光谱仪、手电筒等。

三、锅炉产品安全性能监督检验工作程序

锅炉产品安全性能监督检验按 TSG G7001—2015《锅炉监督检验规则》所列项目和要求，采用审查资料、工艺过程抽检和现场监督检验相结合的方法，锅炉产品监检项目分为A类和B类。

对A类项目，监检员必须到场进行监检，并在受检企业提供的相应的见证文件（检验报告、记录表、卡等，下同）上签字确认；未经监检确认，不得流转至下一道工序。对B类项目，监检员可以到场进行监检，如不能到场监检，可在受检企业自检后，对受检企业提供的相应见证文件进行审查并签字确认。

锅炉产品安全性能监督检验工作程序如图3-1所示。

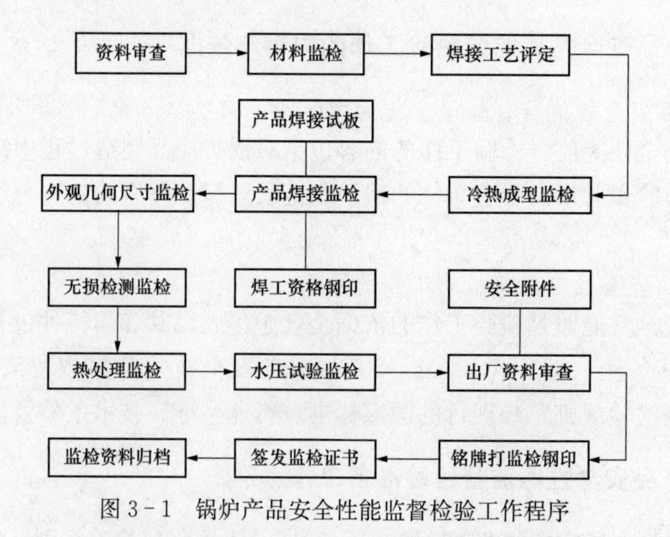

图3-1　锅炉产品安全性能监督检验工作程序

第二节　压力容器制造监检

压力容器的制造监督检验是在压力容器制造单位的质量检验、检查与试验合格的基

础上进行的过程监督和满足基本安全要求的符合性验证，是法定检验。应当在压力容器制造过程中进行，它是在企业自检合格基础上的第三方检验，并且不能代替受检单位的质量检验、检查与试验（即自检）。

承担压力容器监检工作的特种设备检验检测机构（以下简称监检机构）应当取得国家质量监督检验检疫总局（以下简称国家质检总局）核准的相应资质；承担压力容器监检工作的检验人员（以下简称监检员）应当持有国家质检总局颁发的相应资格证书。

监检工作的时序原则是："自检在先、监检在后"；"自检"应是受检单位任命的专责质量检验员对压力容器制造工序，按照法规、特种设备安全技术规范、引用标准、设计文件和协议内容进行检测、检验、检查的记录见证，并进行验证确认的全部工作。

一、压力容器制造监检的范围、内容与一般程序

1. 压力容器制造监检的范围

(1) 整体或者分段（片）出厂的压力容器。整体或者分段（片）出厂的压力容器，交付现场组焊或者现场制造成整体的压力容器属于工厂制造的继续。

(2) 现场组焊（黏结）或者现场制造的压力容器。

(3) 压力容器封头。压力容器封头、单独出厂并且采用焊接方法相连的压力容器承压部件制造单位，应取得行政许可，产品制造过程必须进行监督检验。

(4) 单独出厂并且采用焊接方法相连的压力容器承压部件。

2. 压力容器监检的内容

(1) 通过相关技术资料和影响基本安全要求工序的审查、检查与见证，对受检单位进行的压力容器制造过程及其结果是否满足安全技术规范要求进行符合性验证。

(2) 对受检单位的质量保证体系实施状况检查与评价。

3. 压力容器监检的一般程序

(1) 受检单位提出监检申请并且与监检机构签署工作协议，明确双方的权利、责任和义务。

(2) 监检员审查相关技术文件后，确定监检项目。

(3) 监检员根据确定的监检项目，对制造、施工过程进行监检，填写监检记录等工作见证。

(4) 制造监检合格后，打监检钢印。

(5) 出具《监检证书》。

监检员应当依据 TSG R7004—2013《压力容器监督检验规则》、有关特种设备安全技术规范、设计总图的产品标准和制造技术条件、工艺文件，综合考虑所监检的压力容器制造、施工过程对安全性能的影响程度，结合受检单位的质量保证体系实施状况，基于产品质量计划（或者检验计划）确定监检项目。

监检员确定的监检项目，不得低于 TSG R7004—2013《压力容器监督检验规则》

第三章、第四章及其相关附件的要求。

4. 监检项目分类

监检项目分为A类、B类和C类，其要求如下。

(1) A类，是对压力容器安全性能有重大影响的关键项目，在压力容器制造、施工到达该项目时，监检员现场监督该项目的实施，其结果得到监检员的现场确认合格后，方可继续施工。

(2) B类，是对压力容器安全性能有较大影响的重点项目，监检员一般在现场监督该项目的实施，如不能及时到达现场，受检单位在自检合格后可以继续进行该项目的实施，监检员随后对该项目的结果进行现场检查，确认该项目是否符合要求。

(3) C类，是对压力容器安全性能有影响的检验项目，监检员通过审查受检单位相关的自检报告、记录，确认该项目是否符合要求。

TSG R7004—2013《压力容器监督检验规则》中监检项目设为C/B类时，监检员可以选择C类，当TSG R7004—2013《压力容器监督检验规则》相关条款规定需进行现场检查时，监检员此时应当选择B类。

二、监检工作见证

(1) 监检工作见证包括监检员签字（章）确认的受检单位提供的相应检验（检测）、试验报告和监检记录与特种设备监督检验联络单、特种设备监督检验意见通知书及监督检验证书等。

监检记录应当能够表明监检过程的实施情况，并且具有可追溯性。监检员还应当记录监检工作中的抽查情况以及发现问题的项目，监检员完成监检项目后，及时填写相关监检工作见证。

(2) 监检机构应当按照以下要求组织对受检单位的质量保证体系实施状况进行评价。

1) 进行压力容器制造监检（现场组焊、现场制造除外）时，对受检单位的质量保证体系实施状况每年至少进行一次评价，评价内容和要求应按照TSG R7004—2013《压力容器监督检验规则》附录F压力容器制造单位质量保证体系实施状况评价的有关规定执行。

2) 进行压力容器的现场组焊（黏结）、现场制造监检时，根据压力容器制造特点，参照TSG R7004—2013《压力容器监督检验规则》附录F对受检单位现场的质量保证体系实施状况进行评价。

3) 将质量保证体系实施状况评价的结果及时向受检单位通报，当发现受检单位的质量保证体系存在严重问题时，还应当及时以书面形式报颁发受检单位许可证的质监部门。

(3) 监检工作结束后，监检员应当及时出具《监检证书》并且将相关监检资料交监检机构存档，监检资料至少包括以下内容。

1)《监检证书》。

2）签字（章）确认的质量计划复印件、监检记录等有关的监检工作见证。

3）压力容器产品数据表。

4)《监检联络单》和《监检意见书》。

5）监检机构质量体系文件中规定存档的其他资料。

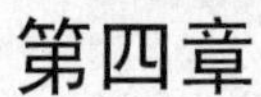

第四章

承压类特种设备的监造

第一节　概　　述

一、设备监造工作程序

设备监造是指根据设备供货合同，按照国家有关法规、规章、技术标准，对设备制造过程的质量实施监督。设备监造又称设备监理，监造工作程序：接受监造任务→熟悉合同、图纸、技术文件、技术协议→调查分析承制方情况→编制监造大纲→参加图纸会审、设计交底→审查生产工艺方案，掌握有关生产工艺流程→检查有关工艺技术文件的准备情况→检查工艺装备→检查原材料、外购外协件→检查焊接、无损检测等持证上岗人员证件→制造过程监督检查→出厂检验→整理监造记录、资料→编写监造总结。

二、设备监造的方式

设备监造的方式包括：文件见证（R点见证）、现场旁站见证（W点见证）、停工待检点见证（H点见证）。

1. 文件见证（R点见证）

（1）由相关专业的监造工程师依据相应的监造大纲、设备订货合同/技术协议和监造协议/监理项目实施表规定内容，对制造厂提供的相关文件实施文件见证（R点见证）。

（2）文件见证的内容主要包括以下几个方面：

1）制造厂相关资质文件。

2）相应的设备制造工艺/作业指导文件、检验计划和检验准则（要求）等。

3）相关工作人员资格证书。

4）关键零/部件制造的工艺设备的操作规程。

5）所使用的原材料（包括外协/标准件等）的质量证明文件和相应的进货验证记录/复验报告等。

6）新技术、新工艺、新材料的鉴定书和试验报告等。

7）相应制造过程/工序实施记录、检验记录和试验报告等。

8）设备的设计变更文件等。

（3）监造工程师按工作计划确定的时间向制造厂提出文件见证的要求，制造厂在预定的时间提供相应的文件。文件见证的主要方式是核对制造厂所提供的文件的充分性和有效性，并对文件内容是否符合相应制造规范要求做出评判，相应监造工程师应对文件见证/确认结果予以记录。

2. 现场旁站见证（W 点见证）

（1）由相关专业的监造工程师依据相应的监造大纲、设备订货合同/技术协议和监造协议/监理项目实施表规定内容，对制造厂相应设备制造过程/工序实施现场见证（W 点见证）。

（2）现场旁站见证的内容主要包括以下几个方面：

1）所使用的原材料（包括外协/外购/标准件等）是否验收合格并满足规定要求。

2）所使用的设备、监视和测量设备（计量器具）是否满足要求。

3）设备制造和装配环境条件是否满足规定要求。

4）零/部件制造和设备装配过程/工序是否按经批准的工艺/作业指导文件实施、是否按经批准的检验计划和检验准则（要求）进行相应的检验和试验等。

5）设备调试、整机性能检测和验证是否符合规定要求。

6）被监造设备制造所用的原材料（包括外协/外购/标准件等）、制造过程/工序半成品和成品的标识/防护是否符合规定要求等。

（3）监造工程师按与制造厂在预定的现场见证日期/时间实施相应的现场旁站见证（W 点见证）。现场见证前必要的文件见证（R 点见证）必须完成并符合规定要求，且相关的见证/确认证据齐全、有效。

（4）现场旁站见证的主要方式是通过对被监造设备的现场实地检查、检测，并与相应的验收准则（要求）核对，以确定所制造过程/工序、半成品和成品的符合性，相应监造工程师应对现场见证/确认结果予以记录。

（5）对于按规定需由顾客（用户）方参加的现场旁站见证点，监造项目部必须及时提醒制造厂通知顾客（用户）方派员参加见证。

（6）监造工程师如不能如期参加现场旁站见证，应及时与制造厂协商更改见证日期或其他处理办法。

3. 停工待检点见证（H 点见证）

停工待检点（H 点）是现场见证的一种方式。该点的见证必须由相应的监造工程师会同顾客（用户）方代表和制造厂方代表共同进行，且不经见证或见证不合格时，制造厂不得转入下道工序或交付。

三、设备监造工作应关注的重点

设备制造阶段的监造重点是跟踪检查主要设备、关键零部件、关键工序的质量是否符合设计图纸和标准的要求，监造方应对制造商原材料购买、加工、组装、调试、包装、发运等关键环节进行跟踪检查和监控，以使制造商最终能保证质量交货。除一般规定外，以下各点需重点关注。

1. 原材料、外购件和外协件的管理

设备所需的原材料、外购件和外协件等都将构成设备的组成部分。它们质量的好坏将直接影响到未来设备的质量，因此，需要对外购件和外协件的质量进行管理。

（1）进口原材料需要对商检文件进行见证。

（2）重要/进口原材料必须执行入厂复验，监造工程师现场见证。

（3）强化制造商外协、外购管理。未经业主同意，严禁外协、转包、分包。

2. 设备制造设计变更管理

（1）未经业主同意，严禁制造商对已有的设备设计方案（包括材料、工艺等）进行变更。

（2）制造商同类型设备在建设、运行的同类型工程项目建设、运行过程中发现设计、材料、工艺等缺陷，业主有权要求制造商进行设计变更。变更方案由制造商组织制订、评审，并应通知设备监造单位参加、见证其评审，最终报业主审批后方可执行。由此产生的直接、间接费用及损失应由制造商承担。

（3）设备监造单位应制定符合工程实际的设备制造设计变更管理实施细则，明确业主、监造单位、制造商三方的职责、权限及考核等内容，报业主审批后共同执行。

3. 制造过程的管理

（1）在出现下列情况时，必须执行首检制度。

1）新产品（加工工序多或复杂）在工艺定型前的首件。

2）不连续的批生产，间隔一年后又恢复生产的首件。

3）设计图纸发生重大更改后生产的首件。

4）工艺规程发生重大更改后生产的首件。

5）合同要求制定的首件。

（2）异种钢施焊完毕后，必须进行热影响区显微硬度检查。

4. 特殊过程（焊接、热处理等）、特种作业人员（焊工、电工、无损检测、理化检验等）的管理

特殊过程（焊接、热处理等）、特种作业人员（焊工、电工、无损检测、理化检验等）的管理必须按工序质量管理计划实施多频次的验证，重在评定其能力；设备监造工程师要做好如下审查。

（1）特殊过程的评审和批准应当制定准则。

（2）设备的认可和人员资格的鉴定。

（3）使用特定的方法和程序。

（4）及时做好鉴定认可和过程运行的记录。

第二节 锅炉本体监造

锅炉本体监造的内容见表4－1，具体监造项目应在双方合同谈判中最终确定。

表 4－1　　锅炉本体监造内容

序号	监造部件	监造内容	监造方式			数量
			H	W	R	
1	汽包	1. 钢材质量见证				
		(1) 钢材材质质量证明书			√	按批对理化性能
		(2) 钢材入厂复验报告			√	进行见证
		(3) 钢材内部质量入厂复验报告			√	100%
		(4) 部件表面质量检查（筒节、封头、下降管接头）		√		
		2. 焊接检查（包括环缝、纵缝、各种管座角焊缝、人孔门加强圈等焊缝）				
		(1) 焊缝外观检查		√		抽查
		(2) 焊缝内部质量（无损检测报告）			√	100%
		(3) 射线底片抽查			√	底片总数的10%
		(4) 焊缝返修报告			√	100%
		3. 焊接工艺检查				
		(1) 焊接工艺评定及质保措施			√	100%
		(2) 焊接材料			√	100%
		4. 热处理检查				
		(1) 热处理规范参数检查			√	100%
		(2) 热处理后机械性能检查			√	100%
		5. 外观及尺寸检查				
		(1) 长度、直径、壁厚			√	100%
		(2) 筒体圆度			√	100%
		(3) 封头圆度			√	100%
		(4) 筒体全长弯曲度			√	100%
		(5) 筒体内径偏差			√	100%
		(6) 筒体各对接焊口错边			√	100%
		(7) 管接头节距及其偏差			√	100%
		(8) 纵向偏移			√	100%
		(9) 周向偏移			√	100%
		6. 水压试验		√		100%
		7. 钢印检查			√	100%
2	水冷壁	1. 钢管质量见证				
		(1) 钢管材质证明书			√	按批对管材的理化
		(2) 钢管入厂复验报告（含涡流检测报告）			√	性能进行见证
		(3) 钢管表面质量检查		√		每种规格检查
		(4) 钢管尺寸测量（外径、壁厚）		√		不少于8根
		2. 鳍片（扁钢）质量见证				
		(1) 鳍片材质证明书			√	按批对管材的理化
		(2) 鳍片入厂复验报告			√	性能进行见证
		3. 对接焊口				
		(1) 焊口外观检查（外形尺寸及表面质量）		√		焊口总数2%
		(2) 焊缝内部质量（无损检测报告）			√	100%
		(3) 射线底片抽查			√	底片总数5%
		4. 弯管检查（弯管外形尺寸、椭圆度、外弯面减薄量）		√		不同管子、不同弯管半径各抽4个
		5. 通球试验抽查		√		每个部件不少于3屏
		6. 水压试验		√		每个部件不少于3屏
		7. 水冷壁组片检查				
		(1) 组片对角线长度偏差		√		每个部件不少于3屏
		(2) 组片宽度偏差		√		每个部件不少于3屏
		(3) 组片长度偏差		√		每个部件不少于3屏

续表

序号	监造部件	监造内容	监造方式			数量
			H	W	R	
2	水冷壁	(4) 组片旁弯度		√		
		(5) 组片横向弯曲度		√		
		8. 管子+鳍片（扁钢）间拼接焊缝表面质量及外形		√		不少于3屏
		9. 鳍片（扁钢）端部绕焊表面质量检查		√		
		10. 屏销钉焊接质量检查		√		
3	过热器、再热器（蛇形管）	1. 钢管质量见证				
		(1) 钢管材质证明书			√	
		(2) 钢管入厂复验报告（含涡流检测报告）			√	按批对管材的理化
		(3) 钢管表面质量检查		√		性能进行见证
		(4) 钢管尺寸测量（外径、壁厚）		√		每种规格检查
		2. 对接焊口				不少于8根
		(1) 焊口外观检查（外形尺寸及表面质量）		√		
		(2) 焊缝内部质量（无损检测报告）			√	焊口总数2%
		(3) 射线底片抽查			√	100%
		3. 焊接工艺检查				底片总数5%
		(1) 焊接工艺评定			√	
		(2) 焊接材料			√	
		4. 热处理检查			√	按批见证
		5. 异种钢接头检查（允许代样）				
		(1) 理化性能			√	
		(2) 金相组织			√	
		(3) 折断面检查			√	不同管子、不同弯管
		6. 弯管检查（椭圆度、外弯面减薄量）			√	半径各抽4个
		7. 热校工艺及热校表面检查		√		各过热器、再热器
		8. 通球试验抽查		√		组片抽检数量
		9. 水压试验		√		不少于3片
		10. 各级过热器、再热器组片检查				各过热器、再热器
		(1) 几何尺寸		√		组片抽检数量
		(2) 平直度		√		不少于3片
4	省煤器（包括悬吊管）	1. 钢管质量见证				
		(1) 钢管材质证明书		√	√	按批对管材的理化性能进行见证
		(2) 钢管入厂复验报告（含涡流检测报告）		√	√	每种规格检查不少于8根
		(3) 钢管表面质量检查				
		(4) 钢管尺寸测量（外径、壁厚）		√		
		2. 对接焊口				
		(1) 焊口外观检查				焊口总数2%
		(2) 焊缝内部质量（无损检测报告）			√	100%
		(3) 射线底片抽查			√	底片总数5%
		3. 焊接工艺检查			√	
		4. 弯管检查（椭圆度、外弯面减薄量）		√		每种规格检查不少于8个
		5. 通球试验抽查		√		每级部件不少于2屏
		6. 水压试验		√		

续表

序号	监造部件	监造内容	监造方式 H	监造方式 W	监造方式 R	数量
5	集箱（包括水冷壁、省煤器、过热器、再热器等集箱）、汽水分离器和储水罐	1. 钢管质量见证				
		(1) 钢管材质证明书			√	按批对管材的理化
		(2) 钢管入厂复验报告（含涡流检测报告）			√	性能进行见证
		(3) 钢管表面质量检查		√		每种规格检查
		(4) 钢管尺寸测量（外径、壁厚）		√		不少于2根
		2. 集箱对接焊缝检查				
		(1) 外观检查		√		各种集箱3个
		(2) 焊缝内部质量（无损检测报告）			√	100%
		(3) 外观检查（焊缝高度、外形及表面）		√		各种集箱3个
		(4) 返修报告			√	100%
		(5) 射线底片抽查			√	
		3. 管座焊缝检查				
		(1) 外观检查（焊缝高度、外形及表面）		√		各种集箱3个
		(2) 焊缝内部质量（无损检测报告）			√	各种集箱3个
		4. 集箱和管座几何尺寸检查				
		(1) 外观检查		√		各种集箱3个
		(2) 长度、直径、壁厚		√		各种集箱3个
		(3) 集箱全长弯曲度		√		各种集箱3个
		(4) 管座节距偏差		√		各种集箱3个
		(5) 管座高度偏差		√		各种集箱3个
		(6) 管座纵向、周向偏差		√		各种集箱3个
		5. 焊接、热处理工艺检查（异种钢）				
		(1) 焊接工艺评定			√	100%
		(2) 热处理规范参数			√	100%
		6. 集箱内隔板焊缝表面质量检查		√		各种集箱3个
		7. 集箱内部清洁度检查		√		各种集箱3个
		8. 水压试验		√	√	各种集箱3个
6	安全阀	1. 钢材（含阀体、阀座、阀杆、弹簧等材料）				
		(1) 材质证明书			√	
		(2) 入厂复验报告			√	
		2. 外观检查（含尺寸检查）			√	
		3. 阀体无损检测报告			√	
		4. 水压试验			√	
		5. 严密性试验			√	
7	锅炉钢结构（大板梁、立柱、横梁等）	1. 钢材（板材、型材、高强螺栓等）				
		(1) 材质证明书			√	按批对主材的理化
		(2) 钢材入厂复验报告			√	性能进行见证
		(3) 钢材表面质量及尺寸抽查		√		大板梁、主立柱、主梁
		2. 大板梁、立柱、主要横梁的外观检查		√		大板梁3件，立柱6个，
		3. 焊缝表面质量（外观、尺寸）		√		主要横梁6个
		4. 焊缝无损检测报告			√	
		5. 主要尺寸检查和高强螺栓孔尺寸检查		√		同上
		6. 预组合检查（至少一个立面中两排节点的全部构件）		√		
		7. 叠式大板梁叠板穿孔率检查		√		
		8. 高强度螺栓连接及抗滑移系数试验			√	100%
		9. 防腐漆检查		√		

续表

序号	监造部件	监造内容	监造方式			数量
			H	W	R	
8	燃烧器	1. 喷口钢材质量见证				按批对主材的理化性能进行见证
		(1) 材质证明书			√	
		(2) 钢材入厂复验报告			√	
		2. 焊缝外观检查		√		
		3. 主要安装接口尺寸检查		√		
		4. 位置调整及调节机械动作灵活性检查		√		
		5. 单个、整组燃烧器抽查		√		
9	回转式空气预热器	1. 主要原材料证明书及复验报告			√	按批对主材的理化性能进行见证
		2. 焊缝外观质量检查		√		10%
		3. 尺寸、外观、装配质量		√		
		4. 中心筒、导向端轴等无损检测报告			√	100%
10	人员资格	1. 焊工资格抽查			√	
		2. 探伤人员资格抽查			√	

注 H—停工待检，W—现场见证，R—文件见证。

第三节 压力容器监造

压力容器监造的内容见表4-2，具体监造项目应在双方合同谈判中最终确定。

表4-2 **压力容器监造内容**

序号	监造部件		监造内容	监造方式			数量
				H	W	R	
1	除氧器	筒体、封头及除氧头	1. 壳体钢板材料理化性能报告			√	
			2. 焊接、热处理工艺			√	
			3. 外观尺寸检查		√		
			4. 无损检测报告			√	
			5. 水压试验		√		
			6. 除氧头清洁度检查		√		
		钢管	材料理化性能报告			√	
		喷嘴、淋水盘	机加工尺寸质量检查记录			√	
2	热网加热器	传热管	1. 材料理化性能报告			√	
			2. 管子涡流探伤			√	
		管板	1. 材料理化性能报告			√	
			2. 管板超声波探伤			√	
		壳体	1. 材料理化性能报告			√	
			2. 焊缝无损检测报告			√	
		装配	1. 管侧水压试验		√		
			2. 壳侧水压试验		√		

注 H—停工待检，W—现场见证，R—文件见证。

第四节 热力管道、 配管及管件监造

一、热力管道、配管监造

热力管道、配管监造的内容见表 4-3，具体监造项目应在双方合同谈判中最终确定。

表 4-3　热力管道、配管监造内容

序号	监造部件	监造内容	监造方式			数量
			H	W	R	
1	主蒸汽管道（含高旁入口/出口管道）	1. 原材料出厂质量证明书 2. 原材料进厂复验报告 3. 管径、壁厚、椭圆度检查		 √	√ √	 抽查
2	再热蒸汽管道（含低旁入口/出口管道）	1. 原材料出厂质量证明书 2. 原材料进厂复验报告 3. 管径、壁厚、椭圆度检查		 √	√ √	 抽查
3	再热冷段管道、给水管道	1. 原材料出厂质量证明书 2. 原材料进厂复验报告 3. 管径、壁厚、椭圆度检查		 √	√ √	 抽查
4	管件（弯头、三通、大小头、接管座、支吊架卡块）	1. 原材料出厂质量证明书 2. 原材料进厂复验报告 3. 管径、壁厚、椭圆度、尺寸检查		 √	√ √	 抽查
5	管道配制	1. 焊接工艺评定 2. 焊材质量证明书 3. 焊工资格证书检查 4. 主管配制尺寸、接管座/支吊架卡块焊接位置检查 5. 主配管的热工、性能试验、蠕胀、流量测定位置检查 6. 焊缝坡口型式检查 7. 焊缝外观质量检查 8. 焊缝无损检测报告 9. 焊缝热处理报告 10. 焊缝返修及无损检测记录		 √ √ √ √	√ √ √ √ √ √	 抽查 抽查 抽查 抽查
6	包装	1. 配制管道内部清洁度检查 2. 管端口封堵检查		√ √		抽查 抽查

注 1. 四大管道：主蒸汽管道、再热蒸汽热段管道、再热蒸汽冷段管道、高压旁路管道、低压旁路管道、高压给水管道、给水再循环管道以及高旁减温水管道。

2. 原材料复检：按各类材质、规格抽查一根做金相组织（应附有金相照片）、机械性能、化学成分分析的检验报告，合金管材进行光谱和硬度检验。

3. H—停工待检，W—现场见证，R—文件见证。

二、热力管道管件监造

热力管道管件监造的内容见表4-4，具体监造项目应在双方合同谈判中最终确定。

表4-4　　热力管道管件监造内容

序号	监造部件	监造内容	监造方式			数量
			H	W	R	
1	热成型工艺过程	1. 热成型温度的控制、成型工艺过程、推进速度等的检查监督		√		
		2. 每类首件施工见证		√		
		3. 热成型记录			√	
2	焊制管件的工艺过程	1. 焊材质量证明书			√	
		2. 焊缝坡口检查		√		20%
		3. 焊前坡口表面质量		√		20%
		4. 焊前预热检查		√	√	20%
		5. 焊条、焊剂、烘干、保温情况、焊丝清理情况检查		√		
		6. 焊接工艺评定			√	
		7. 主管配制尺寸、接管座/支吊架卡块焊接位置检查		√		20%
		8. 主配管的蠕胀、流量测定位置及接管座偏差检查		√		20%
		9. 焊缝外观质量检查		√		20%
		10. 焊缝无损检测报告			√	
		11. 焊缝热处理报告			√	
		12. 焊缝返修及无损检测记录			√	
		13. 焊前、层间清理及清根检查		√		
		14. 热处理工艺执行情况检查		√	√	
		15. 金相组织、硬度的监查		√	√	
		16. 无损探伤过程监查和结果的审查		√	√	
3	包装	管件管道内部清洁度检查		√		20%

注　H—停工待检，W—现场见证，R—文件见证。

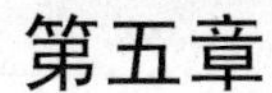

第五章 特种设备安装改造维修

第一节　特种设备安装改造维修告知

一、告知的依据及性质

根据《中华人民共和国特种设备安全法》的规定，锅炉、压力容器、压力管道、起重机械、电梯等特种设备安装、改造、重大维修前施工单位应到使用单位所在地直辖市或设区的市质量技术监督局特种设备安全监察机构办理施工告知手续，告知不是行政许可，施工单位经告知后即可开工。实施施工告知的目的是让特种设备安全监督管理部门及时获取施工现场施工信息，方便开展现场安全监察，督促施工单位申报监督检验。

二、告知内容及方式

施工前告知应当采用书面形式，根据《质检总局办公厅关于进一步规范特种设备安装改造维修告知工作的通知》（质检办特函〔2013〕684号）的规定，告知书可采用派人送达、挂号邮寄或特快专递及传真、网上告知、电子邮件等方式。采用传真、电子邮件方式告知时，应采用有效方式与接收告知的特种设备安全监察机构确认告知书是否收到。特种设备安全监督管理部门收到告知书后，应予以签收。有条件当场予以签收的，应当场予以签收，无法当场签收的，应予2个工作日内予以签收；预期不签收的，视为施工告知生效，施工单位可以进行施工。告知材料包括：《特种设备安装改造维修告知书》（见表5-1）、《特种设备安装改造维修许可证》复印件（盖施工单位公章）。《特种设备安装改造维修告知书》应同时抄送给实施监督检验的特种设备检验机构，告知书编号应为：制造单位设备编号＋施工单位施工工号＋年份（4位）。

表5-1　　特种设备安装改造维修告知书

施工单位：　（加盖公章）　　　　　　告知书编号：

<table>
<tr><td>设备名称</td><td colspan="2"></td><td colspan="2">型号（参数）</td><td></td></tr>
<tr><td>设备代码</td><td colspan="2"></td><td colspan="2">制造编号</td><td></td></tr>
<tr><td>设备制造单位全称</td><td colspan="2"></td><td colspan="2">制造许可证编号</td><td></td></tr>
<tr><td>设备地点</td><td colspan="2"></td><td colspan="2">安装改造维修日期</td><td></td></tr>
<tr><td>施工单位全称</td><td colspan="5"></td></tr>
<tr><td>施工类别</td><td>安装□
改造□
维修□</td><td>许可证
编　号</td><td></td><td>许可证
有效期</td><td></td></tr>
</table>

续表

联系人		电　话		传　真	
地　址				邮　编	
使用单位全称					
联系人		电　话		传　真	
地　址				邮　编	

注　1. 告知单按每台设备填写。

2. 施工单位应提供特种设备许可证书复印件（加盖单位公章）。

第二节　特种设备安装改造重大维修监检

根据《中华人民共和国特种设备安全法》的规定，锅炉、压力容器、压力管道、起重机械、电梯等特种设备安装、改造、重大维修过程应当经特种设备检验机构按照特种设备安全技术规范的要求进行监督检验，未经监督检验或者监督检验不合格的，不得交付使用。

特种设备安装改造重大维修监督检验，是指特种设备安装改造重大维修过程中，在施工单位自检合格的基础上，由国家质量监督检验检疫总局核准的检验检测机构对安装改造重大维修过程进行的强制性、验证性的法定检验。

一、锅炉

（一）锅炉安装监督检验工作的依据

锅炉安装监督检验工作的依据是TSG G0001—2012《锅炉安全技术监察规程》、TSG G7001—2015《锅炉监督检验规则》、GB 50273—2009《锅炉安装工程施工及验收规范》、DL 5190.2—2012《电力建设施工技术规范　第2部分：锅炉机组》、GB 50231—2009《机械设备安装工程施工及验收通用规范》以及其他相关安全技术规范、国家标准和行业标准。

（二）安装监督检验的程序、项目和要求

安装单位从事安装施工前，在向锅炉使用地的直辖市或者设区的市级质量技术监督部门书面告知后，向当地承担相应范围的监督检验机构申请监督检验，并附以下资料（或者复印件）各一份：①特种设备安装改造维修告知书；②施工说明、进度计划以及锅炉设计说明书等资料。

监督检验机构接到安装单位的申请后，应当根据设备的状况制订监督检验实施方案，安排符合规定要求的检验人员从事监督检验工作，并将承担监检工作的监督检验人员、监督检验实施方案（包括监督检验项目和要求）告知安装单位。

1. 实施安装监督检验工作时，对安装单位的要求

安装单位应当在安装现场提供以下材料和条件，并设专人做好以下配合工作：

（1）施工计划。

（2）特种设备安装质量保证手册和相关的管理制度。

（3）质量管理人员、专业技术人员和专业技术工人名单和持证人员的相关证件。

（4）安装设备的出厂文件、施工工艺及相应的设计文件。

（5）施工过程的各种检查、验收资料。

（6）安装监督检验工作要求的其他相关资料。

（7）根据监督检验的情况，需要在现场设立固定办公场所的，准备必要的办公条件。

锅炉安装监督检验包括对安装过程中涉及安全性能的项目进行监督检验和对质量保证体系运转情况的监督检查。

2. 监督检验项目分类及要求

监督检验项目分为A类、B类和C类，要求如下。

（1）A类，是对锅炉安全性能有重大影响的关键项目，当锅炉安装、改造和重大修理过程到达该项目点时，监检员及时进行该项目的监督检验，经监检员确认符合要求后，受检单位方可继续施工。

（2）B类，是对锅炉安全性能有较大影响的重点项目，监检员一般在现场进行监督、检查，如不能及时到达现场，受检单位在自检合格后可以继续进行下一工序的施工，监检员随后对该项施工的结果进行现场检查，确认是否符合要求。

（3）C类，是对锅炉安全性能有影响的监督检验项目，监检员通过审查受检单位相关的自检报告、记录等见证资料，确认是否符合要求。

监检项目为C/B类时，监检员可以选择C类，当选择B类时，除要审查相关的自检报告、记录等见证资料外，还应当按照该条款规定进行现场监督、检查。

在监督检验过程中，监督检验人员应当如实做好记录。监督检验机构或者监督检验人员在监督检验中发现安装单位违反有关规定，一般问题应当向安装单位发出《特种设备监督检验工作联络单》（见表5-2）；严重问题应当向安装单位签发《特种设备监督检验意见通知书》（见表5-3）。安装单位对监督检验员发出的《特种设备监督检验工作联络单》或监督检验机构发出的《特种设备监督检验意见通知书》应当在规定的期限内处理并书面回复。

3. 监督检验证书及报告

锅炉安装监督检验结束后，监检机构一般设备应当在10个工作日内，大型设备可以在30个工作日内出具《锅炉安装、改造、重大维修监督检验证书》（见表5-4）及锅炉安装监督检验报告。锅炉安装监督检验报告至少应当包括以下内容：

（1）锅炉基本情况。

（2）安装单位及现场安装施工过程。

（3）监督检验工作的具体项目、内容、检查结果、监督检验结论（根据监督检验项目表）。

（4）现场进行无损检测、光谱分析等内容的单项报告。

（5）监督检验过程中发现问题的处理情况（包括监督检验工作联络单、监督检验意见通知书等复印件）。

《锅炉安装监督检验证书》、锅炉安装监督检验报告各一式三份，一份送安装单位，一份由安装单位交使用（建设）单位，一份监检机构存档。

表 5-2　　特种设备监督检验工作联络单

编号：

（受检单位名称）：

经监督检验，你单位在（设备种类或者设备名称）的（项目）过程中，存在以下问题，请于＿＿年＿＿月＿＿日前将处理结果报送监检组或监检机构：

问题和意见： 监检员：　　日期： 受检单位接收人：　　日期：
处理结果： 受检单位主管负责人：　　日期：　　（受检单位公章） 年　月　日

注　本联络单一式三份，一份监检机构存档，两份送受检单位，其中一份返回监检机构。

表 5-3　　特种设备监督检验意见通知书

编号：

（受检单位名称）：

经监督检验，你单位在（设备种类或者设备名称）的（项目）过程中，存在以下问题，请于＿＿年＿＿月＿＿日前将处理结果报送我机构：

问题和意见： 监检员：　　日期： 监检机构技术负责人：　　日期：　　（监检机构章） 年　月　日 受检单位接收人：　　日期：
处理结果： 受检单位主管负责人：　　日期：　　（受检单位公章） 年　月　日

注　本通知书一式四份，一份监检机构存档，一份报当地安全监察机构，两份送受检单位，其中一份返回监检机构。

表 5－4　　（锅炉）安装、改造、重大修理监督检验证书

编号：

施工单位			
许可级别		许可证编号	
使用单位		制造单位	
设备类别		设备品种（名称）	
产品型号		产品编号	
设备代码		制造日期	
使用地点			
使用单位内编号		使用登记证编号	
额定蒸发量（功率）	t/h（MW）	额定出口压力	MPa
额定出口温度	℃	允许工作压力	MPa
允许工作温度	℃	水（耐）压试验压力	MPa
说明：			
按照《中华人民共和国特种设备安全法》《特种设备安全监察条例》的规定，该锅炉的（安装、改造、重大修理）经我机构实施监督检验，安全性能符合《锅炉安全技术监察规程》的要求，特发此证书。 监督检验人员：　　日期： 审　　核：　　日期： 批　　准：　　日期： 监检机构：　　（监检机构检验专用章） 年　月　日 监检机构核准证编号：			

注　本证书一式三份，一份监检机构存档，两份送施工单位，其中一份由施工单位随竣工资料交付使用（建设）单位（设备使用登记证编号和单位内编号只适用于改造和重大修理监督检验）。

（三）锅炉安装监督检验项目和方法

1. 资源条件

（1）审查锅炉安装、改造和维修许可证，是否在有效期内并且与所安装锅炉的级别相符合（A类）（注：锅炉范围内管道由管道安装单位进行安装时，审查其是否具有相应的管道安装资质）。

（2）检查现场施工组织机构设置以及相关责任人员配置，是否符合相关规定（C类）。

（3）审查受压元件焊接人员、无损检测人员的持证情况，是否符合相关规定并且满足安装的需要，必要时进行现场检查（C/B类）。

（4）检查设备的校准检定标识，是否在有效期内，必要时与证书核对（B类）。

（5）检查分包方和供方管理，是否符合相关规定（C类）。

2. 出厂资料

(1) 审查锅炉出厂资料，是否齐全、有效；当锅炉范围内管道不是锅炉本体制造单位制造时，还应当审查锅炉范围内管道的质量证明文件，是否符合《锅炉安全技术监察规程》和相关标准的要求（C类）。

(2) 审查安全附件的质量证明文件，是否齐全、有效（C类）。

(3) 审查燃油燃气燃烧器型式试验合格证书（注：在安装现场进行型式试验的燃油燃气燃烧器，其型式试验合格证书可以在现场型式试验后提供），是否齐全、有效（C类）。

(4) 检查水处理设备制水能力，是否满足锅炉给水、补水的要求（B类）。

(5) 审查有机热载体锅炉的有机热载体型式试验报告，是否有效（C类）。

(6) 审查《监检证书》，当锅炉范围内管道不是锅炉本体制造单位制造时，还应当审查锅炉范围内管道的制造监督检验证书，是否齐全、有效（C类）。

(7) 审查锅炉定型产品能效测试报告，是否有效（A类）。

3. 工艺文件

审查焊接工艺评定资料、焊接工艺文件、热处理工艺文件、胀接工艺文件、检测工艺文件、水（耐）压试验方案、锅炉整套启动调试方案、化学清洗方案以及监检员认为应当审查的其他工艺文件，是否符合相关标准和质量保证体系的要求，并且满足现场施工的需要（C类），必要时检查是否与现场情况相符合（C/B类）。

4. 锅炉基础、钢结构

(1) 检查锅炉的安装位置，是否符合《锅炉安全技术监察规程》和设计文件的要求（B类）。

(2) 审查锅炉基础沉降定期观测记录，是否符合相关标准的要求（C类）。

(3) 审查锅炉钢结构质量证明文件，是否齐全、有效，审查高强螺栓复验资料、安装记录等，是否符合相关标准的要求（C类）。

(4) 审查锅炉钢结构现场施焊记录，是否齐全、有效，审查无损检测报告，是否符合相关标准的要求（C类）。

(5) 审查锅炉大板梁挠度测量记录、钢结构安装验收资料等，是否符合相关标准的要求，必要时进行现场检查（C/B类）。

5. 受压部件通用要求

(1) 审查焊接材料质量证明文件，是否符合《锅炉安全技术监察规程》和相关标准的要求（C类）。

(2) 审查焊接材料、外购件验收、入库、保管、发放和回收记录，必要时现场检查，是否符合质量保证体系的要求（C/B类）。

(3) 检查部件外观质量及现场坡口加工质量，是否符合相关标准的要求（B类）。

(4) 审查施焊记录，是否完整、有效，并且符合工艺文件的规定（C类）。

(5) 检查焊接施工过程中焊接工艺执行情况，是否符合焊接工艺文件的规定（B类）。

(6) 审查热处理记录，是否符合工艺文件的规定（C类）。

(7) 检查安装焊接接头外观质量，是否符合相关标准的要求（B类）。

(8) 审查安装焊接接头无损检测报告，是否完整、有效（C类）。

(9) 审查合金钢材质安装焊接接头化学成分光谱分析记录，是否符合相关标准的要求（C类）。

(10) 审查高合金钢材质安装焊接接头金相检测报告，是否符合相关标准的要求（C类）。

6. 受压部件专项要求

(1) 锅筒、汽水（启动）分离器、分离器储水箱、集箱类部件［含减温器、分汽（水、油）缸］。

1) 审查锅筒内部装置现场安装记录，是否符合设计文件和工艺文件的规定，必要时进行现场检查（C/B类）。

2) 审查内部清理记录，必要时进行现场检查（C/B类）。

3) 审查安装就位记录，是否符合相关标准的要求，必要时进行现场检查（C/B类）。

4) 审查支撑、悬吊装置安装记录以及支座预留膨胀间隙测量记录，是否符合设计文件的要求，必要时进行现场检查（C/B类）。

5) 审查膨胀指示器安装记录，必要时检查膨胀方向是否符合设计文件的要求（C/B类）。

6) 对合金钢材质安装焊接接头进行化学成分光谱分析检查，每种部件检查比例至少5%（B类）。

7) 安装焊接接头采用射线检测时，检查射线底片，采用数字式可记录仪器的超声波检测时，抽样审查超声波检测记录；每种部件至少抽查接头数量的20%（包括每种无损检测方法），重点是返修前后的底片，底片的质量、缺陷评定是否符合NB/T 47013的要求（C类）。

8) 审查安装焊接接头热处理后的硬度检测记录，是否符合相关标准的要求（C类）。

9) 检查高合金钢材质安装焊接接头的硬度，每种材质抽查比例至少10%，是否符合相关标准的要求（B类）。

(2) 受热面（包括水冷壁、对流管束、过热器、再热器、省煤器等）及其附件。

1) 审查膜式壁拼缝用材料检查记录，必要时对膜式壁拼缝进行外观检查，是否符合相关标准的要求（C/B类）。

2) 审查受热面管的组合、安装记录以及管子通球记录，是否符合相关标准的要求，必要时现场监督通球试验（C/B类）。

3) 检查受热面管排平整度、管子间距，是否符合相关标准的要求（B类）。

4) 现场监督胀接试验，检查胀接质量，是否符合相关法规标准的要求（B类）。

5) 审查胀管记录，是否符合工艺文件的规定（C类）。

6) 检查安装焊接接头射线底片，每种部件至少抽查接头数量的20%，重点是返修前后的底片，底片质量、缺陷评定是否符合NB/T 47013的要求（C类）。

7) 对照射线布片图，对合金钢材质安装焊接接头进行射线检测检查，每种部件抽查比例至少1%（B类）。

8）对合金钢材质安装焊接接头进行化学成分光谱分析检查，每种部件抽查比例至少1%（B类）。

9）检查受热面防磨装置、定位管卡等安装位置和安装质量，是否符合设计文件的要求（B类）。

（3）锅炉范围内管道、主要连接管道（注：在安装现场进行型式试验的燃油燃气燃烧器，其型式试验合格证书可以在现场型式试验后提供）。

1）审查管道安装记录，是否符合设计文件和相关标准要求（C类）。

2）审查支吊装置安装记录，必要时进行现场检查，是否符合相关标准的要求（C/B类）。

3）审查膨胀指示器安装记录、原始数据记录，是否符合设计文件的要求（C类）。

4）安装焊接接头采用射线检测时，检查射线底片，采用数字式可记录仪器的超声波检测时，抽样审查超声波检测记录；每种部件至少抽查接头数量的20%（包括每种无损检测方法），重点是返修前后的底片，底片质量、缺陷评定是否符合NB/T 47013的要求（C类）。

5）对于A级锅炉，对照射线检测布片图或者超声波检测位置图，对安装焊接接头进行无损检测检查，每种管道抽查比例至少1%；对于A级以下锅炉，必要时进行（B类）。

6）对合金钢材质安装焊接接头进行化学成分光谱分析检查，抽查比例至少1%（B类）。

7）审查安装焊接接头热处理后的硬度检测记录，是否符合相关标准的要求（C类）。

8）检查高合金钢材质安装焊接接头的硬度，每种材质抽查比例至少10%，是否符合相关标准的要求（B类）。

9）检查取样、疏（放）水和排气管道的安装布置，是否满足热补偿的要求（B类）。

（4）电站锅炉范围内管道监督检验范围。

1）主给水管道。主给水管道指锅炉给水泵出口切断阀（不含出口切断阀）至省煤器进口集箱的主给水管道和一次阀门以内（不含一次阀门）的支路管道等。

2）主蒸汽管道。主蒸汽管道指锅炉末级过热器出口集箱（有集汽集箱时为集汽集箱）出口至汽轮机高压主汽阀（不含高压主汽阀）的主蒸汽管道、高压旁路管道和一次阀门以内（不含一次阀门）的支路管道等。

3）再热蒸汽管道。再热蒸汽管道包括再热蒸汽热段管道和再热蒸汽冷段管道。

① 再热蒸汽热段管道指锅炉末级再热蒸汽出口集箱出口至汽轮机中压主汽阀（不含中压主汽阀）的再热蒸汽管道和一次阀门以内（不含一次阀门）的支路管道等。

② 再热蒸汽冷段管道指汽轮机排汽逆止阀（不含排汽逆止阀）至再热器进口集箱的再热蒸汽管道和一次阀门以内（不含一次阀门）的支路管道等。

7. 安全附件和仪表

（1）审查安全阀校验报告、压力测量装置和温度测量装置的检定、校准证书等，是否符合相关要求（C类）。

（2）审查合金钢管子、管件和焊接接头化学成分光谱分析记录，是否符合相关标准的要求（C类）。

(3) 审查安装焊接接头的热处理记录，是否符合工艺文件的规定；必要时审查热处理后的硬度检测记录，是否符合相关标准的要求（C类）。

(4) 审查无损检测记录或者报告，是否完整、有效（C类）。

(5) 检查安全阀排汽管、疏水管的结构和走向，是否符合相关标准的要求（B类）。

(6) 检查水位测量装置的安装位置和数量，是否符合《锅炉安全技术监察规程》和设计文件的要求（B类）。

8. 蒸汽吹灰系统

(1) 检查管道的安装，是否满足热补偿和水冷壁膨胀的要求（B类）。

(2) 检查管道安装坡度，是否满足自然疏水的要求（B类）。

(3) 审查安全阀的校验报告，是否符合设计文件规定（C类）。

(4) 审查合金钢部件化学成分光谱分析报告，是否符合相关标准的要求（C类）。

9. 锅炉本体其他装置

审查炉膛门、孔、密封部件以及防爆门的安装记录，必要时进行现场检查，是否符合相关标准的要求（C/B类）。

10. 水（耐）压试验

(1) 审查水（耐）压试验前应当提供的技术资料和文件是否齐全（C类）。

(2) 检查水（耐）压试验条件，与锅炉整体水（耐）压试验有关的安装、改造和修理工作是否完成，需要水（耐）压试验前整改的问题是否整改完毕（B类）。

(3) 审查试验用水水质分析报告，是否符合《锅炉安全技术监察规程》以及相关标准的要求（C类）。

(4) 现场监督水（耐）压试验，是否符合《锅炉安全技术监察规程》的要求（A类）。

11. 安全保护装置

审查高（低）水位报警装置、低水位连锁保护装置、超压报警及连锁保护装置、超温报警及连锁保护装置、点火程序控制和熄火保护等的功能试验记录，是否符合相关标准的要求（C类）。

12. 炉墙、保温及防腐

审查以下记录，必要时现场检查炉墙砌筑、锅炉本体及管道保温、防腐施工质量，是否符合相关标准的要求（C/B类）。

(1) 低温烘炉记录。

(2) 锅炉本体及管道保温外护层表面热态测温记录。

(3) 施工质量验收记录。

13. 调试、试运行及验收

审查以下记录和报告，是否符合相关法规标准的要求（C类）。

(1) 锅炉整套启动调试报告。

(2) 烘炉、煮炉（化学清洗）记录。

(3) 管道的冲洗和吹洗记录。

（4）安全阀整定报告。

（5）整套启动试运行阶段锅炉相关验收签证。

14. 竣工资料

审查锅炉安装竣工资料是否齐全、有效（C类）。

15. 发现问题的处理

（1）检查受检单位在发现不符合项时，是否按照规定进行了处理（B类）。

（2）检查受检单位对监检员提出问题的处理及反馈情况，必要时进行现场检查（B类）。

（四）锅炉改造和重大修理监督检验内容和要求

1. 资源条件

（1）审查施工单位的锅炉改造、修理许可证，是否在有效期内并且与所修理、改造锅炉的级别相符合（A类）。

（2）审查现场受压元件焊接人员、无损检测人员的持证情况，是否符合相关规定并且满足所从事作业的需要，必要时进行现场检查（C/B类）。

2. 工艺文件

（1）审查锅炉改造或者重大修理方案、焊接工艺评定资料、焊接工艺文件、热处理工艺文件、胀接工艺文件、检测工艺文件、水（耐）压试验方案、锅炉整套启动调试方案（需要重新调试时）等，是否符合《锅炉安全技术监察规程》、相关标准和质量保证体系的要求，并且满足现场施工的需要（C类）。

（2）审查改造设计文件是否满足《锅炉安全技术监察规程》、相关标准和质量保证体系的要求，设计变更是否符合质量保证体系的规定（A类）。

（3）审查修理方案是否符合《锅炉定期检验规则》有关缺陷处理的要求（A类）。

3. 施工过程及施工质量

（1）审查焊接材料质量证明文件，是否符合《锅炉安全技术监察规程》和相关标准的要求（C类）。

（2）检查焊接施工过程中焊接工艺执行情况，是否符合焊接工艺文件的要求（B类）。

（3）审查施工过程相关质量记录，是否符合改造、重大修理技术方案的要求（C类）。

（4）检查改造和重大修理焊接接头外观质量，是否符合相关标准的要求（B类）。

（5）检查改造和重大修理焊接接头射线底片，采用数字式可记录仪器的超声波检测时，抽样审查超声波检测记录；每种部件至少抽查接头数量的20%（包括每种无损检测方法），重点是返修前后的底片，底片质量、缺陷评定是否符合NB/T 47013的要求（C类）。

（6）锅炉受热面更换时，检查受热面管排平整度、管子间距，是否符合相关标准的要求。

（7）检查改造或者重大修理中的高合金钢材料焊接接头的硬度（受热面管除外），每种部件抽查比例至少10%，必要时进行无损检测检查（B类）。

4. 竣工资料

审查锅炉改造和重大修理竣工资料是否齐全、有效（C类）。

二、压力容器

根据TSG R7004—2013《压力容器监督检验规则》的规定，压力容器安装（指压力容器的整体吊装、就位过程）不实施安装监督检验。但对于下述情况不属于安装的范围，属于制造的范围，必须实施监督检验。

（1）分片制造，现场组装成整体的压力容器。

（2）工厂制造，运到现场组装成整体的压力容器。

（3）工厂分段或分片制造，通过各种运输方式（公路运输、铁路运输、船舶运输、水中拖运）运至现场后，组装成整体、进行吊装就位（先行耐压试验再吊装就位、先吊装就位再耐压试验）的压力容器。

三、压力管道

设备本体所属管道不属于压力管道范围。

（一）监督检验依据

《中华人民共和国特种设备安全法》、《特种设备安全监察条例》、《压力管道安全管理与监察规定》、TSG D3001—2009《压力管道安装许可规则》、《压力管道安装安全质量监督检验规则》和设计文件及施工验收规范。

（二）监督检验项目分类、内容及要求

1. 监督检验项目分类

监督检验项目按其重要程度分为A（停检点）、B（必检点）、C（巡检点）三类。

（1）停检点（A类点）是监督检验人员必须到现场进行监督检验，在受监督检验单位自检合格的基础上，经监督检验确认，在相应的工作见证上签字确认。未经监督检验确认，受监督检验单位不得进入下道工序的施工。

（2）必检点（B类项目）是监督检验人员一般应在分阶段检查时到现场检查，在安装单位自检合格的基础上，对安装单位提供的工作见证进行审查，经监督检验确认后，在工作见证上签字。

（3）巡检点（C类项目）是监督检验人员到现场抽查，并对安装单位提供的工作见证抽查。

2. 监督检验项目内容

（1）对建设单位安全质量管理行为的监督检验。

对建设单位安全质量管理行为的监督检验内容包括：项目报建审批及备案手续是否齐全；是否按规定组织设计交底和施工图审查；是否对压力管道安装施工进行必要的管理，包括设置管理机构，配备专职、兼职管理人员，建立质量管理体系，明确安全质量管理责任等；是否有效实施了对压力管道安装施工的管理；所选择的设计单位、监理单位、压力管道安装单位、检测单位、防腐单位和相应的材料、元件、附属设施制造单位是否具备相应的资格；采购的材料、元件、附属设施和设备是否符合设计文件及质量要求；是否有其他安全质量管理违法、违规的失职行为。

（2）对监理单位安全质量管理行为的监督检验。

对监理单位安全质量管理行为的监督检验内容包括：是否在监理资质等级许可的经

营范围内承担监理业务，是否以其他监理单位的名义承担监理业务；是否到质量技术监督行政部门安全监察机构办理备案手续、接受安全监察和监督检验；监理机构的专业人员是否配套，是否责任落实；是否建立了质量管理体系并能有效运转；是否全面有效地履行建立责任；是否制订并认真实施监理计划；现场监理方式是否合理可行，监理人员是否及时到位；是否按照国家强制性标准或操作工艺进行分项工程（工序）验收；对现场发现使用不合格材料、元件、附属设施和设备的现象及发生的质量事故，是否及时督促和配合其他相关单位整改处理；监理单位有无转让监理业务的行为；是否有其他安全质量管理违法、违规、失职行为。

(3) 对施工单位安全质量管理行为的监督检验。

对施工单位安全质量管理行为的监督检验内容包括：是否具备相应的资质；是否到质量技术监督行政部门告知并接受安全监察和监督检验；是否建立健全了质量保证体系并能有效实施；专业技术和管理人员是否配套，是否具备与所承担的工作相适应的资格；防腐单位在管理制度、作业指导书、持证焊工及施工专业人员等方面是否满足施工要求；是否有经过批准的施工组织设计或施工方案并能贯彻执行；是否按设计要求对建设单位提供的材料、设备或本单位自购材料等进行检验；是否按有关规定和标准对防腐工程质量进行各种检验与试验，对出现的安全质量问题是否按有关文件要求及时如实上报和处理；是否有违规分包、转包压力管道防腐工程的行为；是否有其他安全质量管理违法、违规、失职行为。

(4) 对检测单位安全质量管理行为的监督检验。

对检测单位安全质量管理行为的监督检验内容包括：是否按检测单位资格等级及许可的经营范围承揽业务，是否以其他检测单位的名义承担检测业务；是否建立了质量管理体系并能有效实施；检测专业配套，结构合理，人员具备与所承担的工作相适应的资格；按有关标准的要求，是否制订并认真实施检测计划；出具的检测结论是否及时准确；是否有其他安全质量管理违法、违规、失职行为。

(5) 压力管道安装过程中涉及压力管道安全质量的项目进行监督检验时应报以下方面进行：

1) 安装准备阶段：办理开工告知（A）；接受安全监察和监督检验（A）；图样审查设计单位资格（B）；设计、施工验收规范（B）；设计变更（B）；图纸会检（C）；施工组织设计（B）；施工质量计划（B）；监理、无损检测、防腐单位资格（C）；技术交底（C）；施工人员配备（C）；施工机具（C）；管道材料管道元件制造单位资格（A）；元件标记及移植（C）；管道元件质量证明及复验报告（A）；管道附件质量证明及复验报告（A）；材料代用（A）；焊接材料质量证明及复验报告（A）。

2) 管道连接敷设阶段：焊接工艺评定（A）；焊接工艺卡（A）；焊工资格和钢印（B）；焊缝坡口及组对几何尺寸（C）；焊缝布置（C）；焊接现场质量控制及焊接记录（C）；焊接接头表面质量（C）；焊缝返修控制（C）；无损检测及热处理、检测人员资格（C）；检测方法、比例（C）；无损检测报告（B）；射线检测底片（B）；热处理及记录

(B)；硬度测定（C)；光谱分析（C)；装配质量管道加工预制（C)；管沟位置及施工质量（C)；管道位置、与构建物及相邻管道净距（C)；埋地管坡向及坡度（C)；穿跨越（C)；法兰连接（C)；补偿器安装（C)；阀门安装（C)；管道支吊架（C)；附属设备安装：调压、计量装置（C)；凝水器（C)；阀门井（C)：放散管和检漏管（C)：其他附属设备（C)；安全保护装置：绝热防腐质量（C)；阴极保护（C)；安全阀（C)；紧急切断阀（C)；其他安全附件（C)。

3）强度试验阶段：吹扫和清洗（C)；强度试验（A)；严密性试验（A)。

4）安装验收阶段：交工资料审查（B)。

3. 监督检验的要求

压力管道安装监督检验的要求同锅炉安装监督检验的要求。

（三）监督检验方法

(1) 审查资料：审查受监督检验单位提供的各类资料，对规定的监督检验项目签字确认。

(2) 现场巡查：到安装现场巡回检查，对某些质量控制环节进行随机抽查。

(3) 复验确认：对安装单位某些自检合格的项目抽查后签字确认。

(4) 现场确认：对管道安全性能影响较大的检测、试验项目进行现场确认。

四、起重机械

（一）监督检验工作依据

《中华人民共和国特种设备安全法》、《特种设备安全监察条例》、TSG Q7016—2016《起重机械安装改造重大修理监督检验规则》、《起重机械安全监察规定》。

（二）监督检验的范围、程序

1. 监督检验工作的范围

包括桥式起重机、门式起重机、塔式起重机、门座起重机、升降机、缆索起重机、桅杆起重机、机械式停车设备。

2. 监督检验工作程序

(1) 施工单位施工前，向使用地的直辖市或者设区的市的（以下简称市级）质量技术监督部门书面告知后，持以下资料向监督检验机构申请监检：

1）特种设备安装改造维修许可证或者受理书（原件或者复印件）。

2）《特种设备安装改造维修告知书》（原件或者复印件）。

3）施工合同（复印件）。

4）施工计划。

5）施工质量计划及其相应的工作见证（工作见证为空白表、卡）。

施工单位提交的上述第4)、5）项资料，监检工作结束后，监检机构应当退回施工单位。

资料为复印件的，要加盖施工单位的公章。

(2) 施工监检工作过程中，施工单位应当向监检人员提供以下资料：

1）施工单位特种设备安装改造维修质量保证手册和相关的程序文件（管理制度）、施工作业（工艺）文件以及相应的施工设计文件。

2）现场施工的项目负责人、质量保证体系责任人员、专业技术人员和技术工人名单和持证人员的相关证件。

3）产品技术文件（原件或者加盖公章的复印件）。

4）改造、重大维修的施工设计文件。

5）施工过程的各种检查记录、验收资料。

6）施工分包方目录与分包方评价资料（施工分包应当符合安装许可条件要求）。

7）施工监检工作要求的其他相关资料。

其他与锅炉安装监督检验相同。

（三）监督检验工作的内容与要求

施工监检项目分为A、B两类，监检方式分别如下：A类监检项目与B类监督检验项目的概念与锅炉安装监督检验的A类与B类相同。

施工监检的资料核查、现场监督、实物检查，监检机构从事监检工作的检验人员（以下简称监检人员）都应当在施工单位提供的相应的设计文件、工作见证（检查报告、试验报告、记录表、卡等，下同）上签字确认。根据不同的监检方式，监检人员在工作见证资料上签字确认时，应当注明监检确认方式（资料核查、现场监督、实物检查）、具体内容和签字日期。

起重机械施工监检包括对施工过程中涉及安全性能的项目进行监督检验和对质量保证体系运转情况的监督检查，其监检项目和要求见以下内容。

1. 设备选型（A类）

对照产品文件、合同，检查机械的选型与使用工况匹配情况是否符合法规和合同要求，防爆起重机上的安全保护装置、电气元件、照明器材等需要采用符合防爆要求的，是否采用防爆型。

2. 产品技术文件（A类）

核查产品以下出厂技术文件是否齐全（仅适用于安装监检）。

（1）产品设计文件（包括总图、主要受力结构件图、机械传动图和电气、液压系统原理图）。

（2）产品质量合格证明、安装及其使用维护说明。

（3）型式试验合格证明（按覆盖原则）。

（4）制造监督检验证书（纳入监检范围的）。

3. 安装改造维修资格

核查以下证件是否符合要求。

（1）安装改造维修许可证（A类）。

（2）安装改造重大维修告知书（A类）。

（3）现场安装改造维修作业人员的资格证件（B类）。

4．施工作业（工艺）文件（B类）

核查施工单位是否有经其负责人批准的施工作业（工艺）文件，包括作业程序、技术要求、方法和措施等。

5．现场施工条件（B类）

（1）核查是否有经过施工单位盖章确认的安装基础验收合格证明。

（2）检查起重机械运动部分与建筑物、设施、输电线的安全距离是否符合相关标准要求，高于30m的起重机械顶端或者两臂端红色障碍灯工作是否正常有效。

6．部件施工前检验（B类）

（1）核查主要零部件合格证、铭牌，必要时核对实物检查。

（2）核查安全保护装置合格证、铭牌、型式试验证明，必要时核对实物检查。

（3）核查主要受力结构件主要几何尺寸的检查记录。

7．部件施工过程与施工后检验（B类）

（1）核查主要受力结构件（如主梁、主支撑腿、主副吊臂、标准节、吊具横梁等）施工现场连接（焊接、螺栓、销轴、铆接等）的检查记录。

（2）核查施工后主要受力结构件的主要几何尺寸施工检查记录。

（3）核查钢丝绳及其连接、吊具、滑轮组、卷筒等施工检查记录，必要时进行检查。

（4）核查配重、压重的施工记录。

（5）检查安全警示标志。

8．电气与控制系统检验（B类）

（1）电气设备与控制系统。

核查起重机械电气设备及其控制系统的安装记录，是否符合GB 50256—2014《电气装置安装工程起重机电气装置施工及验收规范》的相关要求，必要时进行检查。

（2）电气保护装置。

根据电气接线图，按照GB 6067—2010《起重机械安全规程》和GB 6067.5—2014《起重机械安全规程　第5部分：桥式和门式起重机》要求，核查以下电气保护装置检测和试验的施工记录，必要时进行检查。

1）接地保护。

2）绝缘电阻。

3）短路保护。

4）失电压保护。

5）零位保护。

6）过电流（过载）保护。

7）失磁保护。

8）供电电源断错相保护。

9）正反向接触器故障保护［适用于吊运熔融金属（非金属）和炽热金属的起重机］。

9．安全保护和防护装置检验

（1）制动器（A类）。

检查是否符合以下要求，必要时进行操作和测量。

1）工作制动器与安全制动器的设置应当符合《桥式起重机安全技术监察规程》（TSG Q0002—2008）第 67 条要求。

2）起升和动臂变幅机构采用常闭制动器，回转机构、运行机构、小车变幅机构的制动器能够保证起重机械制动时平稳性要求。

3）制动器的推动器无漏油现象。

4）制动器打开时制动轮与摩擦片没有摩擦现象，制动器闭合时制动轮与摩擦片接触均匀，没有影响制动性能的缺陷和油污。

5）制动器调整适宜，制动平稳可靠。

6）制动轮无裂纹（不包括制动轮表面淬硬层微裂纹），没有摩擦片固定铆钉引起的划痕，凹凸不平度不大于 1.5mm。

（2）起重量限制器（A 类）。

检查是否按照规定设置起重量限制器，现场监督试验，检查试验和结果是否符合以下要求：

1）起升额定载荷，以额定速度起升、下降，全过程中正常制动 3 次，起重量限制器不动作。

2）保持载荷离地面 100～200mm，逐渐无冲击继续加载至 1.05 倍的额定起重量，检查是否先发出超载报警信号，然后切断上升方向动作，但机构可以做下降方向的运动。

（3）力矩限制器（A 类）。

1）检查是否按照规定均设置起重力矩限制器，现场监督试验，检查当起重力矩达到 1.05 倍的额定值时，是否能够切断上升和幅度增大方向的动力源，但是机构可以做下降和减小幅度方向的运动。

2）检查是否按照规定设置回转力矩限制器，现场监督试验，检查当回转机构在回转有可能自锁时，回转力矩限制器是否可靠。

（4）起升高度（下降深度）限位器（A 类）。

检查是否按照规定均设置起升高度（下降深度）限位器，并且对其试验进行监督，当吊具起升（下降）到极限位置时，是否能够自动切断动力源。

吊运熔融金属的起重机应当设置不同形式的上升极限位置的双重限位器，并且能够控制不同的断路装置，当起升高度大于 20m 时，还应当设置下降极限位置限位器。

（5）料斗限位器（A 类）。

检查料斗带式输送机系统是否有料斗限位器，并且对动作试验进行监督。

（6）运行机构行程限位器（A 类）。

检查大、小车分别运行至轨道端部，压上行程开关，检查大、小车运行机构行程限位器（电动单梁起重机，电动单梁悬挂起重机小车运行机构除外）时，是否能够停止向运行方向的运行。

（7）缓冲器和止挡装置（A 类）。

检查大、小车运行机构的轨道端部缓冲器或者端部止挡是否完好，缓冲器与端部止挡装置或者与另一台起重机运行机构的缓冲器对接是否良好，端部止挡是否固定牢固，是否能够两边同时接触缓冲器，并且对操作试验进行监督。

（8）应急断电开关（A类）。

检查起重机械应急断电开关是否能够切断起重机械动力电源，应急断电开关是否不应当自动复位，是否设在司机操作方便的地方。

（9）连锁保护装置（A类）。

检查出入起重机械的门或者司机室到桥架上的门打开时，总电源是否能够接通。当处于运行状态，门打开时，总电源是否断开，所有机构运行是否都停止。

（10）超速保护装置（A类）。

对于门座起重机的起升机构和变幅机构、用于吊运熔融金属的桥式起重机起升机构，当采用晶闸管定子调压、涡流制动器、能耗制动、晶闸管供电、直流机组供电调速以及其他由于调速可能造成超速的，检查是否有超速保护装置。

（11）偏斜显示（限制）装置（A类）。

对于大跨度（大于或者等于40m）的门式起重机和装卸桥，检查是否设置偏斜显示或者限制装置。

（12）防倾翻安全钩（B类）。

检查在主梁一侧落钩的单主梁起重机防倾翻安全钩，当小车正常运行时，是否能够保证安全钩与主梁的间隙合理，运行无卡阻。

（13）扫轨板（B类）。

检查并且测量起重机械扫轨板下端与轨道的距离是否符合要求（一般起重机械不大于10mm，塔式起重机不大于5mm）。

（14）导电滑触线防护板（B类）。

检查所设置导电滑触线的防护板是否安全可靠，符合规定要求。

（15）防坠安全器（B类）。

检查升降机防坠安全器连接是否牢固、可靠，其动作速度调节装置的铅封或者漆封是否完好，标定日期是否在有效期内。检查垂直升降类机械式停车设备是否有断链或者断绳时的防坠落装置。检查其他类型的机械式停车设备在载车板运行到停车位后，为防止载车板因故突然落下的防止坠落装置是否有效。

（16）防风防滑装置（露天工作的起重机械）（B类）。

检查露天工作的起重机械是否按照设计规定设置夹轨钳、锚定装置或者铁鞋等防风装置，是否满足以下要求：

1）门座起重机防风装置及其与防风装置的连接部位符合设计规定。

2）防风装置进行动作试验时，钳口夹紧或者锚定以及电气保护装置的工作可靠，其顶轨器、楔块式防爬器、自锁式防滑动装置功能正常有效。

3）防风装置零件无缺损。

(17) 风速仪 (B类)。

检查起升高度大于 50m 的露天工作起重机是否安装风速仪，是否安装在起重机顶部至吊具最高位置间的不挡风处，当风速大于工作极限风速时，是否能够发出停止作业的警报。

(18) 防护罩、隔热装置 (B类)。

检查起重机械上外露的有伤人可能的活动零部件防护罩，露天作业的起重机械的电气设备防雨罩是否齐全，铸造起重机隔热装置是否完好。

(19) 其他安全保护和防护装置 (B类)。

检查所设置的其他安全防护装置（如防后翻装置和自动锁紧装置、断绳保护、汽车举升机的同步装置等）是否符合规定要求。

10. 性能试验

性能试验包括空载试验、额定载荷试验、静载荷试验、动载荷试验和有特殊要求时的试验（如升降机的吊笼坠落试验、升船机过船联合试验等）。

试验前，监检人员应当核查施工单位的试验方案，检查试验条件是否满足 GB/T 5905—2011《起重机试验规范和程序》、JT/T 99—1994《港口门座起重机试验方法》、GB/T 10054—2005《施工升降机》和 JB/T 10215—2000《垂直循环类机械式停车设备》及相关规定的要求。在施工单位进行试验时，监检人员在试验现场进行现场监督，并且对试验结果进行确认，必要时进行检查和测量。

(1) 空载试验 (A类)。

按照要求进行空载试验，检查是否至少符合以下要求：

1) 操纵机构、控制系统、安全防护装置动作可靠、准确，馈电装置工作正常。

2) 各机构动作平稳、运行正常，能实现规定的功能和动作，无异常震动、冲击、过热、噪声等现象。

3) 液压系统无泄漏油现象，润滑系统工作正常。

(2) 额定载荷试验 (A类)。

按照要求进行额定载荷试验，除检查其是否符合空载试验的要求外，还应当检查是否符合以下要求：

1) 对制动下滑量有要求的，制动下滑量应当在允许范围内。

2) 挠度符合要求（见注）。

3) 主要零件无损坏。

注：对没有调速控制系统或用低速起升也能达到要求、就位精度较低的起重机，挠度要求不大于 $S/500$；对采用简单的调速控制系统就能达到要求、就位精度中等的起重机，挠度要求不大于 $S/750$；对需采用较完善的调速控制系统才能达到要求、就位精度要求高的起重机，挠度要求不大于 $S/1000$。

调速控制系统和就位精度根据该产品设计文件确定，若设计文件对该要求不明确的，对 A1～A3 级，挠度不大于 $S/700$；对 A4～A6 级，挠度不大于 $S/800$；对 A7、

A8 级，挠度不大于 $S/1000$；悬臂端不大于 $L_1/350$ 或者 $L_2/350$。

S 为跨度，m；L_1、L_2 为悬臂端长，m。

(3) 静载荷试验（A 类）。

按照相应要求进行静载荷试验，至少检查是否符合以下要求：

1) 主要受力结构件无明显裂纹、永久变形、油漆剥落。

2) 主要机构连接处未出现松动或者损坏。

3) 无影响性能和安全的其他损坏。

(4) 动载荷试验（A 类）。

按照相应要求进行动载荷试验，至少检查是否符合以下要求：

1) 机构、零部件等工作正常。

2) 机构、结构件无损坏，连接处无松动。

(5) 升降机吊笼坠落试验（A 类）。

按照相应要求进行升降机吊笼坠落试验，至少检查是否符合以下要求：

1) 结构及其连接有无损坏与永久变形。

2) 吊笼底板在各个方向的水平度偏差改变值。

3) 制动距离（如有规定要求）符合规定。

(6) 升船机过船联合试验（A 类）。

进行船厢无船联合试验的各项试验和船舶探测装置试验，检查以下试验是否满足设计要求：

1) 联合试验的各项试验和船舶探测装置试验项目、方法和要求。

2) 各设备运行动作的准确性。

3) 验证船只过坝过程中升船机整体运作的正确性、可靠性和安全性。

4) 按照规定进行的额定载荷试验是否符合要求。

11. 质量保证体系运行情况检查（B 类）

结合施工过程的监检，对以下质量保证体系运转执行情况进行检查。

(1) 查阅现场施工组织机构、质量保证机构和质量控制系统责任人的任命文件。

(2) 核实现场作业人员的证件。

(3) 检查施工过程中质量保证体系运转异常情况的处理。

(4) 检查对监检机构或监检人员提出问题的处理和反馈情况。

改造重大维修监检项目除上述外，其他具体监检项目根据改造、维修的具体项目进行，其中是否进行静载荷试验，根据改造重大维修的情况，由监检机构在制订监检方案时明确。起重机械移装（是指在用或者闲置的起重机械移地安装）监督检验项目参照安装监督检验项目进行，其中静载荷试验可不进行。

五、电梯

1. 监督检验工作依据

《中华人民共和国特种设备安全法》、《特种设备安全监察条例》、TSG T7006—2012

《电梯监督检验和定期检验规则——杂物电梯》、TSG T7003—2011《电梯监督检验和定期检验规则——防爆电梯》、TSG T7001—2009《电梯监督检验和定期检验规则——曳引与强制驱动电梯》。

2. 监督检验的程序与方法

监督检验程序、方法与起重机械的监督检验程序类似，不再叙述。

3. 监督检验的内容

监督检验的内容请参阅 TSG T7006—2012《电梯监督检验和定期检验规则——杂物电梯》、TSG T7003—2011《电梯监督检验和定期检验规则——防爆电梯》、TSG T7001—2009《电梯监督检验和定期检验规则——曳引与强制驱动电梯》。

第三节　承压类特种设备安装质量证明书的编制

根据 TSG G0001—2012《锅炉安全技术监察规程》、TSG 21—2016《固定式压力容器安全技术监察规程》、TSG D0001—2009《压力管道安全技术监察规程——工业管道》等特种设备安全技术规范的规定锅炉、压力容器、压力管道安装完成后，施工单位应出具安装质量证明书。

一、锅炉安装质量证明书

电站锅炉安装质量证明书一般包括如下内容。

(1) 锅炉安装质量证明书封面如表 5-5 所示。

表 5-5　　锅炉安装质量证明书

锅炉使用单位：______________________

锅炉名称、类别及型号：______________________

产品出厂编号：__________　单位内编号：__________

锅炉安装地址：______________________

安装许可证号：______________________

该台锅炉由本安装单位负责安装，特此证明安装质量符合锅炉安全技术规范的规定。

（安装单位公章）

日期：　　年　月　日

安装单位名称：______________________

地址：__________　电话：__________

单位法定代表人（签章）______________________

技术负责人（签章）______________________

(2) 锅炉钢结构检验报告。

1) 部件状况综合报告。

2) 外观检验报告。

3) 钢结构定期沉降观测记录。

(3) 汽包（内、外置分离器）。

1) 部件状况综合报告。

2) 外观检验报告。

3) 汽包安全性能检验报告（设备安装前检验报告）。

(4) 受热面检验报告（按照水冷壁、过热器、再热器、省煤器、联箱、锅炉范围内管道等部件分别编制）。

1) 部件状况综合报告。

2) 外观检验报告。

3) 焊接接头表面质量综合报告。

4) 无损检测综合报告。

5) 理化检验综合报告。

6) 热处理综合报告。

7) 返修焊口统计表。

(5) 锅炉整体超压水压试验报告。

1) 锅炉整体超压水压试验前现场的主要条件检查报告。

2) 锅炉整体超压水压试验前的技术资料和文件审查报告。

3) 耐压试验报告。

4) 耐压试验发现问题整改报告。

(6) 锅炉热工保护与安全附件检验报告。

1) 锅炉热工保护试验报告。

2) 锅炉安全附件检验报告。

(7) 化学检验综合报告（应附锅炉化学清洗签证）。

(8) 锅炉膨胀状况检验报告。

(9) 锅炉制造技术资料审查报告。

(10) 锅炉机组整套启动前检验报告。

1) 锅炉机组整套启动试运行前的技术条件检查报告。

2) 锅炉机组整套启动试运行前的技术资料审查报告。

(11) 锅炉安装技术资料审查报告。

二、压力容器安装质量证明书

压力容器安装质量证明书可参照表5－6～表5－10进行编制。

表 5-6　　压力容器安装质量证明书

容器名称		产品编号	
类型类别		容积	
盛装介质		设计压力	
设计温度		设计图号	
最高工作压力		试验压力	
设计单位		设计许可证	
制造单位		制造许可证	
使用单位		使用单位地址	
安装单位		安装单位地址	
安装许可证编号		告知书编号	
开工日期		竣工日期	

该压力容器由本单位负责安装，经检验，安装质量符合《固定式压力容器安全技术监察规程》及相关技术规范规定。

技术负责人：　　　　年　月　日

项目负责人：　　　　年　月　日

安装单位（公章）

年　月　日

表 5-7　　基础验收记录

序号	项目名称		允许（mm）	实测（mm）	备注
1	基础坐标位置	纵轴线			/
		横轴线			
2	基础不同平面的标高				
3	外形尺寸	基础上平面外形尺寸			
		凸台上平面外形尺寸			
		凹穴尺寸			
4	基础平面的水平度				
5	竖向偏差				
6	预埋地脚螺栓	顶端标高			
		中心距			

续表

7	预留地脚螺栓孔	中心位置			
		深度			
		每米孔壁垂直度			
缺陷处理情况	注：（基础平面图可将缩影贴在本表反面）				
签名	安装单位质检员： 年　月　日		建设单位代表： 年　月　日		

表 5-8　　________设备安装记录

工程名称		设备名称		型号及规格	
项次	项目	允许偏差	实际测量	备注	
1	中心线位置偏差				
	纵向				
	横向				
2	安装标高偏差				
3	轴向水平				
4	径向水平				
结论					
建设/监理单位： 专业工程师：　年　月　日			施工单位： 技术负责人：　年　月　日 质量检查员：　年　月　日		

表 5-9　　工程竣工验收证明书

建设单位		施工单位	
工程名称		工程地点	
单位工程名称		工程造价	
施工日期		交工日期	年　月　日

续表

工程简要内容：	
验收意见：	
质量评定：	
附件：＿＿＿＿＿＿＿耐压试验	
建设单位（章） 负责人：　　　　　年　月　日	施工单位（章） 负责人：　　　　　年　月　日

表 5 - 10　　耐　压　试　验

设备名称：

设计压力		最高工作压力	
试验压力		主体材质	
试验介质		介质温度	
试压部位		环境温度	
压 力 表		机泵型号	
试 验 程 序 记 录			
缓慢升压至工作压力：＿＿MPa，保压＿＿min； 缓慢升压至试验压力：＿＿MPa，保压＿＿min； 缓慢降至最高工作压力：＿＿MPa，保压＿＿min； 检查容器：＿＿＿＿泄漏，＿＿＿＿可见的变形，＿＿＿＿异常的响声。			
实际试验曲线：			

续表

试验结果：	
试验人：　　　　　　日期：	安装单位负责人：
建设单位负责人：	监检员：　　　　日期：

压力容器安装质量证明书封面应注明容器名称、产品编号、建设单位、施工单位。

三、压力管道安装质量证明书

压力管道安装质量证明书应按表 5－11 和表 5－12 进行编制。

表 5－11　　压力管道安装质量证明书

编号：

工程名称		工程编号	
交工单元名称		交工单元编号	
安装开工日期		安装竣工日期	
管道级别		管道长度	
设计单位			
监理单位			
无损检测单位			
安装监检单位			
使用单位			
本压力管道的安装经质量检验，符合《压力管道安全技术监察规程》、设计文件和＿＿＿＿＿＿等技术标准的要求。 检验员：　　　　日期： 质量保证工程师：　　　　日期： 安装单位（公章） 特种设备安装许可证编号：			

表 5-12　　压力管道安装汇总表

证明书编号：

交工单元名称：									交工单元编号：							
管线号	管道级别	设计压力（MPa）	设计温度（℃）	输送介质	管道材质	管道规格（mm）	管道长度（m）	铺设方式	焊口数量	检测方法/比例（%）	耐压试验介质	压力试验压力（MPa）	泄漏试验压力（MPa）	吹洗方式	防腐方式	保温（绝热）方式

填表：　　日期：　　审核：　　日期：

共　　页 第　　页

第六章

特种设备使用管理

第一节　概　　述

《特种设备安全法》规定：特种设备使用单位应当使用取得许可生产并经检验合格的特种设备。禁止使用国家明令淘汰和已经报废的特种设备。特种设备使用单位应当在特种设备投入使用前或者投入使用后30日内，向负责特种设备安全监督管理的部门办理使用登记，取得使用登记证书。登记标志应当置于该特种设备的显著位置。特种设备使用单位应当建立岗位责任、隐患治理、应急救援等安全管理制度，制定操作规程，保证特种设备安全运行。

《特种设备安全法》还规定：特种设备使用单位应当建立特种设备安全技术档案。安全技术档案应当包括以下内容。

(1) 特种设备的设计文件、产品质量合格证明、安装及使用维护保养说明、监督检验证明等相关技术资料和文件。

(2) 特种设备的定期检验和定期自行检查记录。

(3) 特种设备的日常使用状况记录。

(4) 特种设备及其附属仪器仪表的维护保养记录。

(5) 特种设备的运行故障和事故记录。

特种设备使用单位应当对其使用的特种设备进行经常性维护保养和定期自行检查，并作出记录。对其使用的特种设备的安全附件、安全保护装置进行定期校验、检修，并作出记录。应当按照特种设备安全技术规范的要求，在检验合格有效期届满前一个月向特种设备检验机构提出定期检验要求。

特种设备使用单位应当将定期检验标志置于该特种设备的显著位置。未经定期检验或者检验不合格的特种设备，不得继续使用。

特种设备安全管理人员应当对特种设备使用状况进行经常性检查，发现问题应当立即处理；情况紧急时，可以决定停止使用特种设备并及时报告本单位有关负责人。

特种设备作业人员在作业过程中发现事故隐患或者其他不安全因素，应当立即向特种设备安全管理人员和单位有关负责人报告；特种设备运行不正常时，特种设备作业人员应当按照操作规程采取有效措施保证安全。

特种设备出现故障或者发生异常情况，特种设备使用单位应当对其进行全面检查，消除事故隐患，方可继续使用。

第二节　锅炉使用管理

一、使用安全管理

1. 使用单位的职责

(1) 按照 TSG G5004—2014《锅炉使用管理规则》的要求设置锅炉安全管理机构，配备专职安全管理人员。

(2) 建立并有效实施岗位责任、操作规程、隐患治理、节能管理、应急救援、人员培训管理、采购验收等安全管理制度。

(3) 定期召开锅炉使用安全管理会议，督促、检查锅炉安全工作。

(4) 保障必要的锅炉安全、节能投入。

2. 安全管理人员职责

锅炉安全管理人员应当持有有效的特种设备安全管理人员资格证，其主要职责如下：

(1) 贯彻执行国家的有关法律、法规、安全技术规范，组织编制并适时更新锅炉使用安全与节能管理制度。

(2) 组织制定锅炉安全操作规程。

(3) 组织开展安全教育和安全技术培训。

(4) 组织锅炉验收、办理锅炉使用登记和变更手续。

(5) 建立锅炉安全和节能技术档案。

(6) 组织开展锅炉定期自行检查工作。

(7) 组织制订锅炉事故应急专项预案，并组织演练。

(8) 按照锅炉事故应急专项预案的规定，组织、参加锅炉事故救援。

(9) 编制锅炉定期检验计划并且落实锅炉定期检验工作，组织对定期检验中发现的问题进行整改。

(10) 进行经常性检查，发现问题，应立即处理，情况紧急时，可以决定停止使用锅炉，并且报告单位有关负责人。

(11) 按规定报告锅炉事故，协助进行事故调查和善后处理。

(12) 纠正和制止锅炉作业人员的违章行为。

(13) 配合质量技术监督部门的安全监察和节能检查。

3. 锅炉作业人员主要职责

锅炉作业人员应持有相应的特种设备作业人员证，其主要职责如下：

(1) 严格执行锅炉使用安全与节能管理制度，并且按操作规程操作。

(2) 按照规定填写锅炉运行、水（介）质化验、交接班等使用管理记录。

(3) 参加安全教育和技术培训。

（4）进行设备日常维护保养，对发现的异常情况及时处理并且记录。

（5）在操作过程中发现事故隐患或者其他不安全因素，应立即采取紧急措施，并且按照规定的报告程序，及时向单位有关部门报告。

（6）参加应急演练，掌握相应的基本救援技能，参加锅炉事故救援。

4. 锅炉使用安全与节能管理制度

（1）岗位责任制，包括锅炉安全管理人员，班组长、运行操作人员、维修人员、水处理作业人员等职责范围内的任务和要求。

（2）巡回检查制度，明确定时检查的内容、路线和记录的项目。

（3）交接班制度，明确交接班要求、检查内容和交接班手续。

（4）锅炉及辅助设备的操作规程，包括设备投运前的检查及准备工作，启动和正常运行的操作方法、正常停运和紧急停运的操作方法。

（5）设备验收、采购、修理、保养、报废等制度，包括设备验收、采购、修理、保养、报废要求，规定锅炉停（备）用防锈蚀内容、要求以及锅炉本体、安全附件、安全保护装置、自动仪表、燃烧和辅助设备的维护保养周期、内容和要求。

（6）水（介）质管理制度，明确水（介）质定时检测的项目和合格标准。

（7）安全管理制度，明确防火、防爆和防止非作业人员随意进入锅炉房的要求，保证通道畅通的措施以及事故应急专项预案和事故处理办法等。

（8）节能管理制度，明确符合锅炉节能管理有关安全技术规范的规定。

5. 应建立的使用管理记录

（1）巡回检查记录。

（2）锅炉、燃烧设备及辅助设备运行、改造、修理及日常维护保养记录。

（3）水处理设备运行及汽水品质化验记录。

（4）定期自行检查记录。

（5）应急救援演练记录。

（6）交接班记录。

（7）锅炉停炉保养记录。

（8）能耗状况记录。

（9）锅炉安全附件、安全保护装置、测量调控装置、有关附属仪器仪表定期校验、试验记录。

（10）锅炉运行故障及事故记录。

6. 锅炉自行检查记录

锅炉使用单位至少每月对锅炉进行一次自行检查，并且做出记录。自行检查记录至少包括以下内容，且有检查人员和安全管理人员签字。

（1）锅炉使用安全与节能管理制度是否齐全、有效，是否按要求填写使用管理记录。

（2）作业人员证书是否在有效期内。

(3) 锅炉是否按规定进行定期检验，安全标志是否符合有关规定。

(4) 安全阀是否在校验有效期内使用，是否定期进行手动排放试验。

(5) 压力表是否在检定有效期内使用，是否定期进行连接管吹洗。

(6) 水位表是否进行冲洗。

(7) 连锁保护装置是否进行可靠性试验。

(8) 是否对水（介）质定期进行化验分析。

(9) 是否根据水汽品质变化进行排污调整。

(10) 水封管是否堵塞。

(11) 锅炉承压部件在运行中是否出现裂纹、过热、变形、泄漏等影响安全的缺陷。

(12) 其他异常情况。

7. 锅炉安全技术档案

每台锅炉应建立安全技术档案，至少包括以下几个方面：

(1)《使用登记证》《特种设备使用登记表》。

(2) 锅炉的出厂资料及锅炉制造监督检验证书。

(3) 锅炉安装、改造、修理、化学清洗技术资料及监督检验证书。

(4) 水处理设备的安装调试技术资料。

(5) 锅炉定期检验报告、定期自行检查记录。

(6) 锅炉使用管理记录。

(7) 能效测试报告以及节能改造技术资料。

(8) 主蒸汽管道、主给水管道、再热蒸汽管道及其支吊架和焊缝位置等技术资料，运行记录中应包括管道和阀门的有关运行、检验、改造、修理及事故等内容。

二、使用登记与变更

1. 锅炉使用登记

锅炉使用单位申请办理使用登记时，需要提供以下资料（每台）。

(1) 使用登记表（一式二份）。

(2) 使用单位组织机构代码证。

(3) 锅炉产品合格证（含锅炉产品数据表）。

(4) 锅炉产品制造监督检验证书。

(5) 锅炉安装质量证明资料。

(6) 锅炉安装监督检验证书。

(7) 锅炉水质检验报告。

(8) 锅炉能效证明文件。

2. 锅炉变更登记

锅炉改造、长期停用、移装、变更使用单位、使用单位更名或者超期使用变更，相关单位应当向质量技术监督部门申请变更登记。

办理锅炉变更登记时，如果锅炉产品数据表中的有关数据发生变化，使用单位应当重新填写产品数据表，并且在《使用登记证》设备变更情况栏目中，填写变更情况。锅炉变更登记，原有的设备代码保持不变。

锅炉改造完成后，使用单位应当在投入使用前或者投入使用后30日内向质量技术监督部门提交原《使用登记证》、重新填写《使用登记证》（一式二份）和改造质量证明书以及监督检验证书，申请变更登记，领取新的《使用登记证》。

锅炉拟停用1年以上的，使用单位应当做好停用停炉保养工作。在封存30日内向质量技术监督部门办理报停手续，并且将《使用登记证》交回质量技术监督部门。重新启用时，应当参照定期检验的有关要求进行检验。检验结论为符合要求或者基本符合要求的，使用单位到质量技术监督部门办理启用手续，领取新的《使用登记证》。

在质量技术监督部门行政区域内移装的锅炉，移装时，应当按照锅炉监督检验和定期检验的有关规定进行检验。检验合格后，使用单位应当在投入使用前或者投入使用后30日内向质量技术监督部门提交原《使用登记证》、重新填写《使用登记证》（一式二份）和移装后的检验证书及报告，申请变更登记，领取新的《使用登记证》。

跨质量技术监督部门行政区域移装的锅炉，使用单位应当持原《使用登记证》和《使用登记表》向原质量技术监督部门申请办理注销。原质量技术监督部门应当注销《使用登记证》，并且在《使用登记证》上做注销标记，向原使用单位签发《特种设备使用登记变更证明》。

移装时应当按照锅炉监督检验和定期检验的有关规定进行检验，检验合格后，使用单位应当在投入使用前或者投入使用后30日内持《特种设备使用登记证变更证明》、标有注销标记的《使用登记证》、重新填写的《使用登记表》（一式二份）和移装后的检验证书及报告，向移装地的质量技术监督部门，申请变更登记，领取新的《使用登记证》。

锅炉需要变更使用单位的，原使用单位应当持《使用登记证》《使用登记表》和有效期内的定期检验报告到原质量技术监督部门办理注销手续。原质量技术监督部门应当注销《使用登记证》，并且在《使用登记证》上做注销标记，向原使用单位签发《特种设备使用登记变更证明》。

原使用单位应当将《特种设备使用登记变更证明》、标有注销标志的原《使用登记表》、历次定期检验报告和有关资料全部移交变更后的新使用单位。

锅炉变更使用单位但不移装的，变更后的新使用单位应当在投入使用前或者投入使用后30日内持全部移交文件向原质量技术监督部门申请变更登记，重新填写《使用登记表》（一式二份），领取新的《使用登记证》。

使用单位或者产权单位更名时，使用单位应当持原《使用登记证》、单位变更的证明材料，重新填写《使用登记表》（一式二份），领取新的《使用登记证》。

超过设计使用年限的锅炉，如果需要继续使用时，使用单位应当在锅炉继续使用前，向质量技术监督部门提交原《使用登记证》以及按规定进行检验或者安全评估允许继续使用的报告，申请变更登记，重新填写《使用登记表》（一式二份），领取新的《使用登记证》。

有下列情形之一的，不允许变更登记。

(1) 在原使用地未按规定进行定期检验或定期检验结论为不符合要求的。

(2) 在原使用地已经报废的、国家明令淘汰的。

(3) 技术资料和文件不全的。

(4) 擅自变更使用条件进行过非法改造、修理的。

(5) 存在危及锅炉安全使用隐患的（通过改造、修理消除隐患后，可以申请变更）。

锅炉报废时，使用单位应当采取措施消除使用功能，并且将《使用登记证》交回质量技术监督部门，予以注销。锅炉注销时，使用单位为承租方的，需要提供出租方的书面委托或者授权。

使用单位应当将《使用登记证》悬挂或者固定在锅炉房或者集控室显著位置。当无法悬挂或者固定时，可存放在使用单位的锅炉安全技术档案中，同时将使用登记证编号标注在锅炉的可见部位。

三、违法处理

有下列情况之一的使用单位，质量技术监督部门应当按照《特种设备安全法》《特种设备安全监察条例》及相关法律、法规、规章的规定进行处理。

(1) 未按照规定办理使用登记和变更登记的。

(2) 未建立锅炉安全管理制度和锅炉技术档案的。

(3) 未按照规定进行锅炉维护保养和定期自行检查的。

(4) 未按照规定对安全附件进行校验（检定）、维修的。

(5) 使用未经定期检验或者检验结论为不符合要求的锅炉的。

(6) 未按规定及时申报并且接受定期检验的。

(7) 未设置相应的安全管理机构、配备安全管理人员的。

(8) 锅炉作业人员无证上岗的。

(9) 未按照规定消除事故隐患，继续投入使用的。

(10) 未按照规定制定事故应急专项预案的。

(11) 未按照规定报告锅炉事故的。

(12) 使用不符合能效指标的锅炉，未及时采取相应措施进行整改的。

(13) 锅炉水质长期不符合国家标准的，并且锅炉产生严重结垢或者腐蚀现象的。

第三节 压力容器（含气瓶）使用管理

一、压力容器的使用安全管理

1. 压力容器使用单位的主要职责

(1) 按照 TSG R5002—2013《压力容器使用管理规则》的要求设置压力容器安全管

理机构，配备专职安全管理人员。

（2）建立并且有效实施岗位责任、操作规程、年度检查、隐患治理、应急救援、人员培训管理、采购验收等安全管理制度。

（3）定期召开压力容器安全管理会议，督促、检查压力容器安全管理工作。

（4）保障压力容器安全必要的投入。

2. 安全管理人员的主要职责

压力容器安全管理人员应当持有有效的特种设备安全管理人员资格证，其主要职责如下：

（1）贯彻执行国家有关法律、法规和特种设备安全技术规范，组织编制并且适时更新安全管理制度。

（2）组织制定压力容器安全操作规程。

（3）组织开展安全教育培训。

（4）组织压力容器验收，办理压力容器使用登记和变更手续。

（5）组织开展压力容器定期安全检查和年度检查工作。

（6）编制压力容器的年度定期检验计划，督促安排落实定期检验和隐患治理。

（7）组织制定压力容器应急预案并组织实施。

（8）按照压力容器事故应急预案，组织、参加压力容器事故救援。

（9）按照规定报告压力容器事故，协助进行事故调查和善后处理。

（10）协助质量技术监督部门实施安全监察，督促施工单位履行压力容器安装、改造、维修告知义务。

（11）发现压力容器事故隐患，立即进行处理，情况紧急时，可以决定停止使用压力容器，并报告单位有关负责人。

（12）建立压力容器安全技术档案。

（13）纠正和制止压力容器操作人员的违章行为。

3. 压力容器操作人员主要职责

压力容器的操作人员应持有相应的特种设备作业人员证，其主要职责如下：

（1）严格执行压力容器使用安全管理制度，并且按操作规程操作。

（2）按照规定填写运行、交接班等使用管理记录。

（3）参加安全教育和技术培训。

（4）进行设备日常维护保养，对发现的异常情况及时处理并且记录。

（5）在操作过程中发现事故隐患或者其他不安全因素，应立即采取紧急措施，并且按照规定的报告程序，及时向单位有关部门报告。

（6）参加应急演练，掌握相应的基本救援技能，参加压力容器事故救援。

4. 应建立的安全管理制度

（1）相关人员岗位职责。

（2）安全管理机构职责。

(3) 压力容器安全操作规程。

(4) 压力容器技术档案管理规定。

(5) 压力容器日常维护保养和运行记录规定。

(6) 压力容器定期安全检查、年度检查和隐患治理规定。

(7) 压力容器定期检验报检和实施规定。

(8) 压力容器作业人员管理和培训规定。

(9) 压力容器设计、采购、验收、安装、改造、使用、维修、报废等管理规定。

(10) 压力容器事故报告和处理规定。

(11) 贯彻执行 TSG R5002—2013《压力容器使用管理规则》及有关安全技术规范和接受安全监察的规定。

5. 应建立的压力容器安全技术档案

(1)《使用登记证》。

(2)《特种设备使用登记表》。

(3) 压力容器设计、制造技术文件和资料。

(4) 压力容器安装、改造、维修的方案、图样、材料质量证明书、施工质量证明文件等技术资料。

(5) 压力容器日常维护保养和定期安全检查记录。

(6) 压力容器年度检查和定期检验报告。

(7) 安全附件校验（检定)、修理和更换记录。

(8) 有关事故的记录资料和处理报告。

6. 需要采取紧急措施的情况

压力容器发生下列情况之一的，操作人员应当采取紧急措施，并按照规定的程序，及时向单位有关部门和人员报告。

(1) 工作压力、介质温度超过规定值，采取措施后仍不能得到有效控制的。

(2) 受压元件发生裂缝、异常变形、泄漏、衬里层失效危及安全的。

(3) 安全附件失灵、损坏等不能启动安全保护作用的。

(4) 垫片、紧固件损坏，难以保证安全运行的。

(5) 发生火灾等直接威胁到压力容器安全运行的。

(6) 液位异常，采取措施仍不能得到有效控制的。

(7) 压力容器与管道发生严重振动，危及安全运行的。

(8) 与压力容器相连的管道发生泄漏，危及安全运行的。

(9) 其他异常情况的。

二、使用登记和变更

1. 压力容器使用登记

压力容器使用单位申请办理使用登记时，需要提供以下资料（每台)。

（1）使用登记表（一式二份）。

（2）使用单位组织机构代码证。

（3）压力容器产品合格证（含压力容器产品数据表）。

（4）压力容器产品制造监督检验证书。

（5）压力容器安装质量证明资料。

（6）压力容器投入使用前验收资料。

制造资料齐全的新压力容器安全状况等级为1级，进口的压力容器安全状况等级由实施进口压力容器监督检验的特种设备检验机构评定。

压力容器一般应当在投用后3年内进行首次定期检验。首次定期检验的日期由使用单位在办理使用登记时提出，登记机关按照有关要求审核确定。首次定期检验后的检验周期，由检验机构根据压力容器的安全状况等级按照有关规定确定。

特殊情况，不能按照前款要求进行首次定期检验时，由使用单位提出书面申请说明情况，经使用单位安全管理负责人批准，向登记机关备案后可适当延期，延长期限不得超过1年。

2. 压力容器使用登记变更

压力容器改造、长期停用、移装、变更使用单位或者使用单位更名，相关单位应当向质量技术监督部门申请变更登记。

办理压力容器变更登记时，如果压力容器产品数据表中的有关数据发生变化，使用单位应当重新填写产品数据表，并且在《使用登记表》设备变更情况栏目中，填写变更情况。压力容器申请变更登记，其设备代码保持不变。

压力容器改造完成后，使用单位应当在投入使用前或者投入使用后30日内向质量技术监督部门提交原《使用登记证》、重新填写《使用登记表》（一式两份）和改造质量证明资料以及改造监督检验证书，申请变更登记，领取新的《使用登记证》。

压力容器拟停用1年以上的，使用单位应当封存压力容器，在封存后30日内向质量技术监督部门办理报停手续，并且将《使用登记证》交回登记机关。重新启用时，应当参照定期检验的有关要求进行检验。检验结论为符合要求或者基本符合要求的，使用单位到质量技术监督部门办理启用手续，领取新的《使用登记证》。

在质量技术监督部门行政区域内移装的压力容器，移装后应当参照定期检验的有关规定进行检验。检验结论为符合要求的，使用单位应当在投入使用前或者投入使用后30日内向质量技术监督部门提交原《使用登记证》、重新填写的《使用登记表》（一式两份）和移装后的检验报告，申请变更登记，领取新的《使用登记证》。

跨质量技术监督部门行政区域移装压力容器的，使用单位应当持原《使用登记证》和《使用登记表》向原质量技术监督部门申请办理注销。原质量技术监督部门应当注销《使用登记证》，并且在《使用登记表》上做注销标记，向使用单位签发《特种设备使用登记证变更证明》。

移装完成后，应当参照定期检验的有关规定进行检验。检验结论为符合要求的，使用单位应当在投入使用前或者投入使用后 30 日内持《特种设备使用登记证变更证明》、标有注销标记的原《使用登记表》、重新填写的《使用登记表》（一式两份）和移装后的检验报告，向移装地质量技术监督部门申请变更登记，领取新的《使用登记证》。

压力容器需要变更使用单位，原使用单位应当持《使用登记证》、《使用登记表》和有效期内的定期检验报告到原质量技术监督部门办理注销手续。原质量技术监督部门应当注销《使用登记证》，并且在《使用登记表》上做注销标记，向原使用单位签发《特种设备使用登记证变更证明》。

原使用单位应当将《特种设备使用登记证变更证明》、标有注销标志的原《使用登记表》、历次定期检验报告和登记资料全部移交压力容器变更后的新使用单位。

压力容器变更使用单位但是不移装的，变更后的新使用单位应当在投入使用前或者投入使用后 30 日内持全部移交文件向原质量技术监督部门申请变更登记，重新填写《使用登记表》（一式两份）、领取新的《使用登记证》。

压力容器变更使用单位并且在原质量技术监督部门行政区域内移装的，变更后的新使用单位应当重新办理使用登记。

压力容器变更使用单位并且跨质量技术监督部门行政区域移装的，变更后的新使用单位应当重新办理使用登记。

压力容器使用单位或者产权单位更名时，使用单位应当持原《使用登记证》、单位变更的证明资料，重新填写《使用登记表》（一式两份），到质量技术监督部门换领新的《使用登记证》。

压力容器有下列情形之一的，不得申请变更登记。

（1）在原使用地未按照规定进行定期检验的。

（2）在原使用地已经报废的。

（3）无技术资料的。

（4）超过设计使用年限或者使用超过 20 年的（使用单位或者产权单位更名的除外）。

（5）擅自变更使用条件进行过非法改造维修的。

（6）安全状况等级为 4 级或者 5 级的（使用单位或者产权单位更名的除外）。

其中（5）项在通过改造维修消除隐患后，可以申请变更登记。

压力容器报废时，使用单位应当将《使用登记证》交回质量技术监督部门，予以注销。

压力容器注销时，使用单位为租赁方的，需提供产权所有者的书面委托或者授权。

使用单位应当将《使用登记证》悬挂或者固定在压力容器显著位置。当无法悬挂或者固定时，可存放在使用单位的安全技术档案中，同时将使用登记证编号标注在压力容器产品铭牌上或者其他可见部位。

三、压力容器的年度检查

使用单位每年对所使用的压力容器至少进行 1 次年度检查，年度检查至少包括压力容器安全管理情况检查、压力容器本体及其运行状况检查和压力容器安全附件检查等。年度检查工作完成后，应当进行压力容器使用安全状况分析，并且对年度检查中发现的隐患及时消除。

年度检查工作可以由压力容器使用单位安全管理人员组织经过专业培训的作业人员进行，也可以委托有资质的特种设备检验机构进行。其中，移动式压力容器中的汽车罐车、铁路罐车和罐式集装箱以及氧舱等按照 TSG R7001《压力容器定期检验规则》有关规定进行年度检验的，不进行年度检查。

（一）压力容器安全管理情况的检查内容

（1）压力容器的安全管理制度是否齐全有效。

（2）压力容器安全技术规范规定的设计文件、竣工图样、产品合格证、产品质量证明文件、监督检验证书以及安装、改造、维修资料等是否完整。

（3）《使用登记表》《使用登记证》是否与实际相符。

（4）压力容器作业人员是否持证上岗。

（5）压力容器日常维护保养、运行记录、定期安全检查记录是否符合要求。

（6）压力容器年度检查、定期检验报告是否齐全，检查、检验报告中所提出的问题是否得到解决。

（7）安全附件校验（检定）、修理和更换记录是否齐全真实。

（8）是否有压力容器应急预案和演练记录。

（9）是否对压力容器事故、故障情况进行了记录。

（二）压力容器本体及其运行状况的检查内容

（1）压力容器的产品铭牌、漆色、标志、标注的使用登记证编号是否符合有关规定。

（2）压力容器的本体、接口（阀门、管路）部位、焊接接头等有无裂纹、过热、变形、泄漏、机械接触损伤等。

（3）外表面有无腐蚀，有无异常结霜、结露等。

（4）隔热层有无破损、脱落、潮湿、跑冷。

（5）检漏孔、信号孔有无漏液、漏气，检漏孔是否通畅。

（6）压力容器与相邻管道或者构件有无异常振动、响声或者相互摩擦。

（7）支承或者支座有无损坏，基础有无下沉、倾斜、开裂，紧固螺栓是否齐全、完好。

（8）排放（疏水、排污）装置是否完好。

（9）运行期间是否有超压、超温、超量等现象。

（10）监控使用的压力容器，监控措施是否有效实施。

（11）快开门式压力容器安全连锁功能是否符合要求。

（三）安全附件（包括压力表、液位计、测温仪表、爆破片装置、安全阀）年度检查的具体项目、内容和要求

1. 压力表

（1）检查内容和要求。压力表的检查至少包括：压力表的选型是否符合要求；压力

表的定期检修维护，检定有效期及其封缄是否符合规定；压力表外观、精度等级、量程是否符合要求；在压力表和压力容器之间装设三通旋塞或者针型阀时，其位置、开启标记及锁紧装置是否符合规定；同一系统上各压力表的读数是否一致。

（2）检查结果处理。压力表检查时发现下列情况之一的，使用单位应当限期改正并采取有效措施确保改正期间的安全运行，否则应当暂停该压力容器的使用：

1）选型错误的；

2）表盘封面玻璃破裂或者表盘刻度模糊不清的；

3）封签损坏或者超过检定有效期的；

4）表内弹簧管泄漏或者压力表指针松动的；

5）指针扭曲断裂或者外壳腐蚀严重的；

6）三通旋塞或者针形阀开启标记不清或者锁紧装置损坏的。

2. 液位计

（1）检查内容和要求。液位计的检查至少包括：液位计的定期检修维护是否符合规定；液位计外观及其附件是否符合规定；寒冷地区室外使用或者盛装0℃以下介质的液位计选型是否符合规定；用于易爆、毒性程度为极度或者高度危害介质的液化气体压力容器时，液位计的防止泄漏保护装置是否符合规定。

（2）检查结果处理。液位计检查时，发现下列情况之一的，使用单位应当限期改正并且采取有效措施确保改正期间的安全，否则应当暂停该压力容器使用：

1）选型错误的；

2）超过规定的检修期限的；

3）玻璃板（管）有裂纹、破碎的；

4）阀件固死的；

5）液位指示错误的；

6）液位计指示模糊不清的；

7）防止泄漏的保护装置损坏的。

3. 测温仪表

（1）检查内容和要求。测温仪表的检查至少包括：测温仪表的定期校验和检修是否符合规定；测温仪表的量程与其检测的温度范围是否匹配；测温仪表及其二次仪表的外观是否符合规定。

（2）检查结果处理。测温仪表检查时，凡发现有下列情况之一的，使用单位应当限期整改并且采取有效措施确保改正期间的安全，否则暂停该压力容器的使用：

1）仪表量程选择错误的；

2）超过规定校验、检修期限的；

3）仪表及其防护装置破损的。

4. 爆破片装置

（1）检查内容和要求。爆破片装置的检查至少包括：爆破片是否超过产品说明书规定的使用期限；爆破片的安装方向是否正确，产品铭牌上的爆破压力和温度是否符合运行要求；爆破片装置有无渗漏；爆破片使用过程中是否存在未超压爆破或者超压未爆破的情况；与爆破片夹持器相连的放空管是否畅通，放空管内是否存水（或者冰），防水帽、防雨片是否完好；爆破片单独作泄压装置（见图 6－1），检查爆破片和容器间的截止阀是否处于全开状态，铅封是否完好；爆破片和安全阀串联使用，如果爆破片装在安全阀的进口侧（见图 6－2），爆破片和安全阀之间装设的压力表有无压力显示，打开截止阀检查有无气体排出；爆破片和安全阀串联使用，如果爆破片装在安全阀的出口侧（见图 6－3），爆破片和安全阀之间装设的压力表有无压力显示，如果有压力显示应当打开截止阀，检查能否顺利疏水、排气；爆破片和安全阀并联使用（见图 6－4），爆破片和容器间装设的截止阀是否处于全开状态，铅封是否完好。

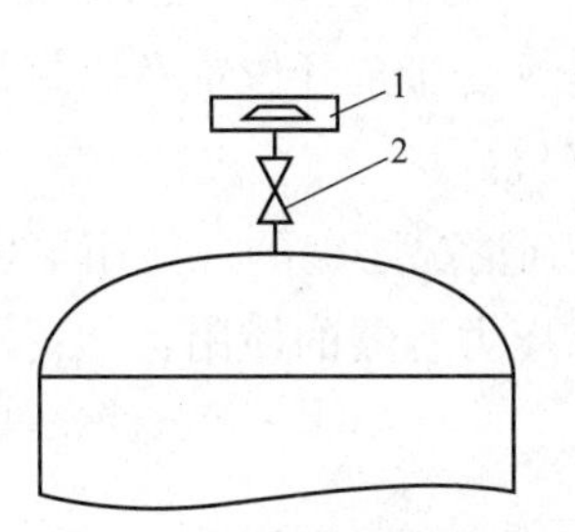

图 6－1　爆破片单独使用

1—爆破片；2—截止阀

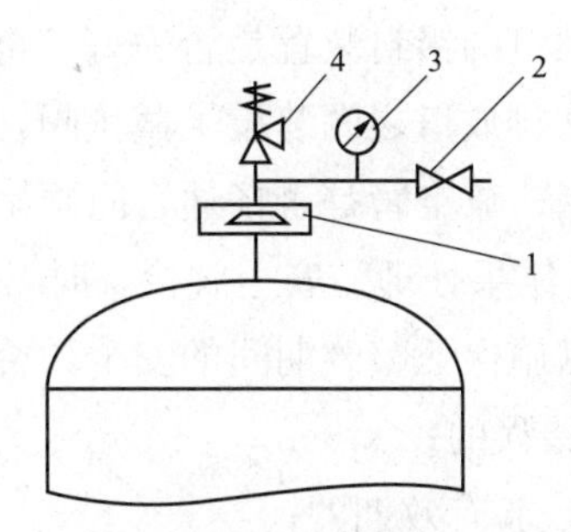

图 6－2　安全阀与爆破片串联使用

（爆破片装在安全阀进口侧）

1—爆破片；2—截止阀；3—压力表；4—安全阀

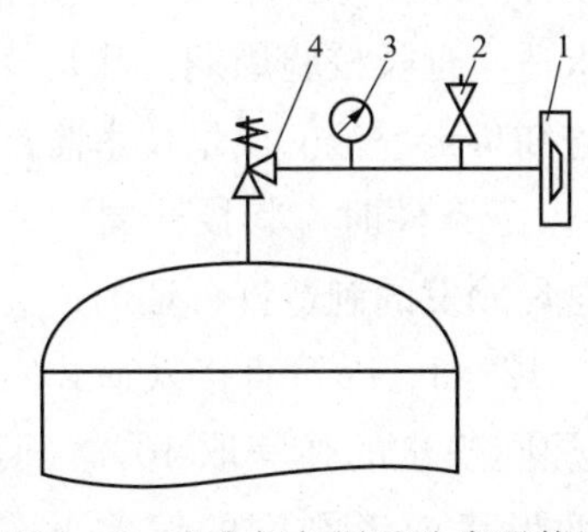

图 6－3　安全阀与爆破片串联使用

（爆破片装在安全阀出口侧）

1—爆破片；2—截止阀；3—压力表；4—安全阀

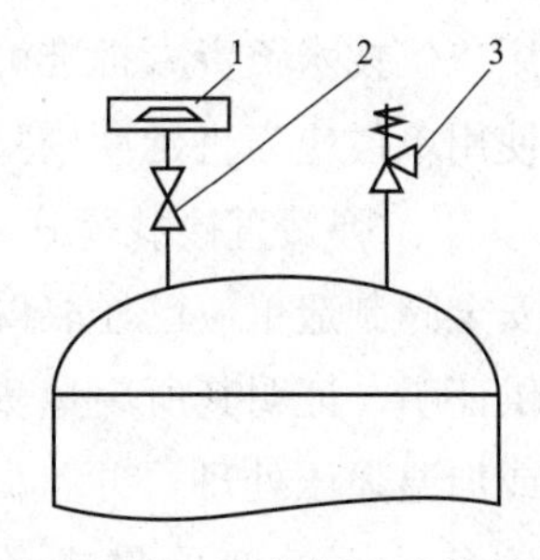

图 6－4　安全阀与爆破片并联使用

1—爆破片；2—截止阀；3—安全阀

（2）检查结果处理。爆破片装置检查时，凡发现下列情况之一的，使用单位应当限期更换爆破片装置，并且采取有效措施确保更换期间的安全，否则暂停该压力容器的使用：

1）爆破片超过规定的使用期限的；

2）爆破片安装方向错误的；

3）爆破片标定的爆破压力、温度和运行要求不符的；

4）爆破片使用中超过标定爆破压力而未爆破的；

5）爆破片和安全阀串联使用时，爆破片和安全阀之间的压力表有压力显示或者截止阀打开后有气体漏出的；

6）爆破片单独作泄压装置或者爆破片和安全阀并联使用时，爆破片和容器间装设的截止阀未处于全开状态或者铅封损坏的；

7）爆破片装置泄漏的。

5. 安全阀

(1) 检查内容和要求。安全阀检查的内容至少包括：选型是否正确；是否在校验有效期内使用；杠杆式安全阀的防止重锤自由移动和杠杆越出的装置是否完好，弹簧式安全阀的调整螺钉的铅封装置是否完好，静重式安全阀的防止重片飞脱的装置是否完好；如果安全阀和排放口之间装设了截止阀，截止阀是否处于全开位置及铅封是否完好；安全阀是否泄漏；放空管是否畅通，防雨帽是否完好。

(2) 检查结果处理。安全阀检查时，发现有下列情况之一的，使用单位应限期整改并采取有效措施保证整改期间的安全，否则暂停该压力容器的使用：

1）选型错误的；

2）超过校验有效期的；

3）铅封损坏的；

4）安全阀泄漏的。

(3) 安全阀校验。

1）校验周期的基本要求。安全阀一般每年至少校验一次，但符合下面 2）、3）情况的，经过使用单位技术负责人批准可以按照要求适当延长校验周期。凡是校验周期延长的安全阀，使用单位应当将延期校验情况书面告知负责登记的质量技术监督部门。

2）延长 3 年。弹簧直接载荷式安全阀满足以下条件时，其校验周期最长可以延长至 3 年：①安全阀制造单位已经取得国家质检总局颁发的制造许可证的；②安全阀制造单位能够提供证明，证明其所用弹簧按照 GB/T 12243《弹簧直接载荷式安全阀》进行了强压处理或加温强压处理，并且同一热处理炉同规格的弹簧取 10%（但不得少于 2 个）测定规定负荷下的变形量或者刚度，其变形量或者刚度的偏差不大于 15% 的；③安全阀内件材料耐介质腐蚀的；④安全阀在正常使用过程中未发生过开启的；⑤压力容器及其安全阀阀体在使用时无明显锈蚀的；⑥压力容器内盛装非黏性并且毒性程度中度及以下介质的；⑦使用单位建立、实施了健全的设备使用、管理与维护保养制度，并且有可靠的压力控制与调节装置或者超压报警装置的；⑧使用单位建立了符合要求的安全阀校验站，具有安全阀校验能力的。

3）延长 5 年。弹簧直接载荷式安全阀，在满足 2）中的①、②、③、④、⑤、⑦、⑧的条件下，同时满足以下条件时，其校验周期最长可延长至 5 年：①安全阀制造单位能够提供证明，证明其所用弹簧按照 GB/T 12243《弹簧直接载荷式安全阀》进行了强压处理或加温强压处理，并且同一热处理炉同规格的弹簧取20%（但不得少于4个）测定规定负荷下的变形量或者刚度，其变形量或者刚度的偏差不大于10%的；②压力容器内盛装毒性程度低度及以下的气体介质，工作温度不大于200℃的。

（4）现场校验和调整。安全阀需要进行现场校验（在线校验）和压力调整时，使用单位压力容器管理人员和安全阀维修作业（校验）人员应到现场确认。调校合格的安全阀应加铅封。校验及调整装置用压力表的精度应不低于1级。在校验和调整时，应当有可靠的安全防护装置。

（四）年度检查报告

压力容器年度检查工作完成后，检查人员根据实际检查情况出具检查报告，作出以下结论意见。

（1）符合要求，指未发现或者只有轻度不影响安全使用的缺陷，可以在允许的参数范围内继续使用。

（2）基本符合要求，指发现一般缺陷，经过使用单位采取措施后能保证安全运行，可以有条件地监控使用，结论中应当注明监控运行需要解决的问题及其完成期限。

（3）不符合要求，指发现严重缺陷，不能保证压力容器安全运行的情况，不允许继续使用，应当停止运行或者由检验机构进行进一步检验。

年度检查由使用单位自行实施时，其年度检查报告应当由使用单位安全管理负责人或者授权的安全管理人员审批。

四、压力容器使用的违法处理

有下列情况之一的压力容器使用单位，质量技术监督部门应当按照《特种设备安全法》及相关法律、法规的规定进行处理。

（1）未按照规定办理使用登记和变更登记的。

（2）未建立压力容器安全管理制度和压力容器技术档案的。

（3）未按照规定进行日常维护保养和定期安全检查、年度检查的。

（4）未按照规定对安全附件进行校验（检定）、维修的。

（5）使用的压力容器未经定期检验或者检验结论为不符合要求的。

（6）未按照规定申报定期检验的。

（7）未按照规定设置安全管理机构、配备安全管理人员的。

（8）压力容器作业人员无证上岗的。

（9）未按照规定消除事故隐患，继续投入使用的。

（10）未按照规定制定应急预案的。

（11）未按照规定报告压力容器事故的。

五、气瓶的安全管理

钢质无缝气瓶的设计使用年限是30年，钢质焊接气瓶的设计使用年限是20年（不包括液化石油钢瓶），盛装腐蚀性气体或者在海洋等易腐蚀环境中使用的钢质无缝气瓶、钢质焊接气瓶的设计使用年限是12年。

气瓶出厂时，制造单位应逐只出具产品合格证和按批出具批量检验产品质量证明书，气瓶产品制造质量监督检验证书。这些文件至少保存7年。

1. 气瓶使用基本要求

（1）使用单位应建立安全管理制度和操作规程，配备必要的防护用品，安排掌握相关知识和技能的人员管理气瓶，并进行应急演练，发现气瓶出现异常时，应及时与充装单位联系。

（2）禁止将盛装气体的气瓶置于人员密集或者靠近热源的场所使用（车用瓶除外），禁止用任何热源对气瓶进行加热。

（3）使用单位应购买粘贴充装产品合格标签的瓶装气体。

（4）在可能造成气体回流的使用场所，设备上应当配置防止倒灌的装置；瓶内气体不得用尽，压缩气体、溶解乙炔气瓶的剩余压力应不小于0.05MPa；液化气体等气瓶应留有不少于0.5%～1.0%规定充装量的剩余气体。

（5）运输气瓶时应当整齐放置，横放时，瓶端朝向一致；立放时，要妥善固定，防止气瓶倾倒；佩戴好瓶帽（有防护罩的气瓶除外），轻装轻卸，严禁抛、滑、滚、碰、撞、敲击气瓶；吊装时，严禁使用电磁起重机和金属链绳。

（6）储存瓶装气体实瓶时，存放空间内温度不得超过40℃，否则应采取喷淋的冷却措施；空瓶与实瓶分开放置，并有明显标志；毒性气体实瓶和瓶内气体相互接触能引起燃烧、爆炸、产生毒物的实瓶，应分室存放，并在附近配备防毒用具和消防器材；储存易起聚合反应或者分解反应的瓶装气体时，应当根据气体的性质控制好存放空间的最高温度和规定的储存期限。

2. 检验周期和报废年限

（1）钢质气瓶、钢质焊接气瓶（不含液化石油气钢瓶、液化二甲醚钢瓶、溶解乙炔气瓶、车用气瓶、焊接绝热气瓶）、铝合金无缝气瓶检验周期：

1）盛装氮、六氟化硫、惰性气体及纯度大于99.999%的无腐蚀性高纯气体的气瓶，每5年检验1次。

2）盛装对气瓶材料能产生腐蚀作用的气体的气瓶、潜水气瓶以及常与海水接触的气瓶，每2年检验1次。

3）盛装其他气体的气瓶，每3年检验1次。

盛装混合气体的气瓶，其检验周期按照混合气体中检验周期最短的气体确定。

（2）气瓶使用期超过其设计使用年限时一般应当报废。

3. 提前检验

在使用过程中发现有下列情况之一的，应当提前进行定期检验：

（1）有严重腐蚀、损伤或者对其安全可靠性有怀疑的。

（2）缠绕气瓶缠绕层有严重损伤的。

（3）库存或者停用时间超过一个检验周期后使用的。

（4）气瓶检验标准规定需提前进行定期检验的其他情况以及检验人员（或者充装人员）认为有必要提前检验的。

4. 气瓶标志

（1）无缝气瓶、焊接气瓶（焊接气瓶中的工业用非重复充装焊接气瓶除外）及焊接绝热气瓶钢印标记的基本要求：①钢印标记应准确、清晰、完整，打印在瓶肩或者铭牌、护罩等不可拆卸附件上；②应采用机械打印或者激光刻字等可以形成永久性标记的方法。

（2）标记方式：

1）钢印标记位置。气瓶的钢印标记，包括制造钢印标记和定期检验钢印标记。钢印标记打在瓶肩上时，其位置如图 6－5（a）所示，打在护罩上时，如图 6－5（b）所示，打在铭牌上时，如图 6－5（c）所示。

2）定期检验钢印标记的项目和排列如图 6－6 所示。

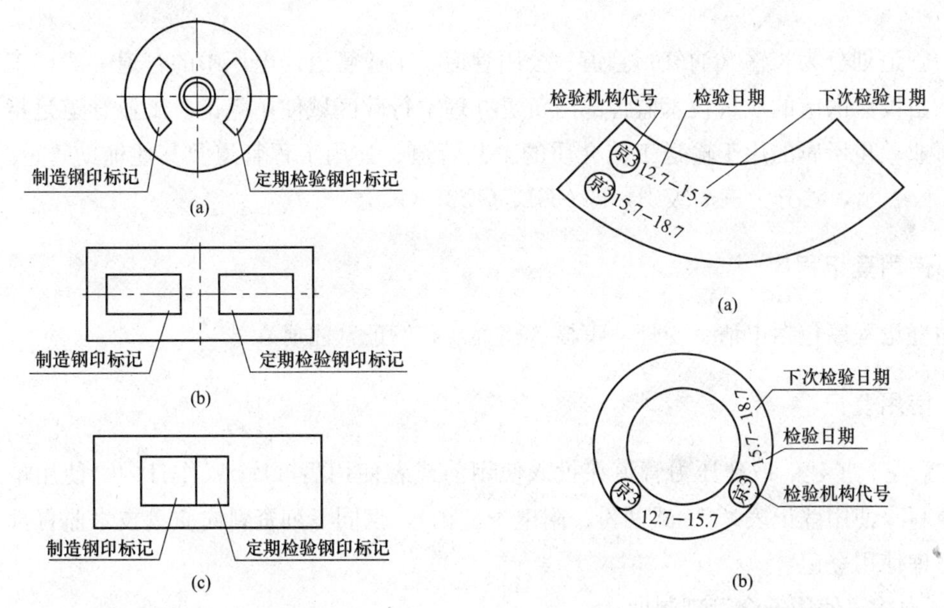

图 6－5　钢印标记位置示意

图 6－6　定期检验钢印标记

（a）定期检验钢印标记；（b）打在金属检验标志环的定期检验钢印标记

3）检验色标。在定期检验钢印标记上，应当按检验年份涂检验色标，缠绕气瓶的检验色标应印刷在检验标签上；检验色标的颜色和形状见表 6－1。

表 6－1　检验色标的颜色和形状

检验年份	颜色	形状
2014	深绿色（G05）	椭圆形
2015	粉红色（RP01）	矩形

续表

检验年份	颜色	形状
2016	铁红色（R01）	矩形
2017	铁黄色（Y09）	矩形
2018	淡紫色（P01）	矩形
2019	深绿色（G05）	矩形
2020	粉红色（RP01）	椭圆形
2021	铁红色（R01）	椭圆形
2022	铁黄色（Y09）	椭圆形
2023	淡紫色（P01）	椭圆形
2024	深绿色（G05）	椭圆形

第四节　压力管道使用管理

压力管道划分为长输（油气）管道、公用管道、工业管道。电厂中的管道一般是工业管道，由设区的市的质量技术监督部门负责办理本行政区域使用登记。工业管道是指企业、事业单位所属的用于输送工艺介质的工艺管道、公用工程管道及其他辅助管道，通常用GC表示，共分为三个级别，即GC1、GC2、GC3。

一、使用登记程序

使用登记程序包括申请、受理、审核（核查）和发证（注册）。

二、使用登记

（1）新建、扩建、改建压力管道在投入使用前或者使用后30个工作日内，使用单位应当填写《使用登记表》（一式两份、附电子文档），携同下列资料向质量技术监督部门申请办理使用登记：

1）压力管道使用安全管理制度；

2）事故应急预案（适用于输送易燃、易爆、有毒介质或者介质温度大于200℃的压力管道；

3）压力管道安全管理人员和操作人员名录，列出姓名、身份证号、特种设备作业人员证件编号及其持证种类、类别和项目（下同）；

4）安装监督检验机构出具的压力管道安装监督检验报告。

（2）质量技术监督部门在收到使用单位的申请资料后，对压力管道登记单元数量较少能当场审核的，应当当场审核，符合《压力管道登记使用管理规则》规定的当场办理使用登记；不符合规定的，应当出具不予受理决定书。不能当场审核的，应当在5个工作日内将不予受理的决定书面通知使用单位，并且说明理由；需要进行现场核查的，其核查的时间除外。

质量技术监督部门自受理之日起在 15 个工作日之内完成登记，一次登记数量较多的可以在 30 个工作日内完成登记。

(3) 监督检验、定期检验或者基于风险检验结论意见符合安全技术规范及其相应标准要求，满足使用登记要求的压力管道，质量技术监督部门应当对《使用登记表》中的每个登记单元编制压力管道代码（同一登记单元压力管道代码不变），《使用登记证》上应当注明《使用登记表》编号。

(4) 定期检验或者基于风险检验结论意见为监控使用的压力管道，质量技术监督部门在《使用登记表》中的每个登记单元只编制（临时）压力管道代码，所颁发的《使用登记证》上注明有效期，此类压力管道应当严格在限制条件下监控使用。

(5) 使用单位应当对办理使用登记时所提供的申请资料的真实性、准确性和可实施性负责，质量技术监督部门认为必要时可以组织核查组进行现场核查。核查组由特种设备安全监察人员、具有压力管道安全管理经验的专家和具有压力管道检验资格的检验人员组成。使用单位应当配合核查组的核查工作。

使用登记的核查工作主要内容如下。

1) 对申报资料的核查。

2) 对压力管道的安全管理情况检查。

3) 对管理和操作人员资格检查。

4)《使用登记表》、检验报告、安全附件校验报告、压力管道单线图与实物的核实。

5) 其他必要的检查。

核查后，核查组应当出具核查报告。

(6)《使用登记证》注明有效期，到期需要换证的，应当在《使用登记表证》有效期内，完成定期检验工作后，由使用单位填写《使用登记表》（一式两份、附电子文档），携同以下资料向质量技术监督部门申请换证。

1) 原《使用登记证》。

2) 压力管道运行和事故记录。

3) 压力管道安全管理人员和操作人员名录。

4) 压力管道定期检验报告或者基于风险的检验评价报告。

(7) 对有下列情况之一的压力管道，登记机关不予办理使用登记。

1) 未达到法律、法规、安全技术规范及其相应标准要求的。

2) 申请材料与核查结果要求不符的。

(8) 质量技术监督部门办理压力管道使用登记，发现《使用登记表》中有不符合登记要求的压力管道单元，应当在备注栏中注明“不予登记”，可以要求使用单位重新填写《使用登记表》。

《使用登记证》所对应的《使用登记表》，其登记单元都应当是符合有关安全技术规范及其相应标准规定，满足颁布《使用登记证》要求的压力管道单元。

第五节　起重机械等机电类特种设备使用管理

一、起重机械

1. 使用安全管理

使用单位应该根据起重机械的用途、使用频率、载荷状态和工作环境，选择适应使用条件要求的相应品种（型式）的起重机。如果选型错误，由使用单位负责。

(1) 使用单位购置的起重机械应当由具备相应制造许可资格的单位制造，产品应当符合有关安全技术规范及其相关标准的要求，随机的产品技术资料应当齐全。产品技术资料至少包括以下内容：

1) 设计文件，包括总图、主要受力结构件图、机械传动图、电气和液压（气动）系统原理图。

2) 产品质量合格证明。

3) 安装使用维修说明。

4) 整机和安全保护装置的型式试验合格证明（制造单位盖章的复印件，按覆盖原则提供）。

5) 特种设备制造许可证（制造单位盖章的复印件，取证的样机除外）。

(2) 使用单位应当选择具有相应许可资格的单位进行起重机械的安装、改造、重大维修（以下通称施工），并且督促其按照 TSG Q7016《起重机械安装改造重大修理监督检验规则》的要求接受监督检验。

使用单位负责组织实施塔式起重机在使用过程中的顶升，并且对其安全性能负责。

起重机械使用前，使用单位应当监督施工单位依法履行安装告知、监督检验等义务，并且在施工结束后要求施工单位及时提供以下施工技术资料，存入安全技术档案。

1) 施工告知证明。

2) 隐蔽工程及其施工过程记录、重大技术问题处理文件。

3) 施工质量证明。

4) 施工监督检验证明（适用于实施安装、改造和重大修理监督检验的）。

不实施安装监督检验的起重机械，使用单位应当按照 TSG Q7015《起重机械定期检验规则》的规定，向检验检测机构提出首次检验申请，经检验合格，办理使用登记，依法投入使用。

(3) 使用单位应当设置起重机械安全管理机构或者配备专职或者兼职的安全管理人员从事起重机械的安全管理工作。

(4) 使用单位应当建立健全起重机械使用安全管理制度，并且严格执行。使用安全管理制度至少包括以下内容：

1) 安全管理机构的职责。

2) 单位负责人、起重机械安全管理人员和作业人员岗位责任制。

3）起重机械操作规程，包括操作技术要求、安全要求、操作程序、禁止行为等。

4）索具和备品备件采购、保管和使用要求。

5）日常维护保养和自行检查要求。

6）使用登记和定期报检要求。

7）安全管理人员、起重机械作业人员教育培训和持证上岗要求。

8）安全技术档案管理要求。

9）事故报告处理制度。

10）应急救援预案和救援演练要求。

11）执行有关安全技术规范和接受安全监察的要求。

（5）使用单位的起重机械安全管理人员和作业人员，应当按照《特种设备作业人员监督管理办法》、TSG Q6001《起重机械安全管理人员和作业人员考核大纲》的规定和要求，经考核合格，取得质量技术监督部门（以下简称质监部门）颁发的《特种设备作业人员证》，方可从事相应的安全管理和作业工作。

起重机械安全管理人员应当履行以下职责：

1）组织实施日常维修保养和自行检查、全面检查。

2）组织起重机械作业人员及相关人员的安全教育和安全技术培训工作。

3）按照有关规定办理起重机械使用登记、变更手续。

4）编制定期检验计划并且落实定期检验的报检工作。

5）检查和纠正起重机械使用中的违章行为，发现问题立即进行处理，情况紧急时，可以决定停止使用起重机械并且及时报告单位有关负责人。

6）组织制定起重机械事故应急救援预案，一旦发生事故按照预案要求及时报告和进行救援。

7）对安全技术档案的完整性、正确性、统一性负责。

起重机械安全管理人员工作时应当随身携带《特种设备作业人员证》，并且自觉接受质监部门的监督检查。

（6）起重机械作业人员应当履行以下职责：

1）严格执行起重机械操作规程和有关安全管理制度。

2）填写运行记录、交接班等记录。

3）进行日常维护保养和自行检查，并且进行记录。

4）参加安全教育和安全技术培训。

5）严禁违章作业，拒绝违章指挥。

6）发现事故隐患或者其他不安全因素立即向现场管理人员和单位有关负责人报告，当事故隐患或者其他不安全因素直接危及人身安全时，停止作业并且在采取可能的应急措施后撤离作业现场。

7）参加应急救援演练，掌握相应的基本救援技能。

起重机械作业人员作业时应当随身携带《特种设备作业人员证》，并且自觉接受使用单位的安全管理和质监部门的监督检查。

(7) 使用单位应当建立起重机械安全技术档案。安全技术档案至少包括以下内容：

1）产品技术资料。

2）施工技术资料。

3）与起重机械安装、运行相关的土建技术图样及其承重数据（如轨道承重梁等)。

4)《起重机械使用登记表》。

5）定期检验报告。

6）在用安全保护装置的型式试验合格证明。

7）日常使用状况、运行故障和事故记录。

8）日常维护保养和自行检查、全面检查记录。

(8) 起重机械出租单位应当与承租单位签订协议，明确出租和承租单位各自的安全责任。承租单位在承租期间应当对起重机械的使用安全负责。

禁止承租使用下列起重机械：

1）未进行使用登记的。

2）没有完整的安全技术档案的。

3）未经检验（包括需要实施的监督检验或者投入使用前的首次检验，以及定期检验）或者检验不合格的。

(9) 使用单位应当选择具有相应安装许可资格的单位实施起重机械的拆卸工作，并且监督拆卸单位制定拆卸作业指导书，按照拆卸作业指导书的要求进行施工，保证起重机械拆卸过程的安全。拆卸作业指导书应当包括拆卸作业技术要求、拆卸程序、拆卸方法和措施等内容。

流动作业的起重机械跨原登记机关行政区域使用时，使用单位应当在使用前书面告知使用所在地的质监部门，并且接受其监督检查。

起重机械重新安装（包括移装）使用，使用单位应当监督施工单位办理安装告知，并且向施工所在地的检验检测机构申请施工监督检验。

(10) 使用单位应当按照《起重机械定期检验规则》的要求，在检验有效期届满前1个月向检验检测机构提出定期检验申请，并且做好定期检验相关的准备工作。

对流动作业的起重机械，使用单位应当向使用所在地的检验检测机构申请定期检验，并且将定期检验报告报原负责使用登记的质监部门。

超过定期检验周期或者定期检验不合格的起重机械，不得继续使用。

起重机械具有下列情形之一的，使用单位应当及时予以报废，并且采取解体等销毁措施。

1）存在严重事故隐患，无改造、维修价值的。

2）达到安全技术规范等规定的设计使用年限不能继续使用的或者满足报废条件的。

起重机械出现故障或者发生异常情况，使用单位应该停止使用，对其进行全面检查，消除事故隐患，并且进行记录，记录存入安全技术档案。

使用单位可以根据起重机械使用情况，聘请有关机构或者有关专家对使用状况进行评估。使用单位可以根据评估结果进行整改，并且对其整改结果负责。

使用单位应当制定起重机械应急救援预案，当发生起重机械事故时，使用单位必须采取应急救援措施，防止事故扩大，同时，按照《特种设备事故报告和调查处理规定》的规定执行。

2. 使用登记和变更

(1) 起重机械投入使用前或者投入使用后30日内，使用单位应当到起重机械使用所在地的直辖市或设区的市的质监部门办理使用登记。

流动作业的起重机械，在产权单位所在地的质监部门办理使用登记。

使用登记程序包括申请、受理、审查和颁发《特种设备使用登记证》。

使用单位申请办理使用登记时，应当向质监部门提供以下资料，并且对其真实性负责。

1)《使用登记表》(一式二份)。

2) 使用单位组织机构代码证或者起重机械产权所有者（公民个人拥有）的身份证。

3) 产品质量合格证明。

4) 安装监督检验证书或者首次检验报告。

5) 特种设备安全管理人员和作业人员的名录（列出姓名、身份证号、特种设备作业人员证件号码及其持证种类、类别和项目）或者人员的证件原件。

6) 安全管理制度目录。

质监部门接到申请材料，对符合规定要求的，应当在5个工作日内受理；对不予受理的，应当一次性以书面形式告知不予受理的理由。

质监部门对经审查符合要求的，应当自受理申请之日起20日内颁发使用登记证。

因使用单位原因延长的时间不包括在规定的时间内，但是质监部门必须向使用单位说明原因。

质监部门办理使用登记时，应当按照《特种设备使用登记证编号编制办法》编制使用登记证编号。

使用单位应当将《使用登记证》置存于以下位置：

有司机室的置于司机室的显著位置。

无司机室的存入使用单位的安全技术档案。

(2) 起重机械停用1年以上时，使用单位应当在停用后30日内向质监部门办理报停手续，并且将《使用登记证》交回登记机关；重新启用时，应当经过定期检验，并且持检验合格的定期检验报告到登记机关办理启用手续，重新领取《使用登记证》。未办理停用手续的，定期检验按正常检验周期进行。

(3) 需要改变起重机械性能参数与技术指标的，必须经过具备相应资格的单位进行改造，并且按照TSG Q7016《起重机械安装改造重大修理监督检验规则》的规定，实施监督检验。

起重机械在改造完成投入使用前，使用单位应当重新填写《使用登记表》，并且持原《使用登记表》和《使用登记证》、改造监督检验证书，向质监部门办理使用登记变更。

（4）起重机械产权发生变化，原使用单位应当办理使用登记注销手续。原使用单位应当将《过户（移装）证明》、标有注销标记的原《使用登记表》和《使用登记证》、起重机械安全技术档案移交给新使用单位。

新使用单位应当重新填写《使用登记表》，在起重机械投入使用前，持《过户（移装）证明》、标有注销标记的原《使用登记表》和《使用登记证》、移装的监督检验证书（实施移装的）、上一周期的定期检验报告和《使用登记表》（一式二份）、使用单位组织机构代码证或者起重机械产权所有者（公民个人拥有）的身份证、产品质量合格证明、安装监督检验证书或者首次检验报告，重新办理使用登记。

（5）起重机械报废，使用单位应当提出书面的报废申明，向登记机关办理使用登记注销手续，并且将《使用登记证》和《使用登记表》交回登记机关进行注销。

3. 日常维护保养和自行检查

在用起重机械至少每月进行一次日常维护保养和自行检查，每年进行一次全面检查，保持起重机械的正常状态。日常维护保养和自行检查、全面检查应当按照《起重机械使用管理规则》和产品安装使用维护说明的要求进行，发现异常情况，应当及时进行处理，并且记录，记录存入安全技术档案。

（1）在用起重机械的日常维护保养，重点是对主要受力结构件、安全保护装置、工作机构、操纵机构、电气（液压、气动）控制系统等进行清洁、润滑、检查、调整、更换易损件和失效的零部件。

在用起重机械的自行检查至少包括以下内容：

1）整机工作性能。

2）安全保护、防护装置。

3）电气（液压、气动）等控制系统的有关部件。

4）液压（气动）等系统的润滑、冷却系统。

5）制动装置。

6）吊钩及其闭锁装置、吊钩螺母及其放松装置。

7）联轴器。

8）钢丝绳磨损和绳端的固定。

9）链条和吊辅具的损伤。

（2）起重机械的全面检查，除包括自行检查的内容外，还应当包括以下内容。

1）金属结构的变形、裂纹、腐蚀，以及其焊缝、铆钉、螺栓等连接。

2）主要零部件的变形、裂纹、磨损。

3）指示装置的可靠性和精度。

4）电气和控制系统的可靠性。

必要时还需要进行相关的载荷试验。

（3）使用单位可以根据起重机械工作的繁重程度和环境条件的恶劣状况，确定高于《起重机械使用管理规则》规定的日常维护保养、自行检查和全面检查的周期和内容。

起重机械的日常维护保养、自行检查，应当由使用单位的起重机械作业人员实施；全面检查，应当由使用单位的起重机械安全管理人员负责组织实施。

使用单位无能力进行日常维护保养、自行检查和全面检查时，应当委托具有起重机械制造、安装、改造、维修许可资格的单位实施，但是必须签订相应工作合同，明确责任。

二、电梯

1. 使用管理

使用单位应当加强对电梯的安全管理，严格执行特种设备安全技术规范的规定，对电梯的使用安全负责。使用单位应当购置符合安全技术规范的电梯，保证电梯安全运行所必需的投入，严禁购置国家明令淘汰的产品。

（1）使用单位应当根据特种设备安全技术规范以及产品安装使用维护说明书的要求和实际使用状况，组织进行维保。

使用单位应当委托取得相应电梯维修项目许可的单位（以下简称维保单位）进行维保，并且与维保单位签订维保合同，约定维保的期限、要求和双方的权利义务等。维保合同至少包括以下内容：

1）维保的内容和要求。

2）维保的时间频次与期限。

3）维保单位和使用单位双方的权利、义务与责任。

（2）使用单位应当设置电梯的安全管理机构或者配备电梯安全管理人员，至少有一名取得《特种设备作业人员证》的电梯安全管理人员承担相应的管理职责。

使用单位应当根据本单位实际情况，建立以岗位责任制为核心的电梯使用和运营安全管理制度，并且严格执行。安全管理制度至少包括以下内容：

1）相关人员的职责。

2）安全操作规程。

3）日常检查制度。

4）维保制度。

5）定期报检制度。

6）电梯钥匙使用管理制度。

7）作业人员与相关运营服务人员的培训考核制度。

8）意外事件或者事故的应急救援预案与应急救援演习制度。

9）安全技术档案管理制度。

（3）电梯在投入使用前或者投入使用后30日内，使用单位应当向设区的市的质量技术监督部门办理使用登记。办理使用登记时，应当提供以下资料：

1）组织机构代码证书或者电梯产权所有者（指个人拥有）身份证（复印件1份）。

2）《特种设备使用注册登记表》（一式二份）。

3）安装监督检验报告。

4）使用单位与维保单位签订的维保合同（原件）。

5）电梯安全管理人员、电梯司机（适用于医院提供患者使用的电梯、直接用于旅游观光的速度大于2.5m/s的乘客电梯，以及采用司机操作的电梯）等与电梯相关的特种设备作业人员证书。

6）安全管理制度目录。

(4) 维保单位变更时，使用单位应当持维保合同，在新合同生效后30日内到原质量技术监督部门办理变更手续，并且更换电梯内维保单位相关标识。电梯报废时，使用单位应当在30日内到原质量技术监督部门办理注销手续。电梯停用1年以上或者停用期跨过1次定期检验日期时，使用单位应当在30日内到原质量技术监督部门办理停用手续，重新启用前，应当办理启用手续。

(5) 使用单位应当履行以下职责：

1）保持电梯紧急报警装置能够随时与使用单位安全管理机构或者值班人员实现有效联系。

2）在电梯轿厢内或者出入口的明显位置张贴有效的《安全检验合格》标志。

3）将电梯使用的安全注意事项和警示标志置于乘客易于注意的显著位置。

4）在电梯显著位置标明使用管理单位名称、应急救援电话和维保单位名称及其急修、投诉电话。

5）医院提供患者使用的电梯、直接用于旅游观光的速度大于2.5m/s的乘客电梯，以及采用司机操作的电梯，由持证的电梯司机操作。

6）制定出现突发事件或者事故的应急措施与救援预案，学校、幼儿园、机场、车站、医院、商场、体育场馆、文艺演出场馆、展览馆、旅游景点等人员密集场所的电梯使用单位，每年至少进行一次救援演练，其他使用单位可根据本单位条件和所使用电梯的特点，适时进行救援演练。

7）电梯发生困人时，及时采取措施，安抚乘客，组织电梯维修作业人员实施救援。

8）在电梯出现故障或者发生异常情况时，组织对其进行全面检查，消除电梯事故隐患后，方可重新投入使用。

9）电梯发生事故时，按照应急救援预案组织应急救援、排险和抢救，保护事故现场，并且立即报告事故所在地的特种设备安全监督管理部门和其他有关部门。

10）监督并且配合电梯安装、改造、维修和维保工作。

11）对电梯安全管理人员和操作人员进行电梯安全教育和培训。

12）按照安全技术规范的要求，及时采用新的安全与节能技术，对在用电梯进行必要的改造或者更新，提高在用电梯的安全与节能水平。

(6) 使用单位的安全管理人员应当履行下列职责：

1) 进行电梯运行的日常巡视，记录电梯日常使用状况。

2) 制定和落实电梯的定期检验计划。

3) 检查电梯安全注意事项和警示标志，确保齐全清晰。

4) 妥善保管电梯钥匙及其安全提示牌。

5) 发现电梯运行事故隐患需要停止使用的，有权作出停止使用的决定，并且立即报告本单位负责人。

6) 接到故障报警后，立即赶赴现场，组织电梯维修作业人员实施救援。

7) 实施对电梯安装、改造、维修和维保工作的监督，对维保单位的维保记录签字确认。

(7) 使用单位应当建立电梯安全技术档案。安全技术档案至少包括以下内容：

1)《特种设备使用注册登记表》。

2) 设备及其零部件、安全保护装置的产品技术文件。

3) 安装、改造、重大维修的有关资料、报告。

4) 日常检查与使用状况记录、维保记录、年度自行检查记录或者报告、应急救援演习记录。

5) 安装、改造、重大维修监督检验报告，定期检验报告。

6) 设备运行故障与事故记录。

日常检查与使用状况记录、维保记录、年度自行检查记录或者报告、应急救援演习记录，定期检验报告，设备运行故障记录至少保存 2 年，其他资料应当长期保存。

使用单位变更时，应当随机移交安全技术档案。

(8) 在用电梯每年进行一次定期检验。使用单位应当按照安全技术规范的要求，在《安全检验合格》标志规定的检验有效期届满前 1 个月，向特种设备检验检测机构提出定期检验申请。未经定期检验或者检验不合格的电梯，不得继续使用。

(9) 电梯乘客应当遵守以下要求，正确使用电梯。

1) 遵守电梯安全注意事项和警示标志的要求。

2) 不乘坐明示处于非正常状态下的电梯。

3) 不采用非安全手段开启电梯层门。

4) 不拆除、破坏电梯的部件及其附属设施。

5) 不乘坐超过额定载重量的电梯，运送货物时不得超载。

6) 不做其他危及电梯安全运行或者危及他人安全乘坐的行为。

2. 日常维护保养

维保单位对其维保电梯的安全性能负责。对新承担维保的电梯是否符合安全技术规范要求应当进行确认，维保后的电梯应当符合相应的安全技术规范，并且处于正常的运行状态。

(1) 维保单位应当履行下列职责：

1）按照安全技术规范以及电梯产品安装使用维护说明书的要求，制订维保方案，确保其维保电梯的安全性能。

2）制定应急措施和救援预案，每半年至少针对本单位维保的不同类别（类型）电梯进行一次应急演练。

3）设立24小时维保值班电话，保证接到故障通知后及时予以排除，接到电梯困人故障报告后，维修人员及时抵达所维保电梯所在地实施现场救援，直辖市或者设区的市抵达时间不超过30min，其他地区一般不超过1h。

4）对电梯发生的故障等情况，及时进行详细的记录。

5）建立每部电梯的维保记录，并且归入电梯技术档案，档案至少保存4年。

6）协助使用单位制定电梯的安全管理制度和应急救援预案。

7）对承担维保的作业人员进行安全教育与培训，按照特种设备作业人员考核要求，组织取得具有电梯维修项目的《特种设备作业人员证》，培训和考核记录存档备查。

8）每年度至少进行1次自行检查，自行检查在特种设备检验检测机构进行定期检验之前进行，自行检查项目根据使用状况情况决定，但是不少于TSG T5001—2009年度维保和电梯定期检验规定的项目及其内容，并且向使用单位出具有自行检查和审核人员的签字、加盖维保单位公章或者其他专用章的自行检查记录或者报告。

9）安排维保人员配合特种设备检验检测机构进行电梯的定期检验。

10）在维保过程中，发现事故隐患及时告知电梯使用单位；发现严重事故隐患，及时向当地质量技术监督部门报告。

(2) 电梯的维保分为半月、季度、半年、年度维保。维保单位应当依据TSG T5001—2009的要求，按照安装使用维护说明书的规定，并且根据所保养电梯使用的特点，制订合理的维保计划与方案，对电梯进行清洁、润滑、检查、调整，更换不符合要求的易损件，使电梯达到安全要求，保证电梯能够正常运行。

现场维保时，如果发现电梯存在的问题需要通过增加维保项目（内容）予以解决的，应当相应增加并且及时调整维保计划与方案。

如果通过维保或者自行检查，发现电梯仅依靠合同规定的维保已经不能保证安全运行，需要改造、维修或者更换零部件、更新电梯时，应当向使用单位书面提出。

(3) 维保单位进行电梯维保，应当进行记录。记录至少包括以下内容：

1）电梯的基本情况和技术参数，包括整机制造、安装、改造、重大维修单位的名称，电梯品种（型式），产品编号，设备代码，电梯原型号或者改造后的型号，电梯基本技术参数。

2）使用单位、使用地点、使用单位的编号。

3）维保单位、维保日期、维保人员（签字）。

4）电梯维保的项目（内容），进行的维保工作，达到的要求，发生调整、更换易损件等工作时的详细记载。

维保记录应当经使用单位安全管理人员签字确认。

(4) 维保记录中的电梯基本技术参数主要包括以下内容：

1) 曳引或者强制式驱动乘客电梯、载货电梯（以下分别简称乘客电梯、载货电梯)，为驱动方式、额定载重量、额定速度、层站数。

2) 液压电梯，为额定载重量、额定速度、层站数、油缸数量、顶升型式。

3) 杂物电梯，为驱动方式、额定载重量、额定速度、层站数。

4) 自动扶梯和自动人行道，为倾斜角度、额定速度、提升高度、梯级宽度、主机功率、使用区段长度（自动人行道)。

(5) 维保单位的质量检验（查）人员或者管理人员应当对电梯的维保质量进行不定期检查，并且进行记录。

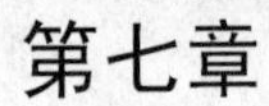

第七章 焊接与热处理

第一节 常用焊接材料及其管理

焊条由焊芯及药皮两部分构成。焊条是在金属焊芯外将涂料（药皮）均匀、向心地压涂在焊芯上。焊条种类不同，焊芯也不同。焊芯即焊条的金属芯，为了保证焊缝的质量与性能，对焊芯中各金属元素的含量都有严格的规定，特别是对有害杂质（如硫、磷等）的含量，应有严格的限制，优于母材。焊芯成分直接影响着焊缝金属的成分和性能，所以焊芯中的有害元素要尽量少。

焊接碳钢及低合金钢的焊芯，一般都选用低碳钢作为焊芯，并添加锰、硅、铬、镍等成分。采用低碳的原因，一方面是含碳量低时钢丝塑性好，焊丝拉拔比较容易，另一方面可降低还原性气体CO含量，减少飞溅或气孔，并可增高焊缝金属凝固时的温度，对仰焊有利。加入其他合金元素主要是为了保证焊缝的综合机械性能，同时对焊接工艺性能及去除杂质，也有一定作用。

高合金钢以及铝、铜、铸铁等其他金属材料，其焊芯成分除要求与被焊金属相近外，同样也要控制杂质的含量，并按工艺要求常加入某些特定的合金元素。

焊条就是涂有药皮的供焊条电弧焊使用的熔化电极，它是由药皮和焊芯两部分组成的。在焊条前端药皮有45°左右的倒角，这是为了便于引弧。在尾部有一段裸焊芯，约占焊条总长1/16，便于焊钳夹持并有利于导电。焊条的直径实际上是指焊芯直径通常为2mm、2.5mm、3.2mm或3mm、4mm、5mm或6mm等几种规格，最常用的是3.2mm、4mm、5mm三种，其长度L一般在200～550mm。

一、焊条

（一）焊条的分类

根据不同情况，电焊条有三种分类方法：按焊条用途分类、按药皮的主要化学成分分类、按药皮熔化后熔渣的特性分类。

按照焊条的用途，有两种表达形式，一为原机械工业部编制的，可以将电焊条分为：结构钢焊条、耐热钢焊条、不锈钢焊条、堆焊焊条、低温钢焊条、铸铁焊条、镍和镍合金焊条、铜及铜合金焊条、铝及铝合金焊条以及特殊用途焊条。二为国家标准规定的，可以将电焊条分为碳钢焊条、低合金焊条、不锈钢焊条、堆焊焊条、铸铁焊条、铜及铜合金焊条、铝及铝合金焊条。二者没有原则区别，前者用商业牌号表示，后者用型号表示。

如果按照焊条药皮的主要化学成分来分类，可以将电焊条分为：氧化钛型焊条、氧化钛钙型焊条、钛铁矿型焊条、氧化铁型焊条、纤维素型焊条、低氢型焊条、石墨型焊条及盐基型焊条。

如果按照焊条药皮熔化后，熔渣的特性来分类，可将电焊条分为酸性焊条和碱性焊条。酸性焊条药皮的主要成分为酸性氧化物，如二氧化硅、二氧化钛、三氧化二铁等。碱性焊条药皮的主要成分为碱性氧化物，如大理石、萤石等。

电焊条的分类方法很多，可分别按用途、熔渣的碱度、焊条药皮的主要成分、焊条性能特征等不同角度对电焊条进行分类。

（二）焊条的牌号及型号

1. 焊条的牌号

焊条的牌号是根据焊条的主要用途及性能特点来命名的，一般可分为 10 大类，各大类按主要性能不同再分成若干小类。焊条的牌号通常以一个汉语拼音字母（或汉字）与三位数字表示。拼音字母（或汉字）表示焊条各大类，后面三位数字中，前面两位表示各大类中若干小类，第三位数字表示各种焊条牌号的药皮类型及焊接电源。焊条牌号中的第三位数字含义见表 7－1。对于一些特殊性能焊条，也可在焊条牌号后面加注拼音字母，如 J507RH 焊条，“R”表示高韧性、“H”表示超低氢。

表 7－1　　焊条牌号中第三位数字的含义

焊条牌号	药皮类型	焊接电源种类
□××0	不属已规定的类型	不规定
□××1	钛型	直流或交流
□××2	钛钙型	直流或交流
□××3	钛铁矿型	直流或交流
□××4	氧化铁型	直流或交流
□××5	纤维素型	直流或交流
□××6	低氢钾型	直流或交流
□××7	低氢钠型	直流
□××8	石墨型	直流或交流
□××9	盐基型	直流

注　□表示焊条牌号中的拼音字母或汉字，××表示牌号中的前两位数字。

（1）结构钢焊条（包括低碳和低合金高强钢焊条）。牌号前加“J”或“结”表示结构钢焊条，牌号前两位数字表示熔敷金属抗拉强度等级，其系列见表 7－2。

表 7－2　　结构钢焊条按强度等级分类

牌号	焊缝金属抗拉强度等级	
	MPa	kgf/mm^2
结 42×	420	42
结 50×	490	50

续表

牌号	焊缝金属抗拉强度等级	
	MPa	kgf/mm²
结 55×	540	55
结 60×	590	60
结 70×	690	70
结 75×	740	75
结 80×	780	80
结 85×	830	85
结 90×	880	90
结 100×	980	100

牌号举例：

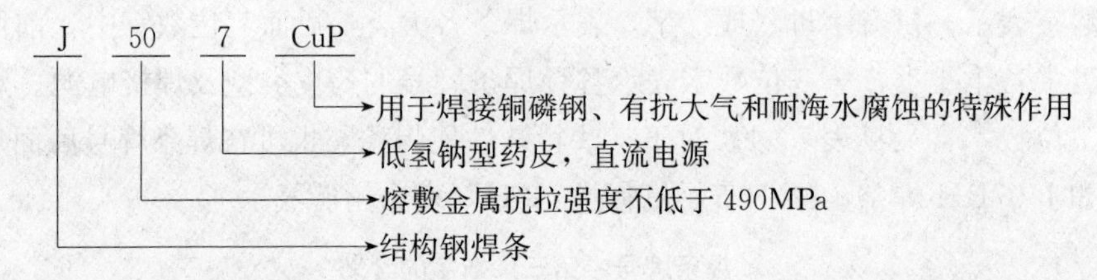

（2）钼和铬钼耐热钢焊条。牌号前加“R”或“热”表示钼和铬钼耐热钢焊条。牌号的第一位数字表示熔敷金属主要化学成分组成等级，见表 7－3。牌号的第二位数字表示同一熔溶金属主要化学成分组成等级中的不同牌号，对于同一等级的焊条，可有 10 个牌号，按 0、1、2、…、9 的顺序编排，以区分铬钼之外的其他成分。

表 7－3　　耐热钢焊条熔敷金属主要化学成分组成等级

焊条牌号	熔敷金属主要化学成分组成等级	焊条牌号	熔敷金属主要化学成分组成等级
R1××	含 Mo 约 0.5%	R5××	含 Cr 约 5%，含 Mo 约 0.5%
R2××	含 Cr 约 0.5%，含 Mo 约 0.5%	R6××	含 Cr 约 7%，含 Mo 约 1%
R3××	含 Cr 1%～2%，含 Mo 0.5%～1%	R7××	含 Cr 约 9%，含 Mo 约 1%
R4××	含 Cr 约 2.5%，含 Mo 约 1%	R8××	含 Cr 约 11%，含 Mo 约 0.5%

牌号举例

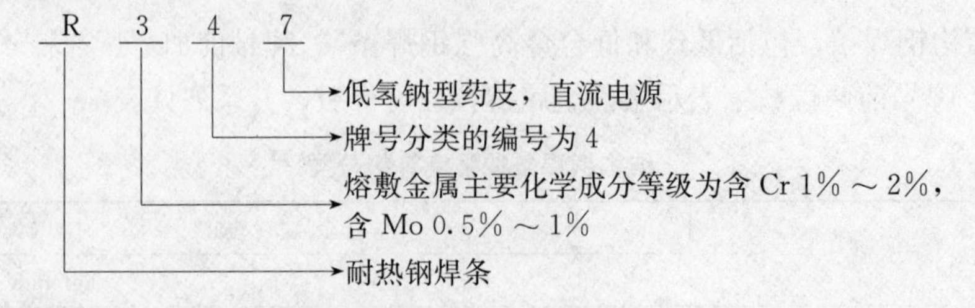

（3）不锈钢焊条。牌号前加“G”（或“铬”字）或“A”（或“奥”字），分别表示铬不锈钢焊条或奥氏体铬镍不锈钢焊条。牌号的第一位数字表示熔敷金属主要化学成分组成等级。牌号的第二位数字表示同一熔敷金属主要化学成分组成等级中的不同牌号，对于同一等级的焊条，可有十个牌号，按 0、1、2、…、9 的顺序编排，以区分镍铬之外的其他成分。对于化学成分的等级分类可查相关手册。

由于其他种类的焊条用得较少，在此就不介绍了。

2. 焊条的型号

焊条的型号以国家标准为依据，反映焊条主要特性的一种方法。型号应包括以下含义：焊条、焊条类别、焊条特点、药皮类型及焊接电源。

字母“E”表示焊条；前两位数字表示熔敷金属抗拉强度的最小值；第三位数字表示焊条的焊接位置，“0”及“1”表示焊条适用于全位置焊接（平、立、仰、横），“2”表示焊条适用于平焊及平角焊，“4”表示焊条适用于向下立焊；第三位和第四位数字组合时表示焊接电流种类及药皮类型。在第四位数字后附加“R”表示耐吸潮焊条，附加“M”表示耐吸潮和力学性能有特殊规定的焊条，附加“－1”表示冲击性能有特殊规定的焊条。

(1) 碳钢焊条的型号。根据 GB/T 5117—2012《非合金钢及细晶粒钢焊条》的规定，碳钢焊条的型号见表 7－4。

表 7－4　碳钢焊条型号

焊条型号	药皮类型	焊接位置	电流种类	焊条型号	药皮类型	焊接位置	电流种类
E43 系列熔敷金属抗拉强度 ≥420MPa（43kgf/mm²）				E43 系列熔敷金属抗拉强度 ≥420MPa（43kgf/mm²）			
E4300	特殊型	平、立、仰、横	交流或直流正、反接	E4320	氧化铁型	平	交流或直流正、反接
E4301	钛铁矿型	平、立、仰、横	交流或直流正、反接	E4320	氧化铁型	平角焊	交流或直流正接
E4303	钛钙型	平、立、仰、横	交流或直流正、反接	E4322	氧化铁型	平	交流或直流正接
E4310	高纤维素钠型	平、立、仰、横	直流反接	E4323	铁粉钛钙型	平、平角焊	交流或直流正、反接
E4311	高纤维素钾型	平、立、仰、横	交流或直流反接	E4324	铁粉钛型	平、平角焊	交流或直流正、反接
E4312	高钛钠型	平、立、仰、横	交流或直流正接	E4327	铁粉氧化铁型	平	交流或直流正、反接
E4313	高钛钾型	平、立、仰、横	交流或直流正、反接	E4327	铁粉氧化铁型	平角焊	交流或直流正接
E4315	低氢钠型	平、立、仰、横	直流反接	E4328	铁粉低氢型	平、平角焊	交流或直流反接
E4316	低氢钾型	平、立、仰、横	交流或直流反接				

续表

焊条型号	药皮类型	焊接位置	电流种类	焊条型号	药皮类型	焊接位置	电流种类
E50系列熔敷金属抗拉强度≥490MPa（50kgf/mm²）				E50系列熔敷金属抗拉强度≥490MPa（50kgf/mm²）			
E5001	钛铁矿型	平、立、仰、横	交流或直流正、反接	E5018	铁粉低氢钾型	平、立、仰、横	交流或直流反接
E5003	钛钙型	平、立、仰、横	交流或直流正、反接	E5018M	铁粉低氢型	平、立、仰、横	直流反接
E5010	高纤维素钠型	平、立、仰、横	直流反接	E25023	铁粉钛钙型	平、平角焊	交流或直流正、反接
E5011	高纤维素钾型	平、立、仰、横	交流或直流反接	E5024	铁粉钛型	平、平角焊	交流或直流正、反接
E5014	铁粉钛型	平、立、仰、横	交流或直流正、反接	E5027	铁粉氧化铁型	平、平角焊	交流或直流正接
E5015	低氢钠型	平、立、仰、横	直流反接	E5028	铁粉低氢型	平、平角焊	交流或直流反接
E5016	低氢钾型	平、立、仰、横	交流或直流反接	E5048	铁粉低氢型	平、仰、横、立向下	交流或直流反接

注 1. 焊接位置栏中文字含义：平—平焊、立—立焊、仰—仰焊、横—横焊、平角焊—水平角焊、立向下—向下立焊。

2. 焊接位置栏中立和仰是指适用于立焊和仰焊的直径不大于4.0mm，E5014、E××15、E××16、E5018和E5018M型，焊条及直径不大于5.0mm的其他型号焊条。

3. E4322型焊条适宜单道焊。

（2）热强钢焊条型号。根据GB 5118—2012《热强钢焊条》，型号示例：

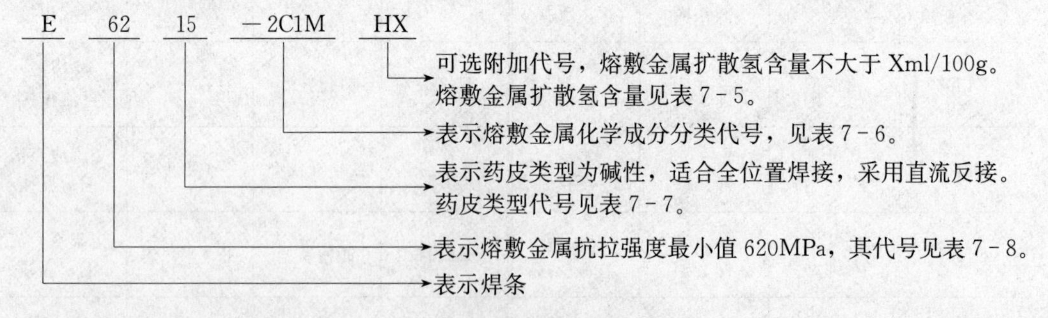

表7-5　　熔敷金属扩散氢含量

扩散氢代号	扩散氢含量（mL/100g）
H15	≤15
H10	≤10
H5	≤5

表 7-6　　熔敷金属化学成分分类代号

分类代号	主要化学成分的名义含量
-1M3	此类焊条中含有 Mo，Mo 是在非合金钢焊条基础上的唯一添加元素。数字 1 约等于名义上 Mo 含量两倍的整数，字母“M”表示 Mo 的名义含量，大约 0.5%
-×C×M×	对于含铬—钼的热强钢，标识“C”前的整数表示 Cr 的名义含量，“M”前的整数表示 Mo 的名义含量。对于 Cr 或者 Mo，如果名义含量少于 1%，则字母前不标记数字。如果在 Cr 和 Mo 之外还加入了 W、V、B、Nb 等合金成分，则按照此顺序，加于铬和钼标记之后，标识末尾的“L”表示含碳量较低。最后一个字母后的数字表示成分有所改变
-G	其他成分

表 7-7　　药皮类型代号

代号	药皮类型	焊接位置	电源类型
03	钛型	全位置**	交流和直流正、反接
10*	纤维素	全位置	直流反接
11*	纤维素	全位置	交流和直流反接
13	金红石	全位置**	交流和直流正、反接
15	碱性	全位置**	直流反接
16	碱性	全位置**	交流和直流反接
18	碱性+铁粉	全位置（PG 除外）	交流和直流反接
19*	钛铁矿	全位置**	交流和直流正、反接
20*	氧化铁	PA、PB	交流和直流正接
27*	氧化铁+铁粉	PA、PB	交流和直流正接
40	不做规定	由制造商确定	

*仅限于熔敷金属化学成分代号 1M3。
**焊接位置见 GB/T 16672，其中 PA=平焊，PB=平角焊，PG=向下立焊。

表 7-8　　熔敷金属抗拉强度代号

抗拉强度代号	最小抗拉强度值（MPa）
50	490
52	520
55	550
62	620

（3）不锈钢焊条型号。不锈钢焊条可分为铬不锈钢焊条和铬镍不锈钢焊条，根据 GB/T 983—2012《不锈钢焊条》字母“E”表示焊条，“E”后面的数字表示熔敷金属化学成分分类代号，如果有特别要求的化学成分，则用元素符号表示，放在数字后面。短线“-”后面的数字表示焊条药皮类型、焊接位置及焊接电流种类。例如，E410NiMo—26 焊条，“E”表示焊条，410 表示熔敷金属化学成分分类代号，NiMo 表示对熔敷金属中 Ni 和 Mo 的含量有特别要求，26 表示焊条药皮为碱性，适用于平焊和横焊，采用交流或直流反极性焊接。

主要不锈钢焊条型号见表7-9。

表7-9　　主要不锈钢焊条型号

国标型号	药皮类型	焊接电流	主要用途
E410-16	钛钙型	交直流	焊接0Cr13、1Cr13和耐磨、耐蚀的表面堆焊
E410-15	低氢型	直流	焊接0Cr13、1Cr13和耐磨、耐蚀的表面堆焊
E410-15	低氢型	直流	焊接0Cr13、1Cr13和耐磨、耐蚀的表面堆焊
E430-16	钛钙型	交直流	焊接Cr17不锈钢
E430-15	低氢型	直流	焊接Cr17不锈钢
E308L-16	钛钙型	交直流	焊接超低碳Cr19Ni11不锈钢或0Cr19Ni10不锈钢结构
E316L-16	钛钙型	交直流	焊接尿素及合成纤维设备
E317MoCuL-16	钛钙型	交直流	焊接合成纤维等设备，在稀、中浓度硫酸介质中工作的同类型超低碳不锈钢结构
E309MoL-16	钛钙型	交直流	焊接尿素合成塔中衬里板及堆焊和焊接同类型超低碳不锈钢结构
E309L-16	钛钙型	交直流	焊接合成纤维、石油化工设备用同类型的不锈钢结构、复合钢和异种钢结构
E308-16	钛钙型	交直流	焊接工作温度低于300℃的耐腐蚀的0Cr19Ni9、0Cr19Ni11Ti不锈钢结构
E308-15	低氢型	直流	焊接工作温度低于300℃的耐腐蚀的0Cr19Ni9、0Cr19Ni11Ti不锈钢结构
E347-16	钛钙型	交直流	焊接重要的含钛稳定的0Cr19Ni11Ti型不锈钢
E347-15	低氢型	直流	焊接重要的含钛稳定的0Cr19Ni11Ti型不锈钢
E316-16	钛钙型	交直流	焊接在有机和无机酸介质中工作的0Cr17Ni12Mo2不锈钢结构
E316-15	低氢型	直流	焊接在有机和无机酸介质中工作的0Cr17Ni12Mo2不锈钢结构（以下同上）
E318-16	钛钙型	交直流	焊接重要的0Cr17Ni12Mo2不锈钢设备，如尿素、合成纤维等设备
E317MuCu-16	钛钙型	交直流	焊接相同类型含铜不锈钢结构，如0Cr18Ni12Mo2Cu2
E318V-16	钛钙型	交直流	焊接一般耐热、耐蚀的0Cr19Ni9及0Cr17Ni12Mo2不锈钢结构
E318V-15	低氢型	直流	焊接一般耐热、耐蚀的0Cr19Ni9及0Cr17Ni12Mo2不锈钢结构
E317-16	钛钙型	交直流	焊接同类型的不锈钢结构
E309-16	钛钙型	交直流	焊接同类型的不锈钢、不锈钢衬里、异种钢（Cr19Ni9同低碳钢）及高铬钢、高锰钢等
E309-15	低氢型	直流	焊接同类型的不锈钢、异种钢、高铬钢、高锰钢等
E309Mo-16	钛钙型	交直流	用于焊接耐硫酸介质腐蚀的同类型不锈钢容器，也可作不锈钢衬里、复合钢板、异种钢的焊接

续表

国标型号	药皮类型	焊接电流	主要用途
E309Mo－15	低氢型	直流	用于耐硫酸介质腐蚀的同类型不锈钢、复合钢板、异种钢的焊接
E310－16	钛钙型	交直流	用于在高温条件下工作的同类型耐热不锈钢焊接，也可用于硬化性大的铬钢以及异种钢的焊接
E310－15	低氢型	直流	用于同类型耐热不锈钢、不锈钢衬里，也可用于硬化性大的铬钢以及异种钢的焊接
E310Mo－16	钛钙型	交直流	用于焊接在高温条件下工作的耐热不锈钢、不锈钢衬里，异种钢，在焊接淬硬性高的碳钢、低合金钢时韧性极好
E310H－16	钛钙型	交直流	专用于焊接 HK40 耐热钢
E16－25MoN－16	钛钙型	交直流	用于焊接淬火状态下的低合金和中合金钢异种钢及刚性较大的结构以及相应的热强钢等，如淬火状态下的 30 铬锰硅和不锈钢、碳钢、铬钢以及异种钢的焊接
E16－25MoN－15	低氢型	直流	主要用于铬锰硅以及不锈钢、碳钢的焊接
E16－8－2－16	钛钙型	交直流	主要用于高温高压不锈钢管路的焊接
E330MoMnWNb－15	低氢型	直流	用于在 850～900℃高温条件下工作的同类型不锈钢材料的焊接以及制氢转化炉中集合管和膨胀管（如 Cr20Ni32 和 Cr20Ni37 材料）的焊接

（三）焊条构造、药皮的组成及其功能

1. 焊条的构造

焊条由焊芯和药皮两部分组成。

（1）焊芯。焊条中被药皮包覆的金属芯称为焊芯。焊芯一般是一根具有一定长度及直径的钢丝。焊接时，焊芯有两个作用：一是传导焊接电流，产生电弧把电能转换成热能，二是焊芯本身熔化作为填充金属与液体母材金属熔合形成焊缝。

焊条焊接时，焊芯金属占整个焊缝金属的一部分。所以焊芯的化学成分，直接影响焊缝的质量。因此，作为焊条芯用的钢丝都单独规定了它的牌号与成分。焊芯中各合金元素对焊接的影响如下。

1）碳（C）。碳是钢中的主要合金元素，当含碳量增加时，钢的强度、硬度明显提高，而塑性降低。在焊接过程中，碳起到一定的脱氧作用，在电弧高温作用下与氧发生化合作用，生成一氧化碳和二氧化碳气体，将电弧区和熔池周围空气排除，防止空气中的氧、氮有害气体对熔池产生的不良影响，减少焊缝金属中氧和氮的含量。若含碳量过高，还原作用剧烈，会引起较大的飞溅和气孔。考虑到碳对钢的淬硬性及其对裂纹敏感性增加的影响，低碳钢焊芯的含碳量一般为 0.1%。

2）锰（Mn）。锰在钢中是一种较好的合金剂，随着锰含量的增加，其强度和韧性会有所提高。在焊接过程中，锰也是一种较好的脱氧剂，能减少焊缝中氧的含量。锰与硫化合形成硫化锰浮于熔渣中，从而减少焊缝热裂纹倾向。因此一般碳素结构钢焊芯的

含锰量为0.30%～0.55%，焊接某些特殊用途的钢丝，其含锰量高达1.70%～2.10%。

3）硅（Si）。硅也是一种较好的合金剂，在钢中加入适量的硅能提高钢的屈服强度、弹性及抗酸性能；若含量过高，则降低塑性和韧性。在焊接过程中，硅也具有较好的脱氧能力，与氧形成二氧化硅，但它会提高渣的黏度，易促进非金属夹杂物生成。

4）铬（Cr）。铬能够提高钢的硬度、耐磨性和耐腐蚀性。对于低碳钢来说，铬便是一种偶然的杂质。铬的主要冶金特征是易于急剧氧化，形成难熔的氧化物三氧化二铬（Cr_2O_3），从而增加了焊缝金属夹杂物的可能性。三氧化二铬过渡到熔渣后，能使熔渣黏度提高，流动性降低。

5）镍（Ni）。镍对钢的韧性有比较显著的效果，一般低温冲击值要求较高时，适当掺入一些镍。

6）硫（S）。硫是一种有害杂质，随着硫含量的增加，将增大焊缝的热裂纹倾向，因此焊芯中硫的含量不得大于0.04%。在焊接重要结构时，硫含量不得大于0.03%。

7）磷（P）。磷是一种有害杂质，磷的主要危害是使焊缝产生冷脆现象，随着磷含量的增加，将造成焊缝金属的韧性，特别是低温冲击韧性下降，因此焊芯中磷含量不得大于0.04%。在焊接重要结构时，磷含量不得大于0.03%。

（2）焊条药皮。焊条药皮是指涂在焊芯表面的涂料层。药皮在焊接过程中分解熔化后形成气体和熔渣，起到机械保护、冶金处理、改善工艺性能的作用。药皮的组成物有：矿物类（如大理石、氟石等）、铁合金和金属粉类（如锰铁、钛铁等）、有机物类（如木粉、淀粉等）、化工产品类（如钛白粉、水玻璃等）。焊条药皮是决定焊缝质量的重要因素，在焊接过程中有以下几方面的作用。

1）提高电弧燃烧的稳定性。无药皮的光焊条不容易引燃电弧。即使引燃了也不能稳定地燃烧。在焊条药皮中，一般含有钾、钠、钙等电离电位低的物质，这可以提高电弧的稳定性，保证焊接过程持续进行。

2）保护焊接熔池。焊接过程中，空气中的氧、氮及水蒸气浸入焊缝，会给焊缝带来不利的影响。不仅形成气孔，而且还会降低焊缝的机械性能，甚至导致裂纹。而焊条药皮熔化后，产生的大量气体笼罩着电弧和熔池，会减少熔化的金属和空气的相互作用。焊缝冷却时，熔化后的药皮形成一层熔渣，覆盖在焊缝表面，保护焊缝金属并使之缓慢冷却、减少产生气孔的可能性。

3）保证焊缝脱氧、去硫磷杂质。焊接过程中虽然进行了保护，但仍难免有少量氧进入熔池，使金属及合金元素氧化，烧损合金元素，降低焊缝质量。因此，需要在焊条药皮中加入还原剂（如锰、硅、钛、铝等），使已进入熔池的氧化物还原。

4）为焊缝补充合金元素。由于电弧的高温作用，焊缝金属的合金元素会被蒸发烧损，使焊缝的机械性能降低。因此，必须通过药皮向焊缝加入适当的合金元素，以弥补合金元素的烧损，保证或提高焊缝的机械性能。对有些合金钢的焊接，也需要通过药皮向焊缝渗入合金，使焊缝金属能与母材金属成分相接近，机械性能赶上甚至超过基本金属。

5）提高焊接生产率，减少飞溅。焊条药皮具有使熔滴增加而减少飞溅的作用。焊条药皮的熔点稍低于焊芯的焊点，但因焊芯处于电弧的中心区，温度较高，所以焊芯先熔化，药皮稍迟一点熔化。这样，在焊条端头形成一短段药皮套管，加上电弧吹力的作用，使熔滴径直射到熔池上，使之有利于仰焊和立焊。另外，在焊芯涂了药皮后，电弧热量更集中。同时，由于减少了由飞溅引起的金属损失，提高了熔敷系数，也就提高了焊接生产率。另外，焊接过程中发尘量也会减少。

(3) 药皮的类型及特点。

1) 不属已规定的类型。电源种类：不规定。主要特点：在某些焊条中采用氧化锆、金红石碱性型等，这些新渣系目前尚未形成系列。

2) 氧化钛型。电源种类：直流或交流。主要特点：含多量氧化钛，焊条工艺性能良好，电弧稳定，再引弧方便，飞溅很小，熔深较浅，熔渣覆盖性良好，脱渣容易，焊缝波纹特别美观，可全位置焊接，尤宜于薄板焊接，但焊缝塑性和抗裂性稍差。随药皮中钾、钠及铁粉等用量的变化，分为高钛钾型、高钛钠型及铁粉钛型等。

3) 钛钙型。电源种类：直流或交流。主要特点：药皮中含氧化钛30%以上，钙、镁的碳酸盐20%以下，焊条工艺性能良好，熔渣流动性好，熔深一般，电弧稳定，焊缝美观，脱渣方便，适用于全位置焊接，如J422即属此类型，是目前碳钢焊条中使用最广泛的一种焊条。

4) 钛铁矿型。电源种类：直流或交流。主要特点：药皮中含钛铁矿30%以上，焊条熔化速度快，熔渣流动性好，熔深较深，脱渣容易，焊波整齐，电弧稳定，平焊、平角焊工艺性能较好，立焊稍次，焊缝有较好的抗裂性。

5) 氧化铁型。电源种类：直流或交流。主要特点：药皮中含多量氧化铁和较多的锰铁脱氧剂，熔深大，熔化速度快，焊接生产率较高，电弧稳定，再引弧方便，立焊、仰焊较困难，飞溅稍大，焊缝抗热裂性能较好，适用于中厚板焊接。由于电弧吹力大，适于野外操作。若药皮中加入一定量的铁粉，则为铁粉氧化钛型。

6) 纤维素型。电源种类：直流或交流。主要特点：药皮中含15%以上的有机物，30%左右的氧化钛，焊接工艺性能良好，电弧稳定，电弧吹力大，熔深大，熔渣少，脱渣容易。可作立向下焊、深熔焊或单面焊双面成形焊接。立、仰焊工艺性好。适用于薄板结构、油箱管道、车辆壳体等焊接。随药皮中稳弧剂、黏结剂含量变化，分为高纤维素钠型（采用直流反接）和高纤维素钾型两类。

7) 低氢钾型（低氢钠型）。电源种类：直流或交流（直流）。主要特点：药皮成分以碳酸盐和萤石为主。焊条使用前须经300～400℃烘焙。短弧操作，焊接工艺性一般，可全位置焊接。焊缝有良好的抗裂性和综合力学性能。适于焊接重要的焊接结构。按照药皮中稳弧剂量、铁粉量和黏结剂不同，分为低氢钠型、低氢钾型和铁粉低氢型等。

8) 石墨型。电源种类：直流或交流。主要特点：药皮中含有多量石墨，通常用于铸铁或堆焊焊条。采用低碳钢焊芯时，焊接工艺性能较差，飞溅较多，烟雾较大，熔渣少，适于平焊。采用有色金属焊芯时，能改善其工艺性能，但电流不易过大。

9) 盐基型。电源种类：直流。主要特点：药皮中含多量氯化物和氟化物，主要用于铝及铝合金焊条。吸潮性强，焊前要烘干。药皮熔点低，熔化速度快。采用直流电源，焊接工艺性较差，短弧操作，熔渣有腐蚀性，焊后需用热水清洗。此外，对于药皮中含有多量铁粉的焊条，可以称为铁粉焊条。这时，按照相应焊条药皮的主要成分，又可分为铁粉钛型、铁粉钛钙型、铁粉钛铁矿型、铁粉氧化铁型、铁粉低氢型等，构成了铁粉焊条系列。

(4) 酸性焊条与碱性焊条。

1) 酸性焊条。药皮中含有大量的 TiO_2、SiO_2 等酸性造渣物及一定数量的碳酸盐等，熔渣氧化性强，熔渣碱度系数小于1。酸性焊条焊接工艺性好，电弧稳定，可交、直流两用，飞溅小、熔渣流动性和脱渣性好，熔渣多呈玻璃状，较疏松、脱渣性能好，焊缝外表美观。酸性焊条的药皮中含有较多的二氧化硅、氧化铁及氧化钛，氧化性较强，焊缝金属中的氧含量较高，合金元素烧损较多，合金过渡系数较小，熔敷金属中含氢量也较高，因而焊缝金属塑性和韧性较低。

2) 碱性（低氢型）焊条。药皮中含有大量的碱性造渣物（大理石、萤石等），并含有一定数量的脱氧剂和渗合金剂。碱性焊条主要靠碳酸盐（如 $CaCO_3$ 等）分解出 CO_2 作保护气体，弧柱气氛中的氢分压较低，而且萤石中的氟化钙在高温时与氢结合成氟化氢（HF），降低了焊缝中的含氢量，故碱性焊条又称为低氢型焊条。碱性渣中 CaO 数量多，熔渣脱硫的能力强，熔敷金属的抗热裂纹的能力较强。而且，碱性焊条由于焊缝金属中氧和氢含量低，非金属夹杂物较少，具有较高的塑性和冲击韧性。碱性焊条由于药皮中含有较多的萤石，电弧稳定性差，一般多采用直流反接，只有当药皮中含有较多量的稳弧剂时，才可以交、直流两用。碱性焊条一般用于较重要的焊接结构，如承受动载荷或刚性较大的结构。

(5) 异种钢焊接时焊条选用要点。

1) 强度级别不同的碳钢＋低合金钢（或低合金钢＋低合金高强度钢）。一般要求焊缝金属或接头的强度不低于两种被焊金属的最低强度，选用的焊条熔敷金属的强度应能保证焊缝及接头的强度不低于强度较低侧母材的强度，同时焊缝金属的塑性和冲击韧性应不低于强度较高而塑性较差侧母材的性能。因此，可按两者之中强度级别较低的钢材选用焊条。但是，为了防止焊接裂纹，应按强度级别较高、焊接性较差的钢种确定焊接工艺，包括焊接规范、预热温度及焊后热处理等。

2) 低合金钢＋奥氏体不锈钢。应按照对熔敷金属化学成分限定的数值来选用焊条，一般选用铬和镍含量较高的、塑性和抗裂性较好的 Cr25－Ni13 型奥氏体钢焊条，以避免因产生脆性淬硬组织而导致的裂纹。但应按焊接性较差的不锈钢确定焊接工艺及规范。

3) 不锈复合钢板。应考虑对基层、复层、过渡层的焊接要求选用三种不同性能的焊条。对基层（碳钢或低合金钢）的焊接，选用相应强度等级的结构钢焊条；复层直接与腐蚀介质接触，应选用相应成分的奥氏体不锈钢焊条。关键是过渡层（复层与基层交界面）的焊接，必须考虑基体材料的稀释作用，应选用铬和镍含量较高、塑性和抗裂性好的 Cr25－Ni13 型奥氏体钢焊条。

二、焊丝

焊丝是作为填充金属或同时作为导电用的金属丝焊接材料。在气焊和钨极气体保护电弧焊时，焊丝用作填充金属；在埋弧焊、电渣焊和其他熔化极气体保护电弧焊时，焊丝既是填充金属，同时也是导电电极。焊丝的表面不涂防氧化作用的焊剂。由于焊丝的种类较多，本节仅简单介绍埋弧焊焊丝和钨极氩弧焊焊丝。

1. 埋弧焊用的焊丝

埋弧焊焊接时，焊丝的成分和性能主要是由焊丝和焊剂共同决定的。焊丝牌号的第一个字母是“H”表示焊接用的实芯焊丝，H后面的一位或二位数字为含碳量，接下来的化学符号及其后面的数字表示该元素大致含量的百分值。在结构钢牌号尾部有“A”时，表示高级优质钢焊丝。

低碳钢和低合金高强度钢、耐热钢、低温钢和不锈钢常用焊丝见表7－10。

表7－10　　不同钢种常用的焊丝与焊剂

钢种类型	钢号	焊丝	焊剂
低碳钢	A3，A3F，A3g 15，20，20A，25 15g，20g，25g	H08A H08A，H10MnA，H10Mn2 H08MnA，H08MnSi，H10Mn2	焊剂430 焊剂431 焊剂430 焊剂431 焊剂330
低合金高强度钢	16Mn，16MnR 15MnV，15MnVR 18MnMoNbg，14MnMoVg	H08A，H08MnA，H10Mn2 H08MnA，H10MnSi，H08Mn2Si，H08MnMo H08Mn2Mo，H08Mn2MoV，H08MnNiMo	焊剂430 焊剂431 焊剂250 焊剂350
耐热钢	12CrMo，15CrMo 12Cr1MoV Cr5Mo	H12CrMo H08CrMoV HCr5Mo	焊剂260
低温钢	09Mn2V，09MnTiCuRe	H08Mn2Mo，H08Mn2MoVA	焊剂250
不锈钢	0Cr13，1Cr13 Cr17 00Cr18Ni10 0Cr18Ni9，0CrNi9Ti 1Cr18Ni9，1Cr18Ni9Ti 0Cr18Ni12Mo2Ti，Cr18Ni12Mo2Ti	HCr14 H0Cr18Mo2 H00Cr22Ni10 H0Cr18Ni9Ti H1Cr18Ni9Ti H0Cr19Ni10Mo3Ti	焊剂260

2. 钨极氩弧焊焊丝

钨极氩弧焊时，由于保护气体为纯氩，无氧化性，焊丝熔化后其成分基本不变化，所以焊丝的成分即为焊缝的成分。氩弧焊用的钢焊丝应尽量选用专用焊丝，以减少主要化学成分的变化，保证焊缝具有一定的力学性能和熔池液态金属的流动性，以获得良好的焊缝成形，避免裂纹等缺陷的产生。

我国电力行业研制成功的氩弧焊丝目前有5种，见表7－11，按其化学成分的不同可用于低碳钢、普通低合金钢、低合金耐热钢的氩弧焊。

表 7-11　　　氩弧焊用钢焊丝的化学成分　　　（%）

序号	焊丝编号	碳 (C)	锰 (Mn)	硅 (Si)	铬 (Cr)	钼 (Mo)	钒 (V)	镍 (Ni)	钛 (Ti)	稀土 (Re)	铌 (Nb)	铝 (Al)	锆 (Zr)	硫 (S)	磷 (P)
1	TIG-J50 (H05MnSiTiRe)	≤0.06	1.2～1.4	0.65～0.85	—	—	—	—	0.03～0.06	0.05	—	0.07	0.04～0.1	≤0.015	≤0.015
2	TIG-R10 (H05MoTiRe)	≤0.06	0.9～1.1	0.45～0.96	—	0.45～0.6	—	—	0.03～0.06	0.05	—	—	—	≤0.015	≤0.015
3	TIG-R30 (H05CrMoTiRe)	≤0.06	0.8～1.0	0.35～0.55	1.0～1.2	0.45～0.6	—	—	0.03～0.06	0.05	—	—	—	≤0.015	≤0.015
4	TIG-R31 (H05CrMoVTiRe)	≤0.06	0.0～1.0	1.0～1.2	1.0～1.2	0.45～0.6	0.2～0.35	—	0.03～0.06	0.05	—	—	—	≤0.015	≤0.015
5	TIG-R40 (H05CrMo1TiRe)	≤0.06	0.8～1.0	0.35～0.55	2.2～2.5	0.95～1.15	—	≤0.6	0.03～0.06	0.05	—	—	—	≤0.015	≤0.015
6	H1Cr13	≤0.15	0.3～0.6	0.3～0.6	12～14	—	—	≤0.6	—	—	—	—	—	<0.03	<0.03
7	H2Cr13		0.3～0.6	0.5～1.0	12～14	—	—	—	—	—	—	—	—	<0.03	<0.03
8	H1Cr18Ni9	≤0.14	1.0～2.0	0.5～1.0	18～20	—	—	8～10	—	—	—	—	—	<0.02	<0.02
9	H0Cr19Ni9Si2	≤0.06	1.0～2.0	2.0～2.75	18～20	—	—	8～10	—	—	—	—	—	<0.02	<0.02
10	H1Cr19Ni9Ti	≤0.1	1.0～2.0	0.3～0.7	18～20	—	—	9～11	0.5～0.8	—	—	—	—	<0.02	<0.02
11	H1Cr19Ni9Nb	≤0.09	1.0～2.0	0.3～0.8	18～20	—	—	9～11	—	—	1.2～1.5	—	—	<0.02	<0.02
12	HCr18Ni12Mo2	≤0.06	1.0～2.0	0.3～0.7	18～20	2～3	—	10～13	—	—	—	—	—	<0.02	<0.02
13	HCr25Ni13	≤0.12	1.0～2.0	0.3～0.7	23～26	—	—	12～14	—	—	—	—	—	<0.02	<0.02
14	HCr25Ni20	≤0.15	1.0～2.0	0.2～0.5	24～27	—	—	17～21	—	—	—	—	—	<0.02	<0.02

由于各种不锈钢的焊接用的氩弧焊丝目前尚未产生，故暂以气体不锈钢焊丝代替，但其化学成分含量应选择比母材稍高一些为宜。

钨极氩弧焊丝的牌号用“TIG”表示，中间的符号和尾部的数字都借用电焊条的牌号编制法编制，只不过没有电焊条最后一个表示药皮成分类别和使用电源的数字，如TIG-R31。“TIG”表示钨极氩弧焊用的焊丝，“R”表示用来焊接珠光体耐热钢的焊丝，“31”表示化学成分等级。

三、焊剂

焊剂是焊接时，能够熔化形成熔渣和（或）气体，对熔化金属起保护和冶金物理化学作用的一种物质。

焊剂是颗粒状焊接材料。在焊接时它能够熔化形成熔渣和气体，对熔池起保护和冶金作用。用于埋弧焊的埋弧焊剂。

焊剂有如下功能：①去除焊接面的氧化物，降低焊料熔点和表面张力，尽快达到钎焊温度。②保护焊缝金属在液态时不受周围大气中有害气体影响。③使液态钎料有合适流动速度以填满钎缝。

焊剂由大理石、石英、萤石等矿石和钛白粉、纤维素等化学物质组成。焊剂主要用于埋弧焊和电渣焊。用以焊接各种钢材和有色金属时，必须与相应的焊丝合理配合使用，才能得到满意的焊缝。

1. 焊剂的分类

(1) 按焊剂的制造方法可分为熔炼焊剂、烧结焊剂和黏结焊剂三大类。

1) 熔炼焊剂。将一定比例的各种配料放在炉中熔炼，经过水冷粒化、烘干、筛选而制成的一种焊剂称为熔炼焊剂。熔炼焊剂的主要优点是化学成分均匀，可以获得性能均匀的焊缝。但由于焊剂在制造过程中有高温焙炼过程，合金元素要被氧化，所以焊剂中不能添加铁合金，只能依靠某些金属氧化物，通过置换反应过渡数量有限的合金元素。

2) 烧结焊剂。将一定比例的各种粉状配料加入适量黏结剂，混合搅拌后经高温（400～1000℃）烧结成块，然后粉碎、筛选而制成的一种焊剂称为烧结焊剂。

3) 黏结焊剂。将一定比例的各种粉状配料加入适量黏结剂，经混合搅拌、粒化和低温（400℃以下）烘干而制成的一种焊剂称为黏结焊剂，旧称为陶质焊剂。

烧结焊剂和黏结焊剂都属于非熔炼焊剂，由于没有熔炼过程，所以化学成分不均匀，因而造成焊缝性能不均匀，但若在焊剂中添加铁合金，便可增大焊缝金属的合金化。目前生产中广为使用的是熔炼焊剂。

(2) 焊剂按化学成分分类。

1) 按焊剂的碱度分类。碱度是焊剂中碱性氧化物总和与酸性氧化物总和之比。

按碱度值可将焊剂分为碱性焊剂、酸性焊剂和中性焊剂三大类，见表7-12。

表 7-12　　按焊剂的碱度值分类

碱度值	>1.5	<1.0	1.0～1.5
分类	碱性	酸性	中性

2）按焊剂的主要成分的质量分数（含量）分类。焊剂中的主要成分是 SiO_2、MnO 和 CaF_2，按其各自的含量，可将焊剂分成高、中、低、无等几大类型，见表 7-13。

表 7-13　　按焊剂的主要成分的质量分数（含量）分类

按 SiO_2的含量		按 MnO 的含量		按 CaF_2的含量	
焊剂类型	质量分数（%）	焊剂类型	质量分数（%）	焊剂类型	质量分数（%）
高硅	>30	高锰	>30	高氟	>30
中硅	10～30	中锰	15～30	中氟	10～30
低硅	<10	低锰	2～15	低氟	<10
		无锰	<2		

3）按焊剂的化学性质分类：①氧化性焊剂含大量 SiO_2、MnO 或 FeO；②弱氧化性焊剂含 SiO_2、MnO、FeO 较少；③惰性焊剂含 Al_2O_3、CaO、MgO、CaF_2等，基本上不含 SiO_2、MnO、FeO 等。

2. 焊剂的牌号

（1）熔炼焊剂牌号的编制方法。熔炼焊剂由字母 HJ 表示，后加三位数字组成。

1）第一位数字表示焊剂中 MnO 的含量 T，其系列编排见表 7-14。

表 7-14　　焊剂牌号、类型和氧化锰含量

焊剂牌号	焊剂类型	MnO 的质量分数（%）
HJ1××	无锰	<2
HJ2××	低锰	2～15
HJ3××	中锰	15～30
HJ4××	高锰	>30

2）第二位数字表示焊剂中 SiO_2、CaF_2 的含量。

3）第三位数字表示同一类型焊剂的不同牌号，按 0、1、2、…顺序排列。

4）对同一牌号焊剂生产两种颗粒度时，在细颗粒（焊剂粒度为 0.45～2.5）焊剂牌号后面加“X”字。

（2）烧结焊剂牌号的编制方法。烧结焊剂由字母 SJ 表示，后加二位数字组成。

1）第一位数字表示焊剂熔渣的渣系，见表 7-15。

表 7-15　　焊剂牌号、类型和主要组分

焊剂牌号	熔渣渣系类型	主要组分范围（质量分数）（%）
SJ1××	氟钙型	$CaF_2>15$；$CaO+MgO+MnO+CaF_2>50$；$SiO_2\leqslant20$
SJ2××	高铝型	$Al_2O_3\geqslant20$；$Al_2O_3+CaO+MgO>45$

续表

焊剂牌号	熔渣渣系类型	主要组分范围（质量分数）（%）
SJ3××	硅钙型	$CaO+MgO+SiO_2>60$
SJ4××	硅锰型	$MnO+SiO_2>50$
SJ5××	铝钛型	$Al_2O_3+TiO_2>45$
SJ6××	其他型	

2）第二位、第三位数字表示同一渣系类型中的不同牌号的焊剂，按 01、02、…顺序排列。

第二节　焊接工艺评定

焊接工艺评定（Welding Procedure Qualification，WPQ）为验证所拟定的焊件焊接工艺的正确性而进行的试验过程及结果评价。焊接工艺是保证焊接质量的重要措施，它能确认为各种焊接接头编制的焊接工艺指导书的正确性和合理性。通过焊接工艺评定，检验按拟定的焊接工艺指导书焊制的焊接接头的使用性能是否符合设计要求，并为正式制定焊接工艺指导书或焊接工艺卡提供可靠的依据。

一、焊剂工艺评定的主要目的

（1）评定施焊单位是否有能力焊出符合相关国家或行业标准、技术规范所要求的焊接接头。

（2）验证施焊单位所拟定的焊接工艺规程（WPS 或 pWPS）是否正确。

（3）为制定正式的焊接工艺指导书或焊接工艺卡提供可靠的技术依据。

二、焊接工艺评定的基本原则

（1）进行焊接工艺评定应遵循 DL/T 868—2014《焊接工艺评定规程》的有关技术要求。

（2）焊接工艺评定是按照所拟订的焊接工艺方案，根据标准规定的焊接试件来检验试样，测定焊接接头是否具有所要求的性能。根据工艺评定结果提出焊接工艺评定报告。

（3）焊接工艺评定因素分为重要参数和附加参数与次要参数。重要参数是指影响焊接力学性能（除冲击韧性外）的焊接条件，当规定进行冲击试验时，则增添附加参数，次要参数是指不影响焊接接头力学性能的焊接条件。

（4）当进行焊接工艺评定时，所用的设备应处于正常的工作状态，钢材、焊接材料必须符合相应的规定，焊工技术要熟练。

三、焊接工艺评定的基本要点

一项完整的焊接工艺评定是通过焊接工艺评定方案和工艺评定报告共同表达的，二者缺一不可。焊接工艺评定方案是工艺评定的指导性文件，而焊接工艺评定报告则是其评定的结果。焊接工艺评定方案对所要评定的各个参数给出一个范围，而焊接工艺评定报告则必须写出评定中所采用的参数的真实数据。

四、焊接工艺评定的内容

在电力建设工程和检修单位，如果合同中规定由设备制造厂提供焊接工艺评定文件和焊接工艺，一般不需要再重复进行评定工作，除非钢种、壁厚、接头型式临时改变。如果合同中没有规定或者制造厂家没有提供焊接工艺评定文件和焊接工艺，则应按照DL/T 868的规定进行焊接工艺评定工作，并根据焊接工艺评定结果制定相应的焊接工艺评定报告。

火力发电机组安装、检修工作中常用的焊接方法的重要参数、附加重要参数见表7-16。

表7-16　火力发电机组常用的焊接方法的重要参数和附加重要参数

参数类别	摘要	焊条电弧焊	钨极氩弧焊
重要参数	钢种	△	△
	母材厚度和焊缝金属厚度	△	△
	管径	△	△
	焊接位置	△	△
	电焊条	△	—
	氩弧焊丝	—	△
	保护气体	—	△
	保护气体流量	—	△
	背面保护气体	—	△
	填充金属	△	—
	预热	△	△
	焊后热处理	△	△
	焊后热处理条件	△	△
	焊后热处理的保温时间	△	△
附加重要参数	母材厚度	△	△
	加热温度与保温时间	△	△
	层间温度	△	△
	碱性焊条或酸性焊条	△	—
	焊接电源的种类与极性	△	△
	焊接线能量	△	△
	摆动幅度与频率	△	△
	每面多道焊或单道焊	△	△

注　△代表重要参数。

对于已经进行过焊接工艺评定的焊接工艺，如果需要改变其中的任何一个重要参数或超出规定的适用范围时，均应重新进行焊接工艺评定。

根据钢材的分类（见表7-17），同类别号中，级别号高的钢材焊接工艺评定可以适用于级别号低的钢材。同类别中同级别钢材的焊接工艺评定可以互相代替。

表 7-17　　常用国内外钢材类级别分类

种类	类别	级别	钢号				
			国内	美国 ASTM	日本 JIS	德国 DIN	前苏联
低碳钢	Ⅰ	1	A3、A3F、A3R、10、20、20R、20g、22g、ZG25	SA-36/SA53B、SA106A、SA106B、SA283B、SA283C、SA285A、SA285B、SA515-60、SA515-65	SS41、SB35、SB42、SGB、SB46、STB35、STB42、STPG38、STPG42、STPY41	St35.8、St38.5、St41、St45.8	10、20、15K、20K、22K
		2		SA106C、SA181-70	STPT49、SB49		
普低钢	ⅡA	1	09Mn2V、12Mng、16Mn、16MnR、16Mng			17Mn4、19Mn5、BHW35	10r2、20r2
		2	15MnV、15MnVg、15MnVR、20MnMo				
	ⅡB	1	15MnVNb、15MnMoV				
		2	20MnMoNb、14 MnMoVg、18 MnMoNbg、18 MnMoNbR				
低合金耐热钢	Ⅲ	1		SA204A、SA209T1	SB46M、STBA12	15Mo3、16Mo5	16M
				SA335-P1、SA369-FP1、SA387-2	STBA13、STPA12、STBA20、STPA20、SCMV2、SCMV3		
		2	12CrMo、15CrMo、ZG20CrMo	SA213-T11、SA335-P11、SA335-P12、SA369-FP11、SA369-P12、SA387-11	STBA22、STBA23 STPA22、STPA23	13CrMo44、14MoV63 16CrMo44、20CrMo5	12XM、15XM、20XM 20XMA、20XMЛ
		3	12CrMoV、12Cr1MoV、ZG15Cr1Mo1V、ZG20CrMoV			13GrMoV42、22CrMo44	12X1MΦ、15X1M1Φ 15X1M1ΦЛ、20XMΦЛ

续表

种类	类别	级别	钢号				
			国内	美国 ASTM	日本 JIS	德国 DIN	前苏联
低合金耐热钢	Ⅳ	1	12Gr2MoWVB	SA235 - P22、SA369 - FP22、SA387 - 22	STBA24、STPA24、SCMV4	10CrMo910	
		2	12Gr3MoVSiTiB				
马氏体热强钢	Ⅴ		Cr5Mo、1Cr5Mo	SA335 - P5、SA335 - P9、SA335 - T/P91、SA369 - FP5、SA369 - FP9、SA387 - 5	STBA25、STBA26、STPA25、STPA26、SCMV6	X12CrMo91、X20CrMov121、X20CrMoWV121	15X5M
马氏体不锈钢	Ⅵ		1Cr13				
铁素体不锈钢	Ⅶ		0Cr13 1Cr17				
奥氏体不锈钢	Ⅷ	1	OCr18Ni9、1Cr18Ni9、OCr18Ni9Ti、1Cr18Ni9Ti	SA312 - TP304、SA312 - TP316、SA312 - TP321、SA376 - TP316、SA376 - TP321、SA376 - TP347	SUS304TP、SUS309STP、SUS321TP、SUS316HTP、SUS321TP、SUS347TP	X12CrNi188、X10CrNiTi18.9	X18H12T、1X18H9T
		2	1Cr23Ni18	SA240 - 309S、SA240 - 310S、SA312 - TP309、SA312 - TP310	SUS310S、SUS310STP	X12CrNi2521、X12CrNi2520	

不同类别钢材组成的焊接接头，即使两种母材已经分别进行过焊接工艺评定，也应进行组成后的焊接工艺评定。

已进行过焊接工艺评定的对接接头的试样厚度 δ 可取代不同焊件母材厚度的范围，见表 7-18。

表 7-18　评定试样取代不同焊件母材厚度的范围　(mm)

试样母材厚度 (δ)	取代焊件母材厚度的范围	
	下限值	上限值
$1.5<\delta\leqslant 8$	1.5	2δ，且不大于 12
$8<\delta<40$	0.75δ	1.5δ
$\delta\geqslant 40$	0.75δ	不限

如果采用组合焊接方法，如：手工钨极氩弧焊打底、手工电弧焊盖面等，已进行过焊接工艺评定的每种组合焊接方法的焊缝金属厚度 δ_w 可取代不同焊件焊缝金属厚度的范围，见表 7-19。

表 7-19　评定试样取代不同焊件焊缝金属厚度的范围　(mm)

试样焊缝金属厚度 δ_w	取代焊件焊缝金属厚度的范围	
	下限值	上限值
$1.5<\delta_w\leqslant 8$	1.5	$2\delta_w$，且不大于 12
$8<\delta_w<40$	$0.75\delta_w$	$1.5\delta_w$
$\delta_w\geqslant 40$	$0.75\delta_w$	不限

此外，在单道焊或多道焊时，如果任何一条焊道的厚度大于 13mm，则可取代的焊接母材的最大厚度为 1.1δ。

相同厚度的对接接头焊接工艺评定试样所评定的母材厚度可取代该范围内不同厚度母材的焊件。

如果焊接工艺评定试样经过高于临界温度（A_{c1}）的焊后热处理，则可取代的焊件母材的最大厚度为 1.1δ。

如果管子对接接头焊接工艺评定试样的直径不大于 140mm，厚度不小于 20mm，则可取代的焊件母材的厚度与焊接工艺评定试样的厚度相同。

已进行焊接工艺评定的对接接头的管子外径 D_o，可取代焊件管径的范围下限为 $0.5D_o$，上限不规定。如果管子外径不大于 60mm，又采用全氩焊接方法评定，此时，适用于管子的外径没有限定。

已进行焊接工艺评定管状试样的焊接位置可取代的管状焊件位置的范围见表 7-20。

角焊缝的评定可以用管板代替板与板之间的接头焊接工艺评定，板与板之间的焊接工艺评定可以代替管与管之间的评定。直径小于或等于 60mm 管子的气焊、钨极氩弧焊，除了对焊接参数有特殊要求的焊接位置外，仅对水平固定位置进行焊接工艺评定，结果适用于焊件的所有位置。

表 7-20　　管状试样的焊接位置可取代的管状焊件位置的范围

焊件母材型式	管状试样位置	可取代的焊件位置（对接）
管状	水平及垂直固定管	全位置
	水平固定管	水平固定管及水平转动管
	垂直固定管	垂直固定管及水平转动管
	水平转动管	水平转动管

当同一个焊接接头使用一种以上不同的焊接方法时，可以按照焊缝金属厚度或母材厚度可取代的范围对每种焊接方法分别评定，也可以将焊接方法组合起来评定。

焊条、焊丝的级别按 1、2、3 的顺序逐级提高。在同类别的焊条、焊丝中，对高级别焊条、焊丝的焊接工艺评定可适用于低级别的焊条、焊丝。

在同级别的焊条中，酸性焊条经过焊接工艺评定，可以免做碱性焊条的焊接工艺评定。

对进口焊条、焊丝的分类，应进行化学成分和机械性能的验证测试，如果与表 7-21中的某类焊条、焊丝相似时，可划入相应的类别等级，与国产焊条、焊丝等同对待。

表 7-21　　常用国产焊条焊丝的分类

类别	级别	焊条型号 (GB 5117、5118、983)	焊条牌号	焊丝牌号	
				气焊丝	氩弧焊丝
Ⅰ	1	E43××	J42×	H08、H08A、 H08E、H08Mn、 H08MnA、H08MnXtA	TIG-J50
	2	E50××	J50×		
ⅡA	1	E55××－G	J55×	H10Mn2、H10MnSi、 H10Mn2Si	
	2	E50××－G	J60×		
ⅡB	1	E70××－G	J70×、J75×	H08MnMoA、 H08Mn2MoA、 H08Mn2MoVA	
	2	E80××－G	J80×、J85×		
Ⅲ	1	E50××－A1	E107、R102	H10MoCrA	TIG-R10
	2	E55××－B1、 E55××－B2、 E55××－B2L	R202、R207、 R307、R302	H08CrMoA、H13CrMoA	TIG-R30
	3	E55××－B2－V、 E55××－B2－VW、 E55××－B2－VNb	R317、R312、 R327、 R337	H08CrMoVA、 H08CrMnSiMoVA	TIG-R31、 TIG-R33
Ⅳ	1	E55××－B3－VWB	R340、R347	H08Cr2MoA	TIG-R34
	2	E60××－B3	R407、R402		TIG-R40
	3	E55××－B3－VNb	R417		TIG-R41

续表

类别	级别	焊条型号 （GB 5117、5118、983）	焊条牌号	焊丝牌号	
				气焊丝	氩弧焊丝
Ⅴ	1	E1 - 5MoV -××	R507	H1Cr5Mo	TIG - R70、TIG - R82
	2	E1 - 9Mo -××	R707		
	3	E2 - 11MoVNiW -××	R817、R827		
Ⅵ		E1 - 13 -××	G202、G207	H0Cr14、H1Cr13、H2Cr13	
Ⅶ		E0 - 17 -××	G302、G307		
Ⅷ	1	E0 - 19 - 10 -××	A102、A107	H0Cr19Ni9、H1Cr19Ni9	
		E0 - 19 - 10 - Nb -××	A132、A137	H0Cr19Ni9Ti、H0Cr19Ni9Nb	
	2	E1 - 23 - 13××	A302、A307	H1Cr25Ni20	
	3	E2 - 26 - 21 -××	A402、A407		
Ⅸ		—	Ni307		

五、焊接工艺评定报告

焊接工艺评定报告是一项焊接工艺评定结果的表达形式，只有通过焊接工艺评定报告，才能判断出这项焊接工艺评定是否合格。因此焊接工艺评定的内容主要有两个方面：一是列出在评定时所采用的各项真实参数数据，特别是各项重要参数必须列出；二是列出全部所要求的试验结果。

第三节　焊接质量管理

一、焊接管理的基本要求

1. 质量保证体系要求

锅炉、压力容器、压力管道安装改造重大维修单位必须建立锅炉压力容器质量保证体系和压力管道安装质量保证体系，质量保证体系中必须有焊接质量责任工程师。

2. 焊接工艺要求

（1）在工程焊接前施工单位做必要的焊接工艺评定（PQR），焊接工艺应满足设计文件和相关标准的要求。当改变焊接方法时，应重新进行焊接工艺评定。

（2）焊接工艺指导书（WPS）均以审核批准的焊接工艺评定报告（PQR）为依据，施工前应由焊接技术责任人根据焊接工艺评定结果编制焊接工艺指导书，并向参加该项工程焊接的焊工和有关操作人员进行详细的技术交底，施工中焊工应严格遵守焊接工艺指导书的规定。

（3）焊接工艺指导书至少应包括下列内容。

1）焊接方法或焊接方法的组合。

2）母材的牌号、厚度及其他相关尺寸。

3）焊接材料型号、规格。

4）焊接接头形式、坡口形状、间隙及尺寸允许偏差。

5）夹具、定位焊、衬垫的要求。

6）焊接电流、焊接电压、焊接速度、焊接层次、清根要求、焊接顺序等焊接工艺参数规定。

7）预热温度及层间温度要求。

8）后热、焊后热处理工艺。

9）检验方法及合格标准。

10）其他必要的规定。

3. 人员资格控制

（1）焊接技术、检查 NDE 人员资格必须符合特种设备安全技术规范要求的规定。

（2）焊工在现场的焊接项目应与合格证中的合格项目一致，严禁有超出资格范围的焊接发生。

4. 焊接设备控制

（1）焊接设备的性能必须符合焊接操作的要求；焊接设备的电流表、电压表、气体流量表等指示仪表灵敏有效；并在规定的校验期内，且有校验标识，自动焊行走设备及跟踪设备操作灵敏、指示有效。

（2）焊材烘干箱和恒温箱温度指示仪表灵敏有效，在规定的校验期内，且有校验标识。

5. 焊接环境控制

对在下列任何一种焊接环境，如不采取有效的防护措施，不得进行施焊。

（1）雨天。

（2）手工焊时，风速超过 8m/s，气体保护焊时，风速超过 2m/s。

（3）大气相对湿度超过 90%时。

6. 焊接材料的控制与管理

（1）进入施工现场的焊接材料必须保证其材料合格证、质量证明书、使用说明书等相关资料齐全。

（2）按照标准、规范要求要做扩散氢试验、冲击试验的焊接材料必须按要求进行相关的检验、试验。

（3）焊接材料在施焊前要严格按材质、规格分批报监理单位进行检查验收。

（4）焊接材料的一级仓库和现场的焊材二级仓库的设施必须符合要求，焊接材料必须设专人保管，焊接材料的保管、烘烤、发放和回收要严格按照经批准的焊接材料管理规定执行。

二、焊接实施及过程控制

1. 焊接施工的基本要求

(1) 现场的焊接施工要严格按照经批准的焊接工艺规程（WPS）执行。

(2) 焊接材料必须按照要求进行烘烤，手工电弧焊焊工必须佩戴性能良好的焊条保温桶，并确保焊条干燥。

2. 焊前预热及层间预热

(1) 焊前预热及层间预热的预热方法和预热的工艺参数要按照焊接工艺规程执行。

(2) 预热的温度达到规程要求的最低温度，才能进行焊接。焊缝的焊接记录要反映预热温度或层间加热温度。

3. 点焊固定

(1) 点焊的焊接必须由经过现场焊接考试的焊工执行。

(2) 点焊的焊接要符合焊接工艺规程（WPS），点焊的引弧必须在焊道内，严禁在母材上引弧和熄弧，点焊固定的厚度、长度要根据实际情况和材料的刚度确定，要确保点焊固定的强度达到临时固定的要求。

4. 焊接操作

(1) 焊接准备及焊接操作的参数要严格按照焊接工艺规程执行。

(2) 每一道、每一层的焊接作业要尽可能的一气呵成，尽可能地减少焊接时引弧和熄弧。

(3) 要控制焊缝的每一道、每一层的焊接质量，要及时清理层间和道间的焊接缺陷，保证焊接质量。

(4) 焊接操作尽可能地保持均匀运条（焊枪、焊把）角度和速度，确保焊接成形美观，质量优良。

5. 特殊材质的焊接控制

(1) 耐热钢的焊接。耐热钢主要以铬钼钢为主，在焊接此类钢种时选择焊条不仅要考虑焊缝金属的化学成分，更重要的是要满足高温性能。由于铬钼钢中含有一定量的铬、钼及其他合金元素，因而使热影响区具有较大的淬硬倾向。焊后在空气中冷却，热影响区内会产生脆而硬的组织，所以在焊接时容易产生冷裂纹。为确保焊接质量防止上述问题发生，在焊接前一般都需要预热。在焊接完成后应采取保温措施，必要时应进行焊后热处理。焊接时应主要控制以下内容。

1) 每个焊口应一次连续焊完，有预热要求的焊口当中断焊接时应立即对焊口保温缓冷，重新焊接前按原要求重新预热。

2) 在焊接的过程中焊缝的层间温度不得低于预热温度。

3) 焊条筒内不可存放不同牌号的焊条，焊条在保温筒存放时间不得超 4h。

4) 禁止在非焊接部位引弧及电弧擦伤母材表面。

5) 打底要控制好电流，运条及送丝要均匀，以保证焊缝根部熔合良好。

（2）奥氏体不锈钢的焊接。主要焊接问题是如何有效防止产生焊接接头的晶间腐蚀和热裂纹的发生。焊接时应注意控制以下内容。

1）手工电弧焊填充及盖面时，在坡口两侧各不小于100mm范围内的母材必须做保护，以防焊接飞溅损伤母材。

2）焊接时应采用小电流、小摆动、快焊速的焊接方法，多层焊时一定要严格按照WPS的要求控制层间温度。

3）大壁厚大管径焊接时，宜选用对称焊接，防止焊接变形。

4）层间用角向磨光机进行彻底清理，打磨使用不锈钢砂轮片，用不锈钢钢丝刷清理焊道，且不得与碳素钢混用。

5）焊接完成后，及时清理焊缝表面，进行焊缝外观检查，达到质量标准后，按照相关要求标上焊工代号。

6）管材及配件严禁与碳钢混放或接触。

7）TIG焊用氩气纯度不低于99.9％。

（3）异种钢的焊接。异种钢由于物理和化学性能差别较大，异种金属的焊接问题比同种金属复杂，主要是要防止裂纹、脱碳和组织不均匀性的产生。

1）焊接时应注意控制焊接方法和焊接材料必须以工艺评定为基础。

2）其他钢种与奥氏体不锈钢用手工钨极氩弧焊接时，管内背面应充氩保护，内部空气置换彻底，坡口处有均匀氩气流出时，方允许焊接。

3）焊接规范参数按工艺评定和焊接工艺规程要求严格执行。

4）施焊时尽量采用小电流、快焊速控制层间温度。

三、焊接的检查与检验

1. 焊接前的检查

（1）检查焊缝的装配质量：装配间隙、坡口角度、钝边厚度等是否符合焊接工艺规程的要求。

（2）检查坡口及其附近是否有水、油、锈、杂物等影响焊接质量的因素。

（3）检查焊缝是否按照工艺规程进行了焊前的预热，预热温度是否达到规程要求。

2. 焊接过程中的检查

（1）检查焊缝的每一层、每一道是否有裂纹、气孔、夹渣、烧透等缺陷，并及时清理缺陷。

（2）检查采用的焊接规范是否符合焊接工艺规程的要求。

（3）检查层间的温度是否满足了继续施焊的要求。

3. 焊接后的检查

检查焊缝的外观质量和内在质量（用无损检测方法）是否符合标准的要求。

（1）焊接质量不符合的范围。在焊接质量检验中，凡发现下列情况之一者，均视为不符合：①错用焊接材料；②焊缝质量不符合质量标准要求；③违反焊接工艺规程（或焊接作业指导书）；④无资格证书上岗的焊工施焊的焊缝；⑤按不符合要求或已作废的焊接工艺文件施焊的焊接工程。

（2）不合格的评审。

1）应由指定的人员按技术要求和质量标准对不合格进行评审以确定缺陷的性质，包括是否有继续发展的趋势或是否重复发生早期的不合格。

2）进行评审的人员有能力评价不合格产生的影响（危害性），并有权限和资格确定纠正措施。

（3）不符合管理的原则。

1）三不放过原则。不找出不合格原因的不放过；不查清不合格责任的不放过；不落实防止重复出现不合格措施的不放过。

2）三不准原则。不合格的原材料及焊接材料不准替代合格的材料使用；不合格的部件不准替代合格的部件投入组装焊接；不合格的焊接产品不准冒充合格的产品出厂或移交给用户（或业主）。

3）经济原则。坚持经济性原则的关键，在于做好“适用性”的判断。也就是做到：该报废的报废、该回用的回用，该返工处理的则返工处理。但这些判断的前提是科学制度和程序。

4）不合格品的控制。发现不合格品要及时作出标识；做好不合格记录，确定不合格范围；应由指定人员对不合格品进行评价；不合格与合格品应隔离存放；对不合格品应有处理措施，并监督实施；通知与不合格品有关的职能部门，必要时还应通知业主（用户）。

（4）不合格焊缝的处理方法。

1）返工。对那些性能已无法满足要求或焊接缺陷过于严重，以致局部修理不经济或不能保证质量的焊缝，应予以报废、返工，重新焊接使其满足规定要求。

2）返修。局部焊缝存在超标缺陷时，可返修，使其满足规定或预期的使用要求。但在焊缝上同一部位多次返修，要考虑热循环对接头性能，特别是冲击韧性的影响。返修应按不合格品处理程序和管理职责进行审查、批准、实施。对重大不合格品，在返修前应通知业主方到现场监督实施。返修记录纳入质量档案。

3）回用。对某些焊接缺陷不符合标准要求，但又不影响使用及安全，且用户没有对此提出一定要返修，并作出书面认可的焊缝，可做回用处理。但必须按规定的程序办理必要的回用审批手续。

4）降级使用。在返修可能造成产品报废或较大经济损失的情况下，可以根据焊接检验的结果，并经用户同意，降低焊接产品的使用条件。但从维护企业信誉的角度考虑，一般不宜采用这种处理方法。

第四节　低碳钢与低合金钢的焊接

一、低碳钢的焊接

锅炉压力容器所用低碳钢主要有 Q235、10、20、Q245R 等，这些钢的含碳量较低，锰、硅含量很少，所以通常情况下不会因焊接引起严重的硬化组织和淬火组织。这类钢材的塑性和冲击韧性优良，焊接接头的塑性和冲击韧性也良好，焊接时一般不需要预热、控制层间温度和缓冷，焊后也不需要采用热处理改善组织。

低碳钢是最容易焊接的钢种，许多焊接方法都适用于低碳钢的焊接。通常焊条电弧焊选用E43××系列或E50××的焊条，在低温或厚大部件焊接时，焊前应进行适当的预热并保持层间温度，采用低氢型焊接材料，点固焊时加大电流，减慢焊接速度，整条焊缝连续焊完尽量避免中断。埋弧焊焊接选用H08A焊丝，HJ431；氩弧焊选用TIGJ-50焊丝，二氧化碳焊接选用H08Mn2SiA焊丝。

二、低合金钢的焊接

（一）低合金钢焊接材料的选用原则

（1）总的原则是应根据产品对焊缝性能的要求选择焊接材料。高强钢焊接时，一般应选择与母材强度相当的焊接材料，必须综合考虑焊缝金属的韧性、塑性及强度。只要焊缝的强度和焊接接头的实际强度不低于产品要求即可，焊缝的强度过高，将导致焊缝的塑性、韧性降低。而对于在特殊环境下应用的结构，焊缝金属还应具有相应的特殊性能（如高温、耐蚀等）。

（2）选择焊接材料时还要考虑工艺条件的影响，坡口和接头型式对焊缝的熔合比有较大的影响，因此在选材时还需要根据母材对焊缝金属强度的影响来选择。接头的型式不同，对焊缝的冷却速度影响不一样，选材时必须考虑焊材的综合力学性能。焊后加工和热处理都会对焊缝的性能产生一定的影响，选材时必须考虑这一因素，如消除应力处理会使焊缝的强度降低，这时就应选合金成分较高的焊接材料。

（3）对于厚板、拘束度大和冷裂倾向大的材料，应选用超低氢焊接材料，以提高抗裂性；厚板、拘束度大的焊件，打底层时可选用强度稍低，塑性、韧性良好的低氢或超低氢焊接材料。

（4）对于重要产品，为确保产品的安全性，焊缝应具有优良的冲击韧性和断裂韧性，应选用高韧性的焊接材料。

（5）为提高生产率可选用高效铁粉焊条或重力焊条。

（6）对于通风不良的焊接环境宜选用低尘低毒焊条。

（二）热轧、正火钢的焊接

1. 热轧及正火钢的焊接性分析

（1）冷裂纹及影响因素。

热轧钢含有少量的合金元素，碳当量比较低，一般情况下（除环境温度很低或钢板厚度很大时）冷裂倾向不大。正火钢由于含合金元素较多，淬硬倾向有所增加。强度级别及碳当量较低的正火钢，冷裂纹倾向不大；但随着正火钢碳当量及板厚的增加，淬硬性及冷裂倾向随之增大，需要采取控制焊接热输入、降低扩散氢含量、预热和及时焊后热处理等措施，以防止焊接冷裂纹的产生。微合金热轧钢的碳含量和碳当量都很低，冷裂纹敏感性较低。除超厚焊接结构外，490MPa 级的微合金热轧钢焊接一般不需要预热。

1）碳当量。一般认为 CE≤0.4％时，钢材在焊接过程中基本无淬硬倾向，冷裂敏感性小。屈服强度为 294～392MPa 热轧钢的碳当量一般都小于 0.4％，焊接性良好。除钢板厚度很大和环境温度很低等情况外，一般不需要预热和严格控制焊接热输入。

碳当量 CE＝0.4％～0.6％时钢的淬硬倾向逐渐增加，属于有淬硬倾向的钢。屈服强度为 440～490MPa 的正火钢基本上处于这一范围，其中碳当量不超过 0.5％时，淬硬倾向不算严重，焊接性尚好，但随着板厚的增加需要采取一定的预热措施，如 Q420。18MnMoNb 的碳当量在 0.5％以上，它的冷裂敏感性较大，焊接时为避免冷裂纹的产生，需要采取较严格的工艺措施。如严格控制热输入、预热和焊后热处理等。

2）淬硬倾向。焊接热影响区产生淬硬的马氏体或 M＋B＋F 混合组织时，对氢致裂纹敏感；而产生 B 或 B＋F 组织时，对氢致裂纹不敏感。凡是淬硬倾向大的钢材，连续冷却转变曲线都是往右移。但由于冷却条件不同，不同曲线的右移程度不同。如 CCT 曲线右移的程度比等温转变图 TTT 曲线大 1.5 倍以上，而 SHCCT 曲线右移就更多。因此，在比较两种钢材的淬硬倾向时，必须注意采用同一种曲线。

① 热轧钢的淬硬倾向。与低碳钢相比，Q345 在连续冷却时，珠光体转变右移较多，使快冷过程中铁素体析出后剩下的富碳奥氏体来不及转变为珠光体，而是转变为含碳较高的贝氏体和马氏体，具有淬硬倾向。Q345 焊条电弧焊冷速快时，热影响区会出现少量铁素体、贝氏体和大量马氏体。而低碳钢焊条电弧焊时，则出现大量铁素体、少量珠光体和部分贝氏体。因此，Q345 热轧钢与低碳钢的焊接性有一定差别。但当冷却速度不大时，两者很相近。

② 正火钢的淬硬倾向。随着合金元素和强度级别的提高而增大，如 Q420 和 18MnMoNb 相比，两者的差别较大。18MnMoNb 的过冷奥氏体比 15MnVN 稳定得多，特别是在高温转变区。因此，18MnMoNb 冷却下来很容易得到贝氏体和马氏体，它的整个转变曲线比 Q420 靠右，淬硬性高于 Q420，故冷裂敏感性也比较大。

③ 热影响区最高硬度。最高硬度允许值就是一个刚好不出现冷裂纹的临界硬度值。碳当量增大时，热影响区淬硬倾向随之提高，但并非始终保持线性关系。另外，焊接热输入 E 或冷却时间 $t_{8/5}$ 对热影响区淬硬倾向影响很大。

（2）热裂纹和消除应力裂纹。

1）焊缝热裂纹。热轧及正火钢一般碳含量较低、而 Mn 含量较高，因此这类钢具有较好的抗热裂性能，焊接过程中的热裂纹倾向较小，正常情况下焊缝中不会出现热裂纹。但个别情况下也会在焊缝中出现热裂纹，这主要与热轧及正火钢中 C、S、P 等元素含量偏高或严重偏析有关。碳元素严重偏析，钢板不同部位碳的质量分数相差很大，因此在角焊缝施焊时出现了大量的热裂纹。在这种情况下，要从工艺上设法减小母材在焊缝中的熔合比，增大焊缝成形系数，有利于防止焊缝金属的热裂纹。也可以通过焊接材料来调整焊缝金属的成分，降低焊缝中碳含量和提高焊缝中的 Mn 含量。

焊缝中的碳含量越高，为了防止硫的有害作用所需的Mn含量也要求越高。Si的有害作用也与促使S的偏析有关，因此Si含量高时，热裂纹倾向也增加。

2）消除应力裂纹。含Mo正火钢厚壁压力容器之类的焊接结构，进行焊后消除应力热处理或焊后再次高温加热的过程中，可能出现另一种形式的裂纹，即消除应力裂纹，也称再热裂纹（SR裂纹）。其他有沉淀强化的钢或合金（如珠光体耐热钢、奥氏体不锈钢等）的焊接接头中，也可能产生消除应力裂纹。

钢中的Cr、Mo元素及含量对消除应力裂纹的产生影响很大。元素之间的相互作用对消除应力裂纹敏感性的影响更复杂（主要与形成的碳化物形态有关）。消除应力裂纹一般产生在热影响区的粗晶区，裂纹沿熔合区方向在粗晶区的奥氏体晶界断续发展，产生原因与杂质元素在奥氏体晶界偏聚及碳化物析出“二次硬化”导致的晶界脆化有关。消除应力裂纹的产生一般须有较大的焊接残余应力，因此在拘束度大的厚大工件中或应力集中部位更易于出现消除应力裂纹。

Mn-Mo-Nb和Mn-Mo-V系低合金钢对消除应力裂纹的产生有一定的敏感性。正火钢中的18MnMoNb和14MnMoV有轻微的消除应力裂纹倾向，可采取提高预热温度或焊后立即后热等措施来防止消除应力裂纹的产生。

（3）非调质钢焊缝的组织和韧性。

韧性是表征金属对脆性裂纹产生和扩展难易程度的性能。低合金钢组织对韧性的影响受多种因素的控制，如显微组织、夹杂和析出物等。即使是相同的组织，其数量、晶粒尺寸、形态等不同，韧性也不一样。尽管影响焊缝金属韧性的因素很复杂，但起决定作用的是显微组织。低合金高强钢焊缝金属的组织主要包括：先共析铁素体PF、侧板条铁素体FSP、针状铁素体AF、上贝氏体Bu、珠光体P等，马氏体较少。

焊缝韧性取决于针状铁素体（AF）和先共析铁素体（PF）组织所占的比例。焊缝中存在较高比例的针状铁素体组织时，韧性显著升高，韧脆转变温度降低；焊缝中先共析铁素体组织比例增多则韧性下降，韧脆转变温度上升。针状铁素体晶粒细小，晶粒边界交角大且相互交叉，每个晶界都对裂纹的扩展起阻碍作用；而先共析铁素体沿晶界分布，裂纹易于萌生，也易于扩展，导致韧性较差。

以针状铁素体组织为主的焊缝金属，屈强比一般大于0.8；以先共析铁素体组织为主的焊缝金属，屈强比多在0.8以下；焊缝金属中有上贝氏体存在时，屈强比小于0.7。焊缝中AF增多，有利于改善韧性，但随着合金化程度的提高，焊缝组织可能出现上贝氏体和马氏体，在强度提高的同时会抵消AF的有利作用，焊缝韧性反而会恶化。高强钢焊缝中AF由100%减少到20%左右，焊缝韧性急剧降低。在热轧及正火钢中Mn、Si在焊接中既是脱氧元素，又是合金元素，对焊缝金属的组织和韧性有直接影响。

低合金钢焊缝韧性在很大程度上依赖于Si、Mn含量。Si是铁素体形成元素，焊缝中Si含量增加，将使晶界铁素体增加。Mn是扩大奥氏体区的元素，可以推迟$\gamma \rightarrow \alpha$转变，所以增加焊缝中的Mn含量，将减少先共析铁素体的比例。但Si、Mn含量的增加，都将使焊缝金属的晶粒粗大。试验研究表明，当Si、Mn含量较少时，γ→α转变形成粗大的先共析铁素体组织，焊缝韧性较低，因为微裂纹扩展的阻力较小。当Mn、Si含量过高时，形成大量平行束状排列的板条状铁素体，这些晶粒的结晶位向很相似，扩展裂纹与这些晶粒边界相遇不会有多大的阻碍，这也使焊缝金属韧性较低。因此，Mo和Si含量过多或过少都使韧性下降。中等程度的Mn、Si含量情况下，可得到针状铁素体＋细晶粒铁素体的混合组织，对裂纹扩展的阻力大，焊缝韧性高。

在Mn-Si系基础上加入适量的Ti和B或Ti和Mo均能改善γ→α的相变特性，使对韧性不利的铁素体组织减少，细小、均匀的针状铁素体增多。近些年来，国内外都在探索向低合金钢焊缝金属中同时添加Ti、B或同时添加Ti、Mo来提高焊缝的韧性并取得了良好的效果。

（4）热影响区脆化。

1）粗晶区脆化。被加热到1200℃以上的热影响区过热区可能产生粗晶区脆化，韧性明显降低。这是由于热轧钢焊接时，采用过大的焊接热输入，粗晶区将因晶粒长大或出现魏氏组织而降低韧性；焊接热输入过小，粗晶区中马氏体组织所占的比例增大而降低韧性，这在焊接碳含量偏高的热轧钢时较明显。含有碳、氮化物形成元素的正火钢采用过大的焊接热输入时，粗晶区的V（C、N）析出相基本固溶，这时V（C、N）化合物抑制奥氏体晶粒长大及组织细化作用被削弱，粗晶区易出现粗大晶粒及上贝氏体、M-A组元等，导致粗晶区韧性降低和时效敏感性的增大。

采用小焊接热输入是避免这类钢过热区脆化的一个有效措施。对含碳量偏高的热轧钢，焊接热输入要适中；对于含有碳、氮化物形成元素的正火钢，应选用较小的焊接热输入。如果为了提高生产率而采用大热输入时，焊后应采用800～1050℃正火处理来改善韧性。但正火温度超过1100℃，晶粒会迅速长大，将导致焊接接头和母材的韧性急剧下降。

在主要合金元素相同的条件下，钢中含有不同类型和不同数量杂质时，热影响区粗晶区的韧性也会显著降低。S和P均降低热影响区的韧性，特别是大热输入焊接时，P的影响较为严重。通过降低N含量，即使焊接热输入在很大范围内变化，也仍然可以获得良好的韧性。

2）热应变脆化。产生在焊接熔合区及最高加热温度低于Ac1的亚临界热影响区。对于C-Mn系热轧钢及氮含量较高的钢，一般认为热应变脆化是由于氮、碳原子聚集在位错周围，对位错造成钉轧作用造成的。一般认为在200～400℃时热应变脆化最为明显，当焊前已经存在缺口时，会使亚临界热影响区的热应变脆化更为严重。熔合区易于产生热应变脆化与此区域常存在缺口性质的缺陷和不利组织有关。

热应变脆化易于发生在一些固溶N含量较高而强度级别不高的低合金钢中，如抗拉强度490MPa级的C-Mn钢。在钢中加入足够量的氮化物形成元素，可以降低热应变脆化倾向。退火处理也可大幅度恢复韧性，降低热应变脆化，如Q345经600℃×1h退火处理后，韧性大幅度提高，热应变脆化倾向明显减小。

（5）层状撕裂。

主要发生于要求熔透的角接接头或 T 形接头的厚板结构中。大型厚板焊接结构焊接时，如果在钢材厚度方向承受较大的拉伸应力，可沿钢材轧制方向发生明显阶梯状层状撕裂。

层状撕裂的产生不受钢材种类和强度级别的限制，从 Z 向拘束力考虑，层状撕裂与板厚有关，板厚在 16mm 以下一般不会产生层状撕裂。从钢材本质来说，主要取决于冶炼质量，钢中的片状硫化物与层状硅酸盐或大量成片地密集于同一平面内的氧化物夹杂都使 Z 向塑性降低，导致层状撕裂的产生，其中层片状硫化物的影响最为严重。因此，硫含量和 Z 向断面收缩率是评定钢材层状撕裂敏感性的主要指标。

合理选择层状撕裂敏感性小的钢材、改善接头形式以减轻钢板 Z 向所承受的应力应变、在满足产品使用要求前提下选用强度级别较低的焊接材料以及采用预热及降氢等辅助措施，有利于防止层状撕裂的发生。

2. 热轧及正火钢的焊接工艺

热轧及正火钢焊接对焊接方法的选择无特殊要求，焊条电弧焊、埋弧焊、气体保护焊、电渣焊、压焊等焊接方法都可以采用。可根据材料厚度、产品结构、使用性能要求及生产条件等选择。其中，焊条电弧焊、埋弧焊、CO_2气体保护焊是热轧及正火钢常用的焊接方法。

（1）坡口加工、装配及定位焊。

坡口加工可采用机械加工，其加工精度较高，也可采用火焰切割或碳弧气刨。对强度级别较高、厚度较大的钢材，经过火焰切割和碳弧气刨的坡口应用砂轮仔细打磨，清除氧化皮及凹槽；在坡口两侧约 50mm 范围内，应去除水、油、锈及脏物等。

焊接件的装配间隙不应过大，尽量避免强力装配，减小焊接应力。为防止定位焊焊缝开裂，要求定位焊焊缝应有足够的长度（一般不小于 50mm），对厚度较薄的板材不小于 4 倍板厚。定位焊应选用同类型的焊接材料，也可选用强度稍低的焊条或焊丝。定位焊的顺序应能防止过大的拘束、允许工件有适当的变形，定位焊焊缝应对称均匀分布。定位焊所用的焊接电流可稍大于焊接时的焊接电流。

（2）焊接材料的选择。

低合金钢选择焊接材料时必须考虑两方面的问题：一是不能有裂纹等焊接缺陷；二是能满足使用性能要求。选择焊接材料的依据是保证焊缝金属的强度、塑性和韧性等力学性能与母材相匹配。

热轧及正火钢焊接一般是根据其强度级别选择焊接材料，而不要求与母材同成分，其选用要点如下。

1）选择与母材力学性能匹配的相应级别的焊接材料。从焊接接头力学性能“等强匹配”的角度选择焊接材料，一般要求焊缝的强度性能与母材等强或稍低于母材。焊缝中碳的质量分数不应超过 0.14%，焊缝中其他合金元素也要求低于母材中的含量，以防止裂纹及焊缝强度过高。

2）同时考虑熔合比和冷却速度的影响。焊缝的化学成分和性能与母材的溶入量（熔合比）有很大关系，而母材溶入焊缝组织的过饱和度与冷却速度有很大关系。采用同样的焊接材料，由于熔合比或冷却速度不同，所得焊缝的性能会有很大差别。因此，焊条或焊丝成分的选择应考虑到板厚和坡口形式的影响。薄板焊接时熔合比较大，应选用强度较低的焊接材料，厚板深坡口则相反。

3）考虑焊后热处理对焊缝力学性能的影响。当焊缝强度余量不大时，焊后热处理（如消除应力退火）后焊缝强度有可能低于要求。因此，对于焊后要进行正火处理的焊缝，应选择强度高一些的焊接材料。

为保证焊接过程的低氢条件，焊丝应严格去油，必要时应对焊丝进行真空除氢处理。保护气体水分含量较多时要进行干燥处理。刚性不大的焊接结构件，对焊前不预热、焊后不进行热处理的部位，在不要求母材与焊缝金属等强度的条件下，可采用奥氏体不锈钢焊条。

（3）焊接参数的确定。

1）焊接热输入。焊接热输入取决于接头区是否出现冷裂纹和热影响区脆化。对于碳当量小于0.40％的热轧及正火钢，如Q295和Q345，焊接热输入的选择可适当放宽。碳当量大于0.4％的钢种，随其碳当量和强度级别的提高，所适用的焊接热输入的范围随之变窄。焊接碳当量为0.4％～0.6％的热轧及正火钢时，由于淬硬倾向加大，马氏体含量也增加，小热输入时冷裂倾向会增大，过热区的脆化也变得严重，在这种情况下热输入宁可偏大一些比较好。但在加大热输入、降低冷速的同时，会引起接头区过热的加剧（增大热输入对冷速的降低效果有限，但对过热的影响较明显）。在这种情况下采用大热输入的效果不如采用小热输入＋预热更有效。预热温度控制恰当时，既能避免产生裂纹，又能防止晶粒的过热。

对于一些含Nb、V、Ti的正火钢，为了避免焊接中由于沉淀析出相的溶入以及晶粒过热引起的热影响区脆化，焊接热输入应偏小一些。焊接屈服强度440MPa以上的低合金钢或重要结构件，严禁在非焊接部位引弧。多层焊的第一道焊缝需用小直径的焊条及小热输入进行焊接，减小熔合比。热轧及正火钢焊接的典型工艺参数如下。

① 焊条电弧焊。适用于各种不规则形状、各种焊接位置的焊缝。主要根据焊件厚度、坡口形式、焊缝位置等选择焊接参数。多层焊的第一层（打底层焊道）以及非平焊位置焊接时，焊条直径应小一些。热轧及正火钢的焊接性良好，在保证焊接质量的前提下，应尽可能采用大直径焊条和适当稍大的焊接电流，以提高生产率。

② 自动焊。热轧及正火钢常用的自动焊方法是埋弧焊、电渣焊、CO_2气体保护焊等。埋弧焊由于具有熔敷率高、熔深大以及机械化操作的优点，特别适于大型焊接结构的制造，广泛用于船舶、管道和要求长直焊缝的结构制造，多用于平焊和平角焊。对于厚壁压力容器等大型厚板结构，电渣焊是常用的焊接方法，由于电渣焊焊缝及热影响区晶粒粗化，焊后需要进行正火处理。CO_2气体保护焊具有操作方便、生产率高、焊接热输入小、热影响区窄等优点，适于不同位置焊缝的低合金钢焊接。

③ 氩弧焊。用于一些重要低合金钢多层焊缝的打底焊、管道打底焊或管板焊接，以保证焊缝根部的焊接质量（焊缝根部往往是最容易产生裂纹的部位）。

2）预热和焊后热处理。预热和焊后热处理的目的主要是防止裂纹，也有一定的改善组织、性能的作用。强度级别较高或钢板厚度较大的结构件焊前应预热，焊后进行热处理。

① 预热。预热温度与钢材的淬硬性、板厚、拘束度和氢含量等因素有关，工程中必须结合具体情况经试验后才能确定，推荐的一些预热温度只能作为参考。多层焊时应保持层间温度不低于预热温度，但也要避免层间温度过高引起的不利影响，如韧性下降等。

② 焊后热处理。除了电渣焊由于接头区严重过热而需要进行正火处理外，其他焊接条件应根据使用要求来考虑是否需要焊后热处理。热轧及正火钢一般不需要焊后热处理，但对要求抗应力腐蚀的焊接结构、低温下使用的焊接结构和厚板结构等，焊后需进行消除应力的高温回火。确定焊后回火温度的原则是：

不要超过母材原来的回火温度，以免影响母材本身的性能。对于有回火脆性的材料，要避开出现回火脆性的温度区间。

如焊后不能及时进行热处理，应立即在200～350℃，保温2～6h，以便焊接区的氢扩散逸出。为了消除焊接应力，焊后应立即轻轻锤击焊缝金属表面，但这不适用于塑性较差的钢件。强度级别较高或重要的焊接结构件，应用机械方法（砂轮等）修整焊缝外形，使其平滑过渡到母材，减小应力集中。

（三）低碳调质钢的焊接

1. 低碳调质钢的焊接性

低碳调质钢一般具有高的屈服强度、良好的塑性与韧性等，钢中的含碳量一般不超过0.21%，这类钢焊接性的主要特点是：在焊接热影响区，特别是焊接热影响区的粗晶区，有产生冷裂纹和韧性下降的倾向；在焊接热影响区部分相变区和最高加热温度低于A_{c1}高于钢调质处理时的回火温度的区域，有软化和脆化的倾向。一般的低碳调质钢的热裂倾向较少，主要是因为钢中的S、P含量比较低的原因。

2. 低碳调质钢的焊接工艺

（1）焊接方法。低碳调质钢最常用的焊接方法是焊条电弧焊、熔化极气体保护焊、埋弧焊、药芯焊丝电弧焊及钨极氩弧焊。采用上述电弧焊方法，用一般的焊接规范，焊接接头的冷却速度较高，使低碳调质钢的焊接接头的力学性能接近于钢在淬火状态下的力学性能，因此不需要进行焊后热处理。

（2）焊接材料。一般来讲，焊接材料必须满足设计要求，根据所选的材料，进行工艺评定合格。由于低碳调质钢产生冷裂纹的倾向比较大，因此选择焊接材料应是低氢或者超低氢型的。

（3）焊接线能量和焊接技术。焊接线能量直接影响焊接的冷却速度，而冷却速度对低碳调质钢的组织和性能有很大影响。每一种低碳调质钢都有一最佳的冷却速度，因此选择适当的焊接线能量使接头达到最佳的理想状态，过大和过小对接头的性能都是有害的。对于具体的钢种可以通过查表找出适宜的 $t_{8/5}$ 时间。

焊接线能量不仅影响焊接热影响区的性能，也影响焊缝金属的性能，对许多焊缝金属来说，为获得综合的强韧性，需要获得针状铁素体组织，而这种组织必须在较快的冷却速度下获得。因此为避免采用过大的线能量，不推荐采用大直径焊条或焊丝，可采用多层多道焊，尽量采用窄焊道，焊条不做横向摆动技术。

(4) 预热温度。为防止低碳调质钢产生冷裂纹，焊前常采用预热，但必须控制预热温度，因为预热温度过高将降低接头的冷却速度，使热影响区内产生 M－A 组元和粗大的贝氏体，使接头的强度和韧性降低。为避免预热对接头造成的危害，可采用低温预热加后热或不预热，只采用后热的方法来防止冷裂纹的产生。

(5) 焊后热处理。大多数低碳调质钢焊接构件是在焊态下使用，除非在下述条件下才能进行焊后热处理：焊后或冷加工后钢的韧性过低；焊后进行高精度加工，要求保证构件尺寸的稳定性；焊接结构承受应力腐蚀。

第五节　珠光体耐热钢的焊接

珠光体耐热钢基体为珠光体或贝氏体组织的低合金耐热钢。主要有铬钼和铬钼钒系列，后来又发展了多元（如铬、钨、钼、钒、钛、硼等）复合合金化的钢种，钢的持久强度和使用温度逐渐提高。但一般合金元素总量最多为 5%左右，其组织除珠光体外，也包括贝氏体钢。

珠光体耐热钢在 450～620℃时有良好的高温蠕变强度及工艺性能，且导热性好，膨胀系数小，价格较低，广泛用于制作 450～620℃范围内各种耐热结构材料。如电站用锅炉钢管，汽轮机叶轮、转子、紧固件、炼油及化工用的高压容器、余热锅炉、加热炉管及热交换器管等。

一、对耐热钢焊接接头性能的基本要求

耐热钢焊接结构一般较复杂，在制造过程中又经常进行冷热加工和多次热处理，而且其运行条件一般都很苛刻。为了保证结构在高温高压和各种腐蚀介质条件下，能长期安全地运行，焊接接头的性能应满足下列几点要求。

1. 接头的等强性

耐热钢焊接接头不仅应具有与母材基本相等的室温和高温短时强度，而且应具有与母材相近的高温持久强度和蠕变强度。

2. 接头的热稳定性

耐热钢焊接接头应具有与母材基本相同的抗氧化性和高温抗氧化性；在制造过程中以及在长期高温高压的作用下，接头各区不应产生明显组织的变化和由此而引起局部脆化或软化等。

3. 接头的抗脆断性

耐热钢虽然多数是在高温下工作，但用来制造压力容器和管道等产品，制造完后在常温下做1.5倍工作压力的水压试验；在投运或检修后，都要经历冷启动过程。因此，耐热钢焊接接头应具有一定的抗脆性断裂能力。

4. 接头的物理均一性

接头的物理均一性即耐热钢焊接接头应具有与母材基本相同的物理性能。如果焊缝金属的热膨胀系数和热导率与母材有较大差异，则高温运行过程中就会出现热应力。

二、珠光体耐热钢的焊接性

1. 淬硬性

珠光体耐热钢中的Cr、Mo合金元素显著提高了钢的淬硬性，特别是Mo元素，它的作用要比Cr大约50倍，推迟了钢在冷却过程中的转变，提高了奥氏体的稳定性，在焊接快速冷却时，在焊缝和热影响区生成淬硬组织。

2. 焊接接头产生冷裂纹

珠光体耐热钢焊接时，冷裂纹常产生在热影响区的粗晶区中，这是由于粗晶区产生了粗大的晶粒并在随后冷却时形成粗大的淬硬组织。因此在珠光体钢焊接时常采用预热、去氢和焊后热处理等措施。

3. 焊缝中产生热裂纹

热裂纹是在凝固区间和凝固温度下产生的裂纹。珠光体耐热钢焊接时，热影响区一般不产生热裂纹，热裂纹主要产生在焊缝里特别是弧坑处，引起热裂纹的主要原因是焊缝中的杂质元素和应力。

4. 热影响区的再热裂纹

在焊后消除应力的热处理过程中，有些珠光体耐热钢会在焊接热影响区中产生裂纹，这种裂纹叫作再热裂纹。再热裂纹的产生与钢材的成分和组织、残余应力、应力集中以及消除应力的条件有关。通常可以用P_{SR}裂纹指数来粗略地估计再热裂纹的敏感性。

$$P_{SR}=(Cr\%)+(Cu\%)+2(Mo\%)+10(V\%)+7(Nb\%)+5(Ti\%)-2$$

适用于C大于0.1%的钢。当$P_{SR}\geqslant 0$时，就有可能产生再热裂纹。

可见，Cr、Mo、V、Nb、Ti对再热裂纹有较大的影响。

三、珠光体耐热钢的焊接工艺

1. 常用的焊接方法

用于珠光体耐热钢的焊接方法很多，但最常用的有焊条电弧焊、埋弧焊、溶化极气体保护焊、钨极惰性气体保护焊等。

(1) 埋弧焊。埋弧焊不能用于全位置焊，对小直径管和薄壁构件也不适用。

(2) 焊条电弧焊。其是仅次于埋弧焊的一种焊接方法。在珠光体焊接时，选用低氢型药皮碱性焊条是防止焊接冷裂纹的主要措施之一。但碱性焊条药皮容易吸潮，而焊条药皮和焊剂中的水分是氢的主要来源。因此，焊条、焊剂在使用前要严格按规范烘干，随用随取。还必须清除坡口及两侧的锈、水、油污。

（3）钨极氩弧焊。可以用作打底焊，也可以用于整个焊缝的焊接。钨极氩弧焊打底焊时的坡口不留间隙，焊接时可以填充焊丝，也可以不用填充焊丝。

2. 焊接材料的选择

选择焊接材料的原则是焊缝的成分与强度性能基本上和母材相应的指标一致。为提高焊缝金属的抗裂纹能力，焊接材料中碳的总含量应控制在略低于母材的含碳量。

3. 焊接工艺的控制

（1）焊前预热。由于铬钼珠光体耐热钢的淬硬冷裂倾向较大，因此，预热是焊接铬钼珠光体耐热钢的重要工艺措施。在珠光体耐热钢焊接过程中，一般都要求焊前预热，应保持焊件温度略高于预热温度的层间温度。焊接过程中尽量避免中断，不得已中断时，应保证焊件缓慢冷却，重新施焊前仍需预热。对于铬钼珠光体耐热钢的焊接，为了防止冷裂纹的产生，规定较高的预热温度是必要的。但预热温度并非越高越好。用钨极氩弧焊打底和CO_2气体保护焊时，可以降低预热温度或不预热。预热温度的确定主要是依据钢的合金成分、接头的拘束度和焊缝金属的氢含量。预热温度见表 7－22。

表 7－22　铬钼珠光体耐热钢的焊前预热和焊后热处理

钢号	12CrMo	15CrMo	12Cr1MoV	12Cr2Mo	12Cr2MoWVB	12Cr3MoWVSiTiB	12MoVWBSiRe
预热温度（℃）	200～250	200～250	250～300	250～350	250～300	300～350	200～300
焊后热处理温度（℃）	650～700	670～700	710～750	720～750	760～780	740～760	750～770

（2）焊后保温及缓冷。焊后缓冷是焊接铬钼耐热钢必须遵循的原则，即焊后立即用石棉布覆盖焊缝及热影响区保温，使其缓慢冷却。防止接头裂纹简单而可靠的措施是：将接头按层间温度（预热温度上限）保温 2～3h 的低温后热处理，可基本上消除焊缝中的扩散氢。

（3）焊后热处理。焊后热处理是指焊件焊后，为了改善焊接接头的组织和性能或消除残余应力而进行的热处理。焊后热处理的主要作用：①可消除或者减少在热影响区出现的脆硬组织；②降低热影响区硬度，提高塑性和韧性；③促进扩散氢的逸出；④有效减少焊接残余应力，增加焊件的尺寸稳定。

珠光体耐热钢焊后热处理的方法有以下几种：

1）回火。把经过淬火的钢重新加热至低于A_{c1}点以下的某一温度，经过一定时间的保温后，冷却室温的热处理工艺称为回火处理。

2）正火。将钢加热到A_{c3}或A_{ccm}以上 30～50℃，保温适当时间后，在静止的空气中冷却的热处理工艺称为正火。

3）退火。把钢加热到适当温度，保持一定时间，然后缓慢（一般随炉冷却）而均匀冷却的热处理工艺称为退火。

当铬钼珠光体耐热钢焊后应立即进行高温回火，以防止产生延迟裂纹，消除焊接残余应力和改善接头组织与性能。铬钼珠光体耐热钢焊接时，控制热输入。采用较小的热输入，有利于减小焊接应力，细化晶粒，改善组织，提高冲击韧度。

第六节　中合金耐热钢的焊接

中合金耐热钢是指钢中的合金总含量在5%～12%的耐热钢，如T91、F11和F12等。由于合金含量较高，其等温热处理状态下的组织均为马氏体组织。在焊接状态下，接头热影响区的组织为马氏体组织。这种组织在焊态下硬度很高，必须经过焊后热处理才能将硬度降到安全的范围之内。

一、中合金钢的焊接性

中合金钢焊接的主要问题为接头的冷裂纹和脆化。合金含量比较高的中合金钢，在空冷下即能淬硬，而产品的结构厚度或接头的拘束度越大，则冷裂倾向就越大，加之合金含量越高，导热性就越差，因此焊接的残余应力就越大。另外，这类钢的晶粒粗化明显，焊后能在粗晶区产生粗大的马氏体组织，也使韧性下降。

二、中合金耐热钢的焊接工艺

1. 焊接措施

中合金耐热钢由于淬硬倾向和裂纹倾向较高，应优先抉择低氢的焊接措施。如钨极氩弧焊和熔化极气体防御焊等。在厚壁焊件中，可抉择焊条电弧焊、埋弧焊和电渣焊。但应使用碱性药皮焊条和焊剂。

2. 焊前准备

中合金耐热钢热裂割之前，应将切割边缘200mm宽度内预热到150℃以上。切割面应采用磁粉探伤察看是否存在裂纹，焊接坡口应机械加工，坡口面上的切割硬化层应清理清洁，必须时应做表面硬度测定加以鉴别。

接头坡口形式和尺寸的设计分寸是尽量收缩焊缝的横截面积。在保证焊缝根部焊透的前提下应尽量减小坡口角度和减小U形坡口底端圆角半径，缩小坡口宽度，这样就能够在短时间内终结焊接过程，结束等温焊接工艺。

3. 焊接材料的抉择

中合金耐热钢的焊接材料选择是在保证焊接接头具有与母材雷同的高温蠕变强度和抗氧化性的前提下改进其焊接性。其选择有两种：一是使用高铬镍奥氏体焊接材料；二是与母材化学成分相近的中合金耐热钢焊接材料。使用高铬镍奥氏体焊接材料是遏制焊接热影响区裂纹的有效措施，且工艺容易，焊前无须预热，焊后无须热处理。

4. 预热和焊后热处理

中合金耐热钢的预热和焊后热处理是焊接过程中不可欠缺的重要工序，预热是遏制裂纹、降低接头硬度和焊接热影响区应力峰值以及提高接头韧性的有效措施；焊后热处理的目的在于改善焊缝金属及其热影响区的组织，使淬火马氏体转变为回火马氏体，降低焊接接头区的硬度，提高其韧性、变形抗力和高温蠕变强度，并消除内应力。

第七节　奥氏体不锈钢焊接

一、奥氏体不锈钢的焊接特性

1. 晶间腐蚀（包括刀状腐蚀）

焊缝在450～850℃温度区间停留，或在焊接热循环下，加热至450～850℃的热影响区内，奥氏体不锈钢中的碳和铬形成碳化铬，使晶粒边界处奥氏体局部贫铬，丧失耐腐蚀能力的现象（沿晶粒边界发生腐蚀）。晶间腐蚀的特点：外观仍有金属光泽，但因晶粒已失去联系，敲击时失去金属声音、钢质变脆。一般认为650℃为晶间腐蚀敏感温度，奥氏体钢焊缝或热影响区，只要在这个温度停留十几秒到几分钟，就会产生晶间腐蚀。

2. 热裂纹

焊接奥氏体不锈钢时，焊缝和近缝区会产生裂纹，而且主要是热裂纹，其原因如下。

(1) 奥氏体不锈钢的导热系数小和线膨胀系数大，在焊接局部加热和冷却的条件下，焊接接头在冷却过程中可形成较大拉应力。

(2) 奥氏体钢焊缝易形成方向性强的粒状晶组织，促进了有害杂质偏析，易形成晶间液态夹层，增大热裂倾向。

(3) 在含镍很高的奥氏体不锈钢中，不仅硫、磷、锡、锑等杂质可形成易熔夹层，而且一些合金组元，如硅、硼、铌等，因溶解度有限也易于偏析，形成易熔夹层，增大了热裂倾向。

3. 脆性σ相析出

奥氏体不锈钢焊缝，在650～850℃停留时间过长时，也有可能像铁素体不锈钢一样，析出一种硬脆（HRC≥60）、无磁性的金属间化合物（主要成分是铁和铬及小量的镍-б相)。由于这种脆性相的析出，割断了晶间的联系，使该处的塑性和韧性严重降低，而且抗晶间腐蚀性能也有所下降。

二、奥氏体不锈钢的焊接工艺要点

1. 正确选择焊接材料

根据奥氏体不锈钢焊接的主要问题，无论手工电弧焊、埋弧焊熔化极或非熔化极氩弧焊接时，都必须首先从焊接材料（主要是焊条、焊丝）选择上尽量消除或减弱下述三方面问题的影响。

(1) 选用超低碳焊丝（焊条）。因为焊缝含碳量越高，晶间腐蚀倾向越大，所以尽量降低焊缝金属的含碳量，是提高焊缝耐晶间腐蚀能力的一个途径。由于在奥氏体中溶解的碳小于等于0.03%时不会析出碳化铬，所以一般把焊丝中含碳量小于等于0.04%定为超低碳的标准。采用超低碳焊丝，因碳化铬析出引起的贫铬问题得到了控制，自然就提高了焊缝抗晶间腐蚀的能力。

(2) 在焊丝（焊条）中加稳定化元素。由于钛（Ti）、铌（Nb）等亲碳能力强，因而在焊丝中添加这些元素后，在450～850℃加热时，奥氏体不锈钢中的碳，将优先与钛、铌形成化合物，避免了碳与铬形成化合物而引起晶界处奥氏体局部贫铬问题，从而保证了焊缝抗晶间腐蚀能力。

钛加入量与含碳量有关，一般应符合 Ti/(C－0.02) ＞8.5～9.5 的关系。

(3) 使焊缝获得双相组织。获得双相组织的方法，合金元素对金属组织的影响可分两大类：一类是奥氏体促进元素，如镍、氮、铜、钴、碳、锰等；另一类是铁素体促进元素，如铬、钼、钒、硅、钛、铌等。因而在奥氏体不锈钢焊材中加入适量铁素体促进元素，可获得奥氏体＋铁素体双相组织。

双相组织的作用如下。

1) 提高焊缝耐晶间腐蚀能力。单相奥氏体组织的焊缝金属，具有发达的柱状晶特征，一旦出现贫铬层，可以贯穿于晶粒之间，而构成腐蚀介质集中的腐蚀通道，因而具有较大的晶间腐蚀倾向。若焊丝中添加一些铁素体形成元素，则获得奥氏体＋铁素体双相组织，使柱状树枝晶被打散，对腐蚀介质不能形成集中的腐蚀通道，大大减弱了晶间腐蚀倾向。

2) 提高焊缝抗热裂能力。少量的铁素体可以细化晶粒，打乱柱状晶体的方向和防止杂质的聚集。另外，铁素体还可以比奥氏体溶解更多的杂质，从而可以减少偏析，这些都对抗热裂纹能力有利。但必须注意稳定的单相奥氏体钢，如Cr25Ni20、Cr15Ni35钢等，不能采用双相组织来防止热裂纹，因为这种双相组织在高温（＞650℃）会析出σ相，使焊缝脆化。对于这类钢，防止热裂纹的措施：一是适当提高含碳量，使焊缝中形成一定数量的稳定的一次碳化物。由于这种碳化物组成的共晶体，熔点低，流动性好，在焊缝结晶过程中弥散分布，可以细化奥氏体晶粒，并在晶间薄层被拉断的瞬间填充进去，因而可防止形成热裂纹。二是降低焊缝含硅量，适当增加锰、钼含量。

3) 控制铬镍比。为了获得稳定的双向组织，希望焊缝中的铬、镍之比＝2.2～2.3，通常应将铁素体含量控制在5%以内：一方面可大大提高奥氏体不锈钢（主要是18－8型）的耐晶间腐蚀和抗热裂纹能力，另一方面可有效地抑制σ相的生成。

4) 控制硫、磷含量。选用硫、磷含量低的焊接材料，严格控制焊缝中硫、磷含量不应高出母材的硫、磷含量。

2. 焊接注意事项

(1) 采用小的线能量。在相同条件下，焊接电流应比普通碳钢、低合金高强钢小

10%～20%。

(2) 采取冷却措施。要采取强制冷却（如水冷、吹压缩空气等）措施、控制层间和焊后温度，尽量减少在450～850℃的停留时间。

(3) 采取拖焊法。焊条不准做横向摆动。

(4) 其他。

1) 避免飞溅。

2) 禁止随便到处乱打弧。

3) 焊缝表面应光洁，无凹凸不平现象，残渣彻底除净。

4) 接触腐蚀介质的焊缝根部，禁止预留垫板或锁边，要保证焊透。

5) 焊接电缆卡头在工件上要卡紧，以免发生打弧或过烧现象。

6) 接触介质的焊缝应在最后焊接。

7) 焊缝交接处要错开。

8) 有可能时接头背面（焊管子时为内壁）也要加氩气保护，以保证背面成形并防止氧化。

3. 焊后处理

(1) 固溶（或奥氏体化）处理。将焊接接头加热到1050～1100℃，因在这个温度下析出的碳又重新溶入奥氏体中，然后急冷便得到了稳定的奥氏体组织。经过这种处理后，如果焊接接头仍在危险温度区间工作，碳仍会析出形成贫铬层而产生晶间腐蚀。

(2) 均匀化处理（或称稳定化退火、免疫处理）。将焊接接头加热至850～900℃，保温一定时间，使奥氏体晶粒内部的铬，有充分时间扩散到晶界，使晶界处的含铬量又恢复到大于临界值（12%），从而避免产生晶间腐蚀。

4. 其他措施

奥氏体不锈钢氩弧焊时，除遵守以上规定外，还应注意以下几点。

(1) TIG焊时，一般应采用直流正接。对于含Al较多的奥氏体钢，因易生成Al_2O_3氧化膜，以采用交流电源为宜。

(2) MIG焊时，一般应采用直流反接，为使熔滴以喷射形式过渡，要求有足够大的电流密度。

(3) 如果能采用脉冲氩弧焊，则有利于减少接头过热，并有利于打乱柱状晶的方向性，对耐蚀性和抗裂性的改善都大有好处。低温钢，大都使用以铁素体为基的细晶钢，而超低温大都使用铬镍奥氏体钢。这里主要介绍铁素体为基的细晶粒钢焊接。焊低温钢的主要矛盾是如何保证接头的韧性。对于以铁素体为基的低温钢影响断裂韧性的主要因素是铁素体的晶粒度。因而凡能促使细化晶粒的合金元素，数量适当都可改善韧性。例如，可形成碳、氮化合物的铝、钛、铌均有很好地细化晶粒作用。对焊件正火处理，也有利于细化晶粒。当锰与硅添加比例合适时，能很好地脱氧，锰脱硫作用明显，因而适当提高含锰量，也能明显地提高韧性。由于碳能影响钢材韧性，且能促使硫偏析，因而在低温钢焊缝中，应尽量减少含碳量，并严格控制硫、磷含量。稀土元素有除气、除硫作用，所以低温钢焊丝中，加入适当稀土元素，可明显地改善钢的韧性。当低温钢使用含镍焊丝，以改善基体韧性时，尤其要控制碳、硫、磷的含量。

第八节　珠光体与奥氏体异种钢的焊接

在电站锅炉的部件中，由于各部位的受热温度不同，经常遇到珠光体钢和奥氏体钢的焊接问题。异种钢焊接比同种钢焊接要复杂得多，因此它对部件的使用安全性影响也比较突出。虽然对异种钢焊接接头早期破坏的原因和处理进行了大量的研究，然而就异种钢焊接整体来说还有待于进一步研究。

一、珠光体钢与奥氏体异种钢焊接性分析

1. 焊缝稀释和过渡层的形成

这两种钢的焊接焊缝是由两种不同类型的母材以及填充金属熔合而成。由于珠光体母材不含有合金元素或合金元素含量较低，所以它对整个焊缝的合金成分具有冲淡作用，亦即稀释作用，使焊缝的奥氏体形成元素含量不足，焊缝有可能出现马氏体组织，从而恶化了接头的质量，甚至可能引起裂纹。通过选择焊缝的成分和控制熔合比可以调整焊缝的成分和组织。

在焊缝热循环的作用下，熔化的母材和填充金属的相互混合程度在熔池内部和熔池边缘是不同的。在熔池边缘，液态金属的温度低，流动性较差，液态停留的时间较短，熔化的母材和填充金属就不能充分地混合，结果在这一部分焊缝中母材所占的比例较大，会形成和焊缝内部金属成分不同的过渡层。由于过渡层珠光体占有较大的比例，过渡层中Cr、Ni含量不足，结果可能形成高硬度的马氏体脆性层，并导致熔合区破坏，降低焊接结构的可靠性。焊缝中Ni含量对马氏体脆性层的宽度有重大影响，随着Ni含量的增加，马氏体脆性层宽度将减少，因此，为减少脆性层，可选Ni含量高的焊接材料。

2. 熔合区扩散层

珠光体与奥氏体异种钢焊接时，通常焊缝金属也选择奥氏体组织，而珠光体钢的含碳量较奥氏体焊缝的高，碳化物形成元素则正好相反，在焊接热循环的作用下，珠光体母材中的碳向奥氏体焊缝中扩散，结果在熔合区两侧形成了增碳脱碳层。

影响扩散层发展的因素有以下几点。

(1) 接头在焊后的加热温度和保温时间。实践证明，焊接线能量对碳迁移过渡层的形成无明显影响，即使采用大的线能量，焊后也不一定出现明显的迁移过渡层。而焊后加热到一定温度，保温一段时间后，过渡层开始发展。随着温度升高，脱碳层逐渐加大，到800℃时达到最大值。随加热时间的延长，扩散层也加宽。因此，一般情况下，异种钢接头不宜焊后热处理。

(2) 碳化物形成元素的影响。奥氏体焊缝中合金元素对碳的亲和力越大，数量越多，则珠光体母材一侧的脱碳层就越宽。但当碳化物形成元素达到一定数量后，继续增

加其数量，迁移过渡层就不再加宽。对低碳钢母材脱碳层宽度的影响最为明显，而进一步提高铬量，则影响减小。此外，在珠光体钢中增加一定数量的碳化物形成元素如Cr、Mo、V、Ti等，能有效抑制迁移过渡层的发展。

(3) 母材含碳量的影响。尽管碳从珠光体钢向焊缝迁移不是因母材与焊缝中碳浓度差而造成，但母材中碳含量越高，迁移层发展得越快。

(4) 镍的影响。镍是石墨化元素，降低碳化物的稳定性，削弱碳与碳化物形成元素的结合力。因此，焊缝中提高镍含量，有助于抑制碳的扩散。

3. 接头的复杂应力状态

珠光体钢与奥氏体钢焊接时，接头在焊后除了产生由于局部加热而引起的热应力外，还由于两种钢的热膨胀系数相差很大，不仅在焊后会产生加大的应力残余，经过热处理是无法消除的。

二、珠光体钢与奥氏体异种钢焊接工艺

1. 焊接材料的选用

珠光体钢与奥氏体钢焊接时，焊缝及熔合区的组织和性能主要取决于焊接材料。应根据舍夫勒组织图（见图7-1）选择奥氏体化能力强的填充金属材料，减少焊缝中马氏体过渡层的宽度，增加焊缝中的Ni含量，控制熔合区中碳的扩散，采用镍基焊条，改变接头的应力分布。在不影响使用性能的前提下，为提高焊缝抗热裂能力，使焊缝具有双相组织。

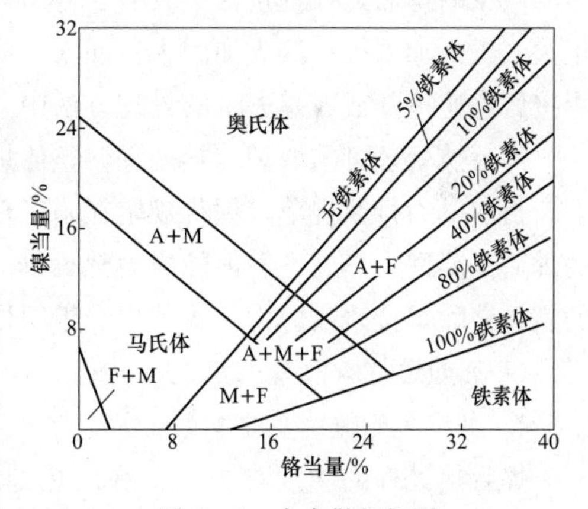

图7-1　舍夫勒组织图

铬当量=%Cr+%Mo+1.5×%Si+0.5×%Nb

镍当量=%Ni+30×%C+0.5×%Mn

2. 焊接方法的选择

在异种钢焊接时，为了降低母材的稀释作用，应选用熔合比小的焊接方法。不同焊接方法熔合比的变化范围是不同的。带极堆焊和非熔化极气体保护焊可以得到最小的熔合比。焊条电弧焊的熔合比也比较低，而且变化范围小，焊缝成分稳定，是异种钢接头中应用最多的方法。

熔合比的大小主要取决于电流值。埋弧焊时，电流变化的范围比较宽，熔合比也随之有较大的变化。因此，焊接异种钢时必须对电流进行严格的控制。在选用的电流恰当的条件下，可以得到与焊条电弧焊相同的熔合比，加之埋弧焊时强烈的搅拌作用，过渡层的宽度可能更窄。

3. 焊接参数的确定

为了降低熔合比，应尽量用小直径的焊条和焊丝，并选用小电流、大电压和快速焊。如果珠光体钢有淬硬倾向，应适应进行预热。

4. 堆焊过渡层

在焊接厚大焊件时，为了防止因应力过高在回火处理或使用过程中在熔合区出现开裂现象，可以在珠光体钢的坡口表面堆焊过渡层。过渡层中应含有较多的强碳化物形成元素，具有较小的淬硬倾向，可用高铬镍奥氏体钢焊条或镍及镍合金电焊条堆焊过渡层。过渡层一般厚6～9mm。

5. 焊后是否进行热处理

珠光体钢与奥氏体钢焊接接头，一般不进行焊后热处理。

第九节 焊接热处理

一、焊后热处理工艺

焊后热处理工艺是指焊接工作完成后，将焊件加热到一定的温度，保温一定的时间，使焊件缓慢冷却下来，以改善焊接接头的金相组织和性能或消除残余应力的一种焊接热处理工艺。焊后热处理工艺一般包括加热、保温、冷却三个过程，这些过程相互衔接，不可间断。

广义的焊后热处理包括下列各类热处理：消除应力；完全退火；固溶强化热处理；正火；正火加回火；淬火加回火；回火；低温消除应力；析出热处理等；另外，在避免焊接区急速冷却或者是去氢的处理方法中，采取后热处理也是焊后热处理的一种。

焊后热处理可采取炉内热处理，整体炉外热处理或局部热处理的方法进行。

目前电力行业规范、规程规定在施工现场条件下进行的焊后热处理主要是局部加热的焊后高温回火热处理和消除应力热处理（包括圆周加热及仅仅局部加热），其主要目的就是消除焊接残余应力，改善焊缝组织性能，防止冷裂纹的产生。

(一) 管道焊口热处理规范

1. 焊后热处理的主要参数

焊后热处理的主要参数有：焊后热处理的温度、升降温速度、保温时间、加热宽度、保温宽度、保温厚度等。

(1) 定义。

1) 加热（恒温）温度。指按规范和技术条件规定，热处理时应达到的加热温度范围或最低温度。加热是热处理的重要工艺参数之一，选择和控制加热温度，是保证热处理质量的主要问题。

2) 保持（恒温）时间。指在规定保持温度下持续（保持）的最少时间。当金属表面达到要求的加热温度时，还须在此温度下保持一定的时间，使内外温度趋于一致，才能达到热处理的效果，这段时间也叫保温时间。

3) 加热和冷却速度。指加热和冷却过程中，某一温度以上的加热和冷却速度。

4) 均热带（宽度）。指管子或管件焊接接头整个圆周和轴向一定范围被加热到所规定的温度。不同的国家和规范有不同的规定，参见图7-2和表7-23。

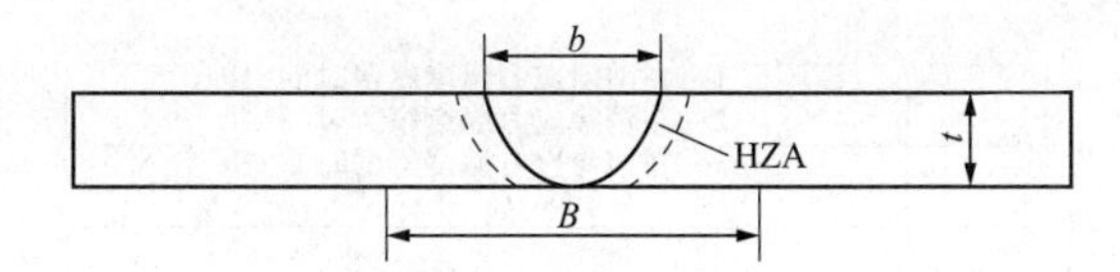

图 7-2　管子焊接接头 PWHT 的均热宽度

b—焊缝宽度；t—焊缝厚度；HZA—热影响区；B—均热宽度

表 7-23　　不同标准的均热（温）带宽度的比较

标准号	ANSIB 31.3	BS 2633	ANSI B31.8	ASME B31.1	ISO/DIS 2694
均热宽度 B	$b+2\times25$	$b+2\times1.5t$	$b+50$	$3t$	$b+$HZA

5）加热带（宽度）。指管子焊接接头圆周和轴向的一定范围内的加热宽度（范围），即加热器覆盖被加热件的部分。

6）保温宽度。为了使被加热件，特别是均热带温度均匀，减少加热范围的温度梯度，在加热元件（热源）和加热带之外也要进行保温，如果加热和保温不理想时，也可采用补助加热的办法。

（2）焊后热处理工艺参数设计。

1）加热（恒温）温度与恒温时间。以消除焊接残余应力为主要目的的焊后热处理，内应力的消除程度与钢材的种类、成分、屈服强度、加热的温度与持续时间（恒温时间）有关。因此，在确定焊后热处理参数时，加热温度与恒温时间应同时综合考虑。

消除应力热处理实质上是一个高温蠕变应力松弛过程。钢材的强度越高，其高温杨氏模量与强度下降越小，越难于发生蠕变，一般碳钢在200℃以上即可发生蠕变；而在450℃以上即使所加应力（残余应力）远远低于钢材在该温度下的弹性极限，但随着时间的延长，也会发生缓慢变形，这是金属材料在高温下的特有现象，金属材料应力松弛过程的条件可用下式表示：

$$E_0=E_2+E_\rho=\text{常数}$$

式中：E_0为初始弹性变形，也是松弛过程的总变形；E_2和E_ρ分别为应力松弛后的弹性变形和塑性变形，在应力松弛过程上随时间的延长，在总变形不变的条件下，弹性变形部分逐渐减小，塑性变形逐渐增加，应力也相应降低。据美国资料介绍，碳钢焊后消除应力退火的温度、时间和降低应力的效果大体上如图 7-3 所示。图 7-3（a）表示了保温时间分别为 1h、4h、8h 的应力消除率与温度的关系，图 7-3（b）表明屈服应力为 490MPa、350MPa、210MPa 的钢，保温 4h 的情况。

从图 7-3 中我们可以看出，碳钢在 600～650℃回火，应力 90％基本得到消除，同一热处理温度下，保温时间越长，应力消除效果越好；在保温时间相同的情况下，强度越高的钢材需要的热处理温度越高。

在现行的各种规定中，当所采用的加热温度比正规的加热温度低时，都采取大幅度地延长保温时间的办法以弥补温度的不足，从上面的实例及研究结果表明，低于某一温度时就不能得到 PWHT 应有的效果。

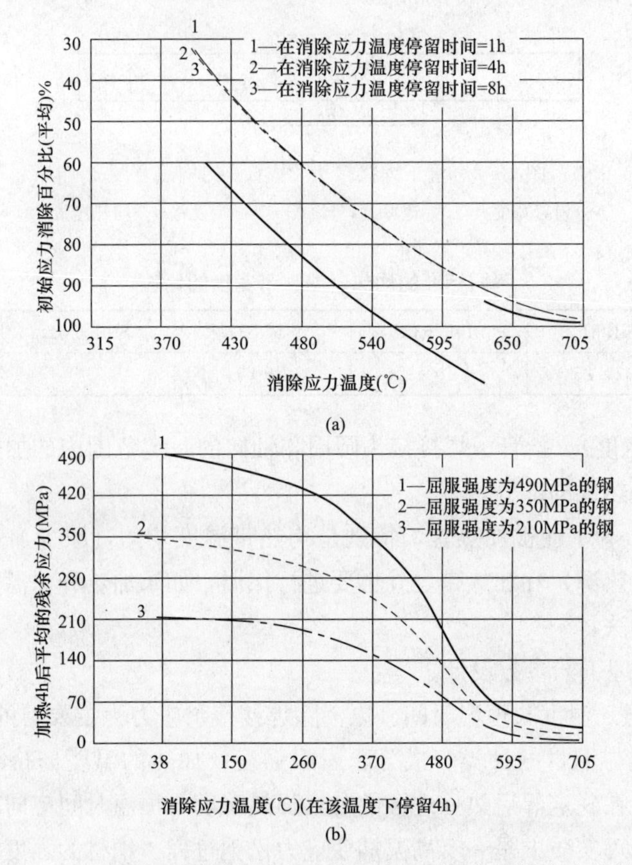

图 7－3　碳钢焊后消除应力退火的温度、时间和降低应力的效果

对于高温强度高的钢必须选择较高的加热温度，并必须适当延长保温时间，但消除应力处理时，焊件加热的温度，对消除应力的影响，要比在该温度下持续时间的影响大得多，因此，加热的温度越接近临界温度，消除应力的效果就越好。

由于钢材的性能各异，有的钢材在进行焊后热处理时使焊接热影响区的韧性大幅度地降低，一些钢种，经长时间的焊后热处理也会发生再热脆化、冲击韧性降低；还有的钢材，在进行焊后热处理时，会出现再热裂纹。因此必须选择既能提高焊接接头的性能，又尽可能地消除应力的合适的热处理温度与恒温时间。在选择焊后热处理的保温温度及保温时间时，通常需要考虑如表 7－24 所示的因素。

表 7－24　选择焊后热处理的保温温度及保温时间时，通常需要考虑的因素

参数内容	需要考虑的因素
保温温度上限	1. 应在相变点以下 2. 热处理钢的回火温度以下 3. 在不降低其他母材及焊接区使用上必备的性能的范围内
保温温度下限	1. 应力松弛效果 2. 淬硬区的软化 3. 氢等气体的排除

续表

参数内容	需要考虑的因素
保温时间上限	1. 在不降低其他母材及焊接区使用上必备的性能的范围内 2. 制造时间的缩短
保温时间下限	1. 应力松弛效果 2. 淬硬区的软化 3. 氢等气体的排除 4. 组织的稳定

根据长期的科学研究及实践经验，焊后热处理的温度通常比淬火或正火后回火的温度低30℃左右，以免降低钢材的强度，热处理的保温时间与壁厚有关，比较常用的标准是每厚25mm，保温1h。常用钢材的焊后热处理温度，各国相关的标准规定也有所不同，参见表7-25。

表7-25　　各国标准中热处理温度比较

钢种＼标准	ASME B31.1 (2001) 动力管道	ANSI B31.1 (1979) 发电用管道	BS 2633 (1975) 发电用管道	ASME Ⅰ (2001) 动力锅炉	ISO TC11 (1971) 压力容器	JIS B8243 压力容器结构标准	ASME Sec Ⅷ-2 (2001) 压力容器
0.5Mo	600～650	600～650	650～680	≥593	580～620	≥600	≥593
0.5Cr-0.5Mo	600～650	600～650	—	≥593	620～660	≥600	≥593
1Cr-0.5Mo	700～750	700～745	630～670	≥593	620～660	≥680	≥593
1.25Cr-0.5Mo	700～750	—	630～670	≥593	620～660	≥680	≥593
1.25Cr-3/4 Si-1/2Mo	700～750	700～750	—	—	—	—	—
2.25Cr-1Mo	700～760	700～760	680～720① 700～750②	≥677	625～750	≥680	≥677
3Cr-1Mo	700～760	700～760	—	≥677	—	≥680	≥677
5Cr-1/2Mo	700～760	700～760	700～760	≥704	670～740	≥680	≥677
9Cr-1Mo	700～760	700～760	700～760	≥704	—	≥680	≥704

① 以蠕变特性为主；② 以焊缝区软化为主。

我国电力行业在DL/T 819—2010《火力发电厂焊接热处理技术规程》中也做了规定，并推荐了常用钢材焊后热处理温度与时间（见表7-26），作为我们制定焊后热处理工艺的依据。

电站常用钢的焊后热处理温度选择应按下述原则综合考虑。

① 不能超过焊接材料熔敷金属及两侧母材中最低的下转变温度 A_{c1}，一般应低于该 A_{c1} 以下30℃。

② 对调质钢，应低于调质处理时的回火温度。

③ 对异种钢：当一侧为奥氏体型钢时，如需焊后热处理，应避开脆化温度敏感区，防止晶间腐蚀和 σ 相脆化；当两侧均为非奥氏体型钢时，其焊后热处理温度应按加热温

度要求较低侧的加热温度的上限来确定。

表 7-26　　常用钢材焊后热处理温度与时间

钢种	温度(℃)	焊件厚度(mm)						
		≤12.5	12.5～25	25～37.5	37.5～50	50～75	75～100	100～125
		恒温时间(h)						
C≤0.35(20，ZG25) C-Mn(Q345)	580～620	不必热处理		1.5	2	2.25	2.5	2.75
15NiCuMoNb5(WB36) 15MnNiMoR	580～620	1	2	2.5	3	4	5	—
0.5Cr-0.5Mo (12CrMo)	650～700	0.5	1	1.5	2	2.25	2.5	2.75
1Cr-0.5Mo (15CrMo ZG20CrMo)	670～700	0.5	1	1.5	2	2.25	2.5	2.75
07Cr2MoW2VNbB (T/P23)	720～740	0.5	1	1.5	2	3	4	5
1Cr-0.5Mo-V (12Cr1MoV ZG20CrMoV) 1.5Cr-1Mo-V (ZG15Cr1Mo1V) 1.75Cr-0.5Mo-V	720～750	0.5	1	1.5	2	3	4	5
2.25Cr-1Mo	720～750	0.5	1	1.5	2	3	4	5
1Cr5Mo、 15Cr13(1 Cr13)	720～750	1	2	3	4	—	—	—
2Cr-0.5Mo-VW (12Cr2MoWVTiB) 3Cr-1Mo-VTi (12Cr3MoVSiTiB)	750～770	0.75	1.25	2.5	4	—	—	—
9Cr-1Mo(T/P9) 12Cr-1Mo(X20)	750～770	1	2	3	4	5	—	—
10Cr9Mo1VNbN (T/P91)	750～770	1	2	3	4～5	5～6	6～7	8
10Cr9MoW2VNbBN (T/P92)	750～770	1.5	2	4	5～6	6～7	8～9	10
10Cr11MoW2V NbCu1BN(T/P122)	740～760	2	2	4	5～6	6～7	8～9	10

注　1. 管座或返修焊件，其恒温时间可按焊件的名义厚度 δ' 替代焊件厚度 δ 来确定，但应不少于 0.5h。焊件的名义厚度 δ' 可按下式计算：

$h<5$mm 时，$\delta'=3h+5$

$h=5\sim10$mm 时，$\delta'=2h+10$

$h>10$mm 时，$\delta'=h+20$

式中：h——焊缝高度或返修厚度(mm)。

2. 未标注恒温时间的，一般按照焊件厚度确定恒温时间，对中低合金钢，恒温时间按 2～3min/mm 计算，最少 30min；对高合金钢，恒温时间按 4～5min/mm 计算，最少 60min。采用电磁感应加热时，取值偏于以上计算的下限；采用柔性陶瓷电阻加热、远红外辐射加热时，取值偏于以上计算的上限。

焊后热处理是按照厚度来确定保温时间及加热和冷却速度的，这里所指的厚度可按下面原则来确定：对于对接接头，为材料规格所决定的厚度，厚度不同时，取薄的一方作为厚度。对于搭接接头，为厚的一方材料规格所决定的厚度，但像按管加强部分那样的情况，最好采用被接合件的厚度之和作为厚度；一般来说，不根据 T 形角接头确定 PWHT 条件，要取厚的一方材料规格所决定的厚度作为厚度，当这一厚度相对于填角尺寸明显过大时，可以采用上表中的公式来计算名义厚度。

2）焊后热处理的加热、冷却速度。由于加热、冷却速度的快慢，直接影响被处理工件各点之间的温差，温差过大将会产生较大的温差应力，严重时将会导致焊缝或热影响区的开裂。其中，冷却速度的控制应该更加严格，这是因为不均匀地加热产生的应力会随着温度的升高而逐渐缓和，而冷却时产生的应力却会存留下来，成为残余应力再次产生的原因。对于复杂结构、厚度等尺寸变化大的结构、具有不连续部分的结构等，一定要放慢冷却速度。

另外，某些材料在缓冷时会出现回火脆性，降低断裂韧性，在这种情况下冷却速度不能太慢。

同时，虽然较慢的升、降温速度有利于消除温差，但会大大延长热处理时间，造成施工周期加长，因此在施工中，要充分考虑各方面的因素，确定合理的升降温速度。

各国的有关标准对焊后热处理的升降温速度都有专门的规定，如：

日本的《特定设备检查规则》规定：按 $200\times25/\delta$(℃/h) 计算，最大 200℃/h，最小 55℃/h；

美国 ASME 标准规定：按 $222\times25.4/\delta$(℃/h) 计算，最大 222℃/h，最小 55℃/h；

英国 BS 标准规定：按 $200\times25.4/\delta$(℃/h) 计算，最大 200℃/h，最小 50℃/h；

我国电力行业标准 DL/T 819—2010 中规定，升、降温速度应按下述原则控制。

① 焊接热处理升温速度、降温速度为 $6250/\delta$（单位为℃/h，其中 δ 为焊件厚度 mm），且不大于 300℃/h；当壁厚大于 100mm 时，升温速度、降温速度按 60℃/h 进行控制；300℃以下不控制升温速度和降温速度。

② 当管子外径不大于 108mm 或厚度不大于 10mm 时，若采用电磁感应加热或火焰加热时，可不控制加热速度。

③ 对管座或返修焊件，应按主管的壁厚计算焊接热处理的升温速度、降温速度。

实践证明，加热速度对管壁的内外温差影响很大。表 7－27 是采用电阻加热方法时，采用不同的加热速度所测得的一组内外壁温差数据。表中 ϕ355mm×50mm 的加热速度比规定加快了 45%～70%，显然内外壁温差过大，ϕ273mm×20mm 就更大大超过规定的数值。据实验资料，当外壁温度达到热处理温度后需要经过 1h 的恒温，内壁温度才进入热处理温度范围。而 ϕ355mm×36mm 则因加热速度缓慢，内外壁温差仅 25～30℃，满足了规程的要求。

表 7-27　采用电阻加热方法时，采用不同的加热速度所测得的一组内外壁温差数据

温度	φ355mm×50mm			φ355mm×36mm		φ273mm×20mm	
加热速度（℃/h）	70	180	200	52	42	100	480
外壁（℃）	300	790	700	585	605	720	690
内壁（℃）	230	720	620	560	580	520	480
温差（℃）	70	70	80	25	25	200	210

根据美国焊接学会《管道焊缝的局部热处理》介绍，管壁间的温差不超过83℃时，管子外径上的圆周压应力为130～145Pa，内径上的圆周热应力为117～124MPa，这样的应力水平似乎是允许的，因此，DL/T 819—2010规定管壁间的温差不超过50℃，显然是安全可靠的。

另外，目前火电机组中主蒸汽管广泛采用的P91钢管道，原国电公司专门制定了工艺导则，对升降温速度的上限进行了规定，要求不能大于150℃/h，这主要是为了控制内外壁温差，保证焊缝的冲击韧性提出的。

3）加热宽度与保温宽度。根据试验，加热宽度对管壁全厚度加热温度的均匀性（管壁内外温差）有很大影响。按现在使用的各种加热方法，多是从管子外侧单面加热，通过传导传至管子内壁，其热分布断面大致呈三角形，外壁是宽边，朝内壁方向是三角形的尖顶，该三角形朝内壁方向变狭的原因是热量沿管道的纵向以及朝管内的径向传导而散失，为了使规定的温度三角形顶点能达到内壁表面，根据管壁的具体厚度必须在外部表面有足够宽的加热带，由于焊缝的宽度也是从顶部到根部逐渐缩小，因此要求的热分布在断面上也是略带三角形。

元宝山电厂施工中前联邦德国提供的技术研究结果表明，在进行热处理时，以焊缝中心为对称轴，管道表面的温度分别向两侧逐渐降低。在加热带下呈抛物线分布，在保温层下呈现直线分布，保温层外的管段温度则呈指数曲线下降。由于内壁不能保温，内壁表面温度分布特征与外表面相同。

实践还表明，加热宽度与管道壁厚之比与内外壁温差成反比，在加热条件基本相同的条件下，加热宽度与管壁厚度之比越大，则管子内外壁温差越小，反之则越大。严格地说，应将加热宽度与均热带（均温带或恒温范围）宽度区别开，所谓加热宽度是指加热器元件之下直接加热到的范围，而均热带是包括在加热宽度之中的一个部分。我们首先应弄清楚均热带的宽度，然后确定加热宽度，最后依此来选择加热器，即能满足均热宽度要求，同时使管子的径向温度梯度达到一个合适的水平。

在局部加热的焊后热处理中，加热宽度外侧要有足够的保温宽度和保温厚度，这一方面是为了减少热能损失，保证被处理焊件按预定的升降温度速度加热和冷却，另一方面可以减小温度梯度。

不同的加热方法，保温层的厚度也是不同的；感应加热时，保温层不宜过厚，否则漏磁增大，加热效率降低，工频感应加热时，保温层厚度不宜超过30mm，中频感应加热时不宜超过20mm；后者还应考虑集肤效应，工件表面层与深层间的温度梯度问题。

电阻炉和远红外加热时，保温层可厚些；根据国内一些施工单位的经验，加热宽度与管壁厚度之比为 8～10，保温层宽度超出加热带 150～250mm，保温层厚度一般为 50mm 左右，足以使管壁的温度梯度达到限定值以内。当然，还要考虑工件的大小、形状以及散热条件等因素来具体确定，这可通过工艺试验或工艺评定来确定。

2. 火电工程焊接接头焊后热处理范围

虽然焊后热处理对焊接接头的力学性能有很大的改善作用，但从经济实用的角度考虑，并不是所有焊缝都有必要进行热处理，在特定条件下是可以免除热处理的。可省略焊后热处理的最大厚度，要根据焊件的材质、结构的特点、焊接方法等因素综合考虑进行确定，各个国家不同的标准都有规定，表 7-28 是各国标准中可不进行焊后热处理的最大焊件厚度比较，从中我们可以发现，各国对可省略热处理的最大厚度规定都有所不同，有的甚至差别很大。随着钢材焊接性能的不断改善，对焊后热处理的依赖性降低，有些钢种的焊后热处理厚度也在放宽。

表 7-28　各国标准中可不进行焊后热处理的最大焊件厚度比较

分组	钢种	HPIS/WES	ISOTC 11	ASME Sec. Ⅰ（2001 版）	ASME Sec. Ⅷ3（2001 版）	ASME B31.1（2001 版）	ASME B31.3（2001 版）	BS5500	BS2633
P1	碳素钢	38 50	30，38 50	19	32 16	19 25	19	35 38	30
P3	C-Mo	16 20	20	16	10 0	16	19	20	12.5
P4	1.25Cr-0.5Mo	13 16	15	16*,**	10 0	13**	13	0	12.5
P5	2.25Cr-1Mo	8 0	0	16*,**	10 0	13**	13	0	0
	5Cr-1Mo	0	0	0	0	0	0	0	0
P9AB	3.5NI	50	协定		19	13** 16	19	任意	15 20

* 管径不大于 DN100；
** 以最低预热温度预热。

我国的电力行业，普遍遵循的标准是 DL/T 869—2012《火力发电厂焊接技术规程》，其中对需要焊后热处理的厚度范围是这样规定的：

下列部件的焊接接头应该进行焊后热处理：

(1) 壁厚＞30mm 的碳素钢管道、管件；

(2) 壁厚＞32mm 的碳素钢容器；

(3) 壁厚＞28mm 的普通低合金钢容器（A 类Ⅱ级）；

(4) 壁厚＞20mm 的普通低合金钢容器（A 类Ⅲ级）；

(5) 采用热处理强化的材料；

(6) 耐热钢管子与管件和壁厚大于20mm的普通低合金钢管道（满足下面规定的除外）;

(7) 采用氩弧焊或低氢型焊条，焊前预热和焊后适当缓慢冷却的以下范围内的焊接接头可以不进行焊后热处理：

1) 壁厚不大于10mm、直径不大于108mm，材料为15CrMo的管子。

2) 壁厚不大于8mm、直径不大于108mm，材料为121Cr1MoV、12Cr2Mo的管子。

3) 壁厚不大于6mm、直径不大于63mm，材料为12Cr2MoWVTiB的管子。

4) 壁厚不大于8mm，材料为07Cr2MoW2VNbB的管子。

(8) 其他经焊接工艺评定需要热处理的焊件。

(9) 对于异种钢焊接接头的热处理，在DL/T 752—2010《火力发电厂异种钢焊接技术规程》中也专门做了规定：

1) 当一侧为奥氏体型钢时，如需焊后热处理，应避开脆化温度敏感区，防止晶间腐蚀和σ相脆化。

2) 当两侧均为非奥氏体型钢时，其焊后热处理温度应按加热温度要求较低侧的加热温度的上限来确定。

在现场的施工中，我们一般都按照以上的原则确定热处理的范围。

对国外进口或引进项目工程，应该根据合同文件规定的标准要求，确定焊后热处理的范围。

(二) 焊后热处理施工操作程序和管理

1. 焊后热处理前的准备

首先应明确热处理的任务、对象和技术要求，然后依此着手各项准备工作，一般应做以下各项准备。

(1) 技术资料准备。包括收集设计要求及热处理施工技术规范、标准；人员配备和资格审查；进行热处理工艺方法的评定试验；编写施工方案、措施和作业指导书，绘制热处理记录图；确定各种工作表格等。

现行电站工程焊后热处理执行的技术要求、规范和标准主要有以下几个方面：

1) 设计图纸和说明书。

2) DL/T 869—2012《火力发电厂焊接技术规程》。

3) DL/T 819—2010《火力发电厂焊接热处理规程》。

4) DL/T 868—2014《焊接工艺评定规程》。

5) 其他有关规程如：TSG G0001—2012《锅炉安全技术监察规程》、TSG 21—2016《固定式压力容器安全技术监察规程》、DL 612《电力工业锅炉压力容器监察规程》、DL/T 438《火力发电厂金属技术监督规程》等。

6) 涉外工程的有关国外标准等。

(2) 热处理工艺方法的评定试验。目前，规范、制度中对焊后热处理工艺方法单独进行评定试验尚无规定，一般在焊接工艺时进行评定。但是，为更好地实施焊后热处理，并取得较好的处理效果，工程实施热处理前有必要进行这方面的试验，以便取得热处理工艺、效果的第一手材料和数据，切合实际地编写作业指导书和其他施工技术文件，才能有力地指导工程现场实际作业。

热处理工艺评定试验的重点应以实际被加热件为对象，根据本单位的装备条件和经验，按以下步骤进行。

1）选择一种加热方法和电源设备；确定加热器型式、尺寸、容量或功率；安装位置；确定温度测点的数量和位置；确定保温材料、保温厚度和宽度；确定升、降温速度等。

2）然后按所设计的条件进行试验，同时做好全过程的温度时间记录（绘制曲线）及其他过程现象的记录。

3）对试验结果进行分析。

4）提出评定试验报告。

根据评定结果，报告有以下两种情况：

1）所设计的工艺条件和评定方案符合实际，评定结果达到了规范、规程和标准要求（主要指加热方法、加热宽度、保温层厚度和宽度、升降温速度、测温点布置、均热宽度、恒温起止时间等）。即可将此评定结果汇编成一份较完整的评定成果报告，作为将来编制热处理作业指导书和现场实际操作的依据。

2）所设计的工艺条件和评定方案不符合或不完全符合要求，得到的结果不满意或不完全满意，此时应针对不满意的内容重新设计评定方案和条件，再次进行全项或局部的评定试验。

（3）编写作业指导书。作业指导书的内容应包括以下内容。

1）作业指导书的名称和范围。所编的作业指导书的名称和范围应以热处理的加热方法为主体，如电阻炉加热、工频感应加热或远红外加热等；不同的加热方法中还可根据被处理件型式不同（如单管接头、排管接头等），分别编写。

作业指导书的名称要反映出上述主体内容。

应用范围应说明加热方法和被处理件型式，特殊工程（如引进机组）还应说明适用工程项目。

2）编制依据。说明本项作业指导书是根据××设计、规范、规程、标准或合同文件编制的。

3）人员资格。说明热处理操作人员（至少是带班人员）应取得××部门认定的资格。

4）设备、仪器、工器具。包括电源、设备、加热器、导线、测温仪和装置、保温材料、附件、工具、防火器材、检测仪器等。

5）焊接接头的规格及热处理参数。

6）操作程序，主要包括：①物资准备、检查；②安装热电偶；③安装加热器，敷设保温材料；④被处理件固定；⑤接线（热电偶—补偿导线，加热器—电源导线）；⑥设安全围栏；⑦联系—通电；根据被处理件确定热处理参数，设置控温曲线，检查合格后运行控制设备，监控至过程结束；热处理完的焊口，做好标识；⑧收集整理记录资料，包括热处理曲线的整理与收集、技术记录及记录图纸等。

(4) 安全交底、技术交底。热处理工作实施前，技术人员应将被处理件、相关技术要求和作业指导书的全部内容向操作人员进行交底。

2. 焊后热处理施工操作工艺

(1) 加热方法选择。管道焊口局部热处理的方法较多，前面也已经做了介绍。常用方法的有：电阻加热法、感应加热法（包括工频、中频）、远红外加热法及火焰加热法等。

火焰加热法由于火焰与被加热件间温差较大，而且又是主要靠接触传热，故工件表面温升较快，加热过程温度不易控制，加热范围温度波动较大，操作人员劳动条件较差。因此应用上受到限制，多用于小径管焊前预热，基本不用于焊后热处理，但在某些不便于用常规方法热处理的焊缝也会采用，一般是对热处理质量要求不是很严格的场合，主要是为消除部分残余应力，我国和其他一些国家都将这种加热的应用范围限制在工件壁厚10mm以下。

感应加热法有工频感应加热法和中频感应加热法等，感应加热器有的按工件形状和尺寸制作成多个半圆形相连之后构成感应回路（即加热器），有的用实芯电缆线或通水电缆线缠绕在被热处理件外面而构成感应回路（即加热器）。感应加热器与电阻炉加热法相比，前者工件升温均匀，但是由于有集肤效应，对于厚壁工件和高频率下，有时深度方向的温度梯度不可忽视，DL/T 819—2010中规定：中频感应加热法只适用于厚度小于30mm的工件焊后热处理。同时，感应加热法操作人员劳动强度大，易出现剩磁，给焊接造成困难，因此目前使用较少。

现在，在火电施工行业广泛采用电阻炉加热、柔性陶瓷电阻加热以及远红外加热等，以局部热处理为主的现场安装焊口热处理，多采用柔性陶瓷加热器加热。

采用何种加热方法，要根据工件的型式、热处理要求以及本单位的设备情况确定。热处理人员要对热处理设备的容量、加热温度、炉温的调节能力有清楚的了解，使用前要认真检查设备的完好情况，并事先进行调试确认。

(2) 管道焊口局部热处理时加热器的布置及一些具体工艺。估算好加热所需的功率后，根据管径大小、形状、位置等选择加热器类型及数量，确定布置方式。

1) 直管段加热器布置。

① 水平管。局部加热的焊后热处理，一般都是热量输入沿圆周均布，由于管内空气的对流作用，上半部比下半部热，为使这一情况略有补偿，供给下半部的能量必须大于上半部，因此，当采用电阻法加热时，上下部的加热元件以各自独立的电路分别接线和控制，如果采用感应加热，可在线圈中心空出间隙，使顶部线圈密一些，底部线圈稀疏一些，虽然控制量小，准确度差，但也能达到接近上下一致。

柔性陶瓷电加热器一般常用履带式加热器或绳状加热器。使用绳状加热器时，可使用两根加热器分别布置在焊缝的两侧，两线卷在焊缝处空出 5～10mm 间隙，两侧的线卷覆盖宽度为 3～5 倍焊缝厚度。下部应紧密，上部可稍稀疏。使用履带式加热器时，其轴向中心线应与焊缝纵向中心线重合。加热器的覆盖宽度应为焊缝厚度的 6～10 倍。

一般来说，大径管的直管段以使用履带式加热器为宜，但是应注意，由于履带式加热器瓷块重量较大，如果绑扎不牢，底部容易下坠，脱离管壁，使该部分加热器散热慢，其结果是管段加热不匀，加热器本身由于传热效果降低而过热，电热元件高温时承受较大的重力拉伸，就可能造成电阻加热元件的损坏，因此固定绑扎时，最好使用强度较高韧性较好的铁丝绑扎，并且一定要绑扎牢固，使其贴紧管壁。炉具固定好后，再在炉具外部用铁丝固定两道。注意，绑扎时不要使铁丝与炉子的电阻丝接触，造成短路。为了既绑扎牢固，又容易拧紧，一般用 14～16 号铁丝比较合适，大径管多用 14 号铁丝，小径管用 16 号铁丝就可以了。

加热器的布置位置如图 7－4（a）、（b）所示。

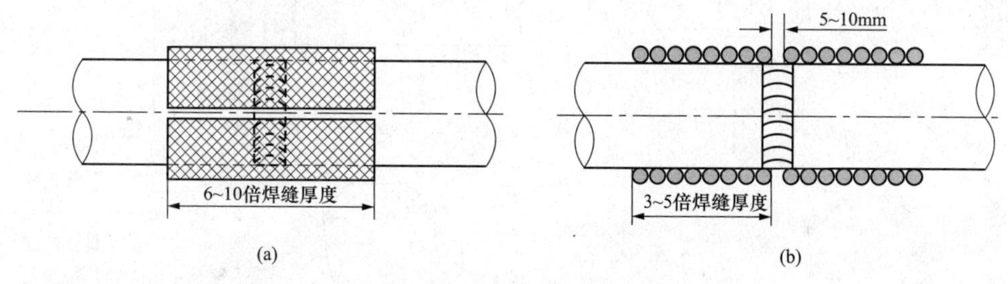

图 7－4　加热器的布置位置

② 垂直管。使用绳状加热器时，线圈的轴向中心线应向下移，使之与焊缝中心线相距 10～30mm。使用履带式加热器时，其轴向中心线也向下移 10～30mm，如图 7－5（a）、（b）所示。为防止炉具下滑，还应在炉具上方找一个固定点，将炉具悬挂住。

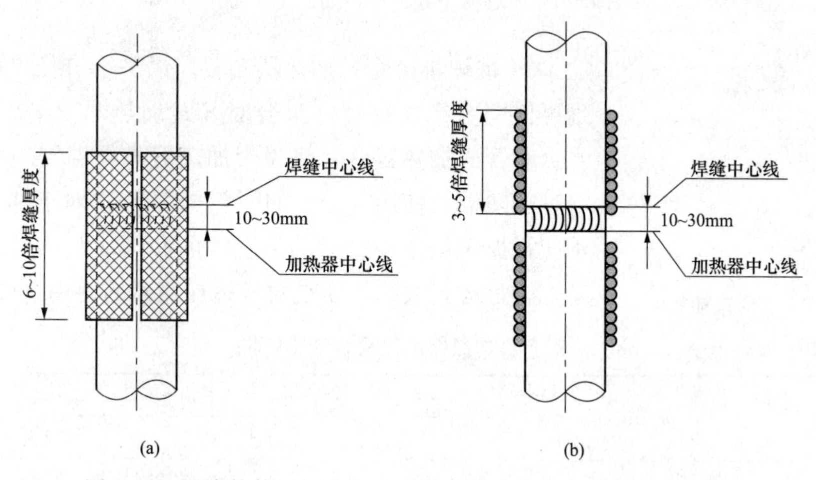

图 7－5　垂直管使用加热器时，线圈的轴向中心线向下移示意图

2）三通、阀门等异型管加热器布置。一般的三通，可采用绳状加热器和履带式加热器配合，也可定做特种加热器，专门用于三通加热，加热器布置在焊口相应的部位，如图 7－6（a）所示。对于超大、超厚的三通，除在焊缝两侧布置加热器外，还要在管上增加辅助加热电源，保证顺利升温，如图 7－6（b）（c）所示。对于大型铸造三弯头、大小头等可参照图 7－6（d）（e）来布置加热炉。

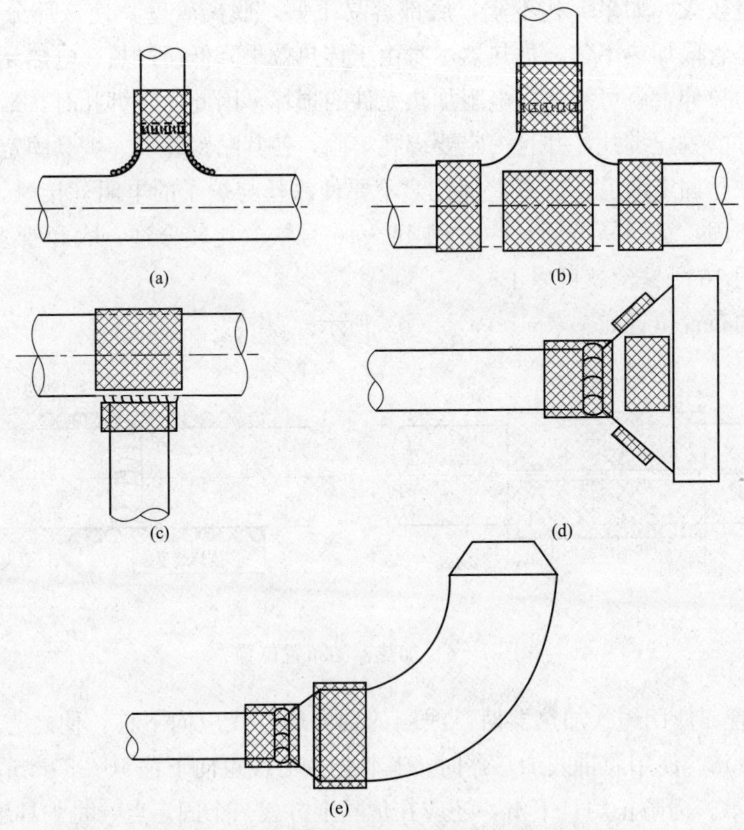

图 7－6　加热器布置在焊口的部位示意图

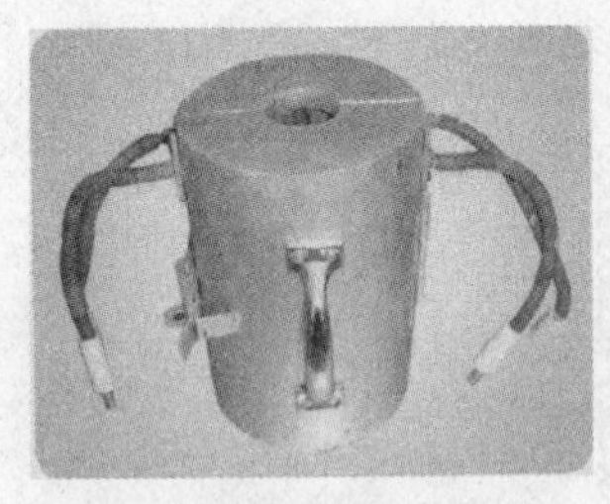

图 7－7　组合式加热器

3）锅炉小径管排加热器布置。锅炉小口径焊口的热处理可使用履带加热器、组合对开式加热器及绳状加热器。组合对开式加热器就是将履带加热器与保温层组合起来的一种加热器，使用方便，如图 7－7 所示。对于加热器的选用应根据现场条件、劳动强度、可操作性及热处理的效果来综合考虑，表 7－29 是对各种加热器的使用特性比较。

表 7－29　　对各种加热器的使用特性比较

炉具名称	使用范围	特点	
		优点	缺点
履带式	各种规格小口径焊口（宜用于密集管排）	使用方便，可操作性强	操作较复杂，保温材料浪费大，对炉具要求高。炉具固定复杂，保温要求高

续表

炉具名称	使用范围	特点	
		优点	缺点
绳状	各种规格（宜用于阀门、弯头、有障碍焊口）	使用方便灵活	劳动强度大，对操作技能要求高，安全性小，易出现短路，对保温要求高
组合对开式	不同规格的散管或管排（宜用于管距大于管径）	使用方便，性能可靠，热处理效果好	一种型号只适用一种管径，只能用于管距大于加热器厚度的管排

由表7-29可以看出，小口径焊口的热处理首选组合对开式加热器，现场条件不允许时，可选履带式加热器，在位置困难时才使用绳状炉具。

锅炉受热面等小径管排，当管距较大时，多采用组合对开式加热器或小型履带式加热器，像大径直管段一样，每只焊口独立布置一个加热器，多只焊口的加热器串联起来，使用一路电源加热。这时要注意对加热器应进行筛选，使加热器的功率大小基本一致，保证同炉加热的焊口温度一致。

对管距较小的密集排管，不能单只焊口布置加热器和保温层时，可采用履带式加热器，将数只焊口同时加热，在管距间用铁丝将加热器拉近，尽量贴近管壁。然后在炉子外层绑扎保温层，保温层要比加热器宽出50～100mm，在加热宽度之外，要将所有的管距间隙用保温材料塞严密，保证炉内空气的相对稳定，使加热温度均匀，如图7-8所示。

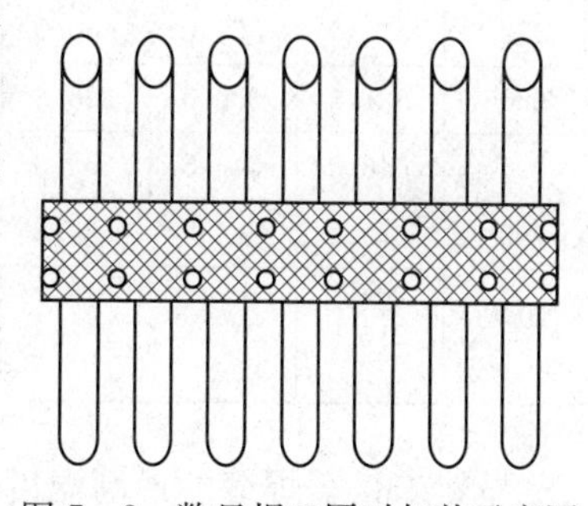

图7-8　数只焊口同时加热示意图

4）布置加热器的注意事项。在布置加热器时应注意，在任何情况下，加热器不能重叠或交叉安置，以防由于相互间的热效应而损坏。加热器必须贴紧管壁，加热器的绝缘应完好无损，合金线不可与管壁直接接触。焊件与炉具的接触面不能有大的焊瘤、焊渣等影响热传递物体，以免导致炉具因温度过高而损坏。

炉具的绑扎固定，首先，注意固定热电偶的铁丝头不能与炉具的带电部分接触，否则会造成快速熔芯损坏，还会造成炉具损坏，危及热处理设备的采样放大板。所以铁丝头不能过硬、过尖，尽可能使铁丝头在陶瓷块中间，外侧固定热电偶的铁丝要在加热器以外。其次，炉具固定要牢固。水平位置的焊口如果固定不牢固，下面的炉具与焊口出现间隙造成上下温差较大，下方温度达不到。垂直位置的焊口如果绑扎不牢固，出现炉具下滑，对下面母材造成过热。为了防止以上情况发生，在炉具接口处的连接铁丝要紧固均匀，同时要考虑到热膨胀，在炉具的外侧选择适当的固定方法。最后，检查炉具的带电部分是否接地，并有防护措施。检查电源线与炉具的连接是否正确，一切完成后方可开机运行。

用电阻加热时，加热器可以不伏盖焊缝，在两加热器中间留有间隙，可使轴向温差下降，这时最高温度的域不是出现在焊缝中心线上的狭窄一条，而是发生在相当宽的一段，空隙的作用与放大热源带宽度所起的效果相似，实验指出，电阻元件对带宽500mm，带或不带100mm中心间隙进行对比，可以看出壁厚为114mm的管子轴向温度梯度从33℃下降到25℃。平圩工程在SA335P22ϕ673×103mm管道上进行试验，加热尺寸为540mm×325mm，焊缝每边加热宽度为壁厚的三倍，保温材料用硅酸铝保温纤维毡，厚50mm、宽1200mm，0～300℃的升温速度为300℃/h，300℃以上60～70℃/h，温度梯度的变化见表7-30（热影响区的测温点距焊缝中心测温点160mm）。

表7-30　加热器伏盖与不伏盖焊缝时的温度梯度　（℃）

控温温度	伏盖焊缝					未伏盖焊缝				
	上	左	下	右	左热影响区	上	左	下	右	右热影响区
300	268.8	322.0	281.6	257.3	224.5	287.3	305.0	296.0	299.0	301.3
390	374.8	379.5	393.8	402.3	339.0	396.3	405.8	409.5	404.8	399.5
480	470.8	473.3	482.5	470.3	436.0	481.0	492.2	500.8	501.6	492.4
570	559.0	557.0	560.0	554.3	510.5	564.4	575.8	567.0	582.0	568.0
660	621.6	636.0	626.3	636.3	570.0	652.4	692.4	684.5	665.5	691.5
690	646.3	646.5	653.8	637.3	594.6	682.5	702.5	699.8	697.8	696.8
700	679.3	664.8	684.8	668.4	629.3	690.3	709.0	711.0	719.3	710.0
710恒温3.5h	715.5	716.8	716.3	713.3	673.5	710.5	711.0	711.8	716.8	710.3

显然未伏盖焊缝的最高温度加热带比伏盖焊缝的最高温度加热带宽得多，且温差梯度大为降低。伏盖焊缝的平均梯度为58.5℃/160mm，未伏盖焊缝的为43.3℃/160mm，恒温3.5h后为0.7℃/160mm。

留中间间隙的缺点是要加长加热时间，未留中间间隙的自300℃加热到710℃用了7h，而留中间间隙的自300℃加热到700℃就用了7h，如加热710℃还至少要20min，为减少加热时间，又留中间间隙，可将中间间隙放到足够大，使之能装入另一排电阻加热器，加热阶段使用，恒温则切断或减少输入功率。

（3）保温材料的性能与选择。管道焊口进行热处理时，为了减少热能的损失，保持被处理件升降温速度符合要求，必须在管道焊口侧（感应加热时）或加热器外包缠保温材料。由于管道焊口处于复杂的空间位置，每进行一次热处理，加热器、保温材料甚至电源设备都要变换位置或地方，保温材料又处于高温，感应热处理时，要在大电流、高电压下工作，因此，对焊口热处理用的保温材料比一般保温用材料的要求要特殊一些，其主要特点如下：①保温、耐热、强度性能好，能多次反复使用；②对电磁场没有屏蔽作用；③重量轻，易拆装；④对加热器无损坏。

常用的保温材料有石棉布、石棉绳、矿渣棉、珍珠岩、玻璃纤维棉（布）、硅酸铝耐火纤维制品等。这些材料的规格、特性见表7-31。

表7-31　常用保温材料的性能

材料名称	容重（kg/m^3）	导热率［kW/(m·K)］	允许工作温度（℃）	使用极限温度（℃）
石棉布	700	0.070～0.093	300	800
石棉绳	800	0.073	300	
矿渣棉	200	0.07	700	
膨胀珍珠岩	31～135	0.035～0.046	200～1000	
玻璃纤维	250	0.037	600	
普通硅酸铝纤维毡	20	0.030～0.125	1000	1100

从表7-31可以看出，硅酸铝纤维毡（见图7-9）既质轻，导热系数又小，耐温高，是一种新型的隔热保温材料，国内外已广泛使用。我国过去一般均采用石棉布（绳）进行保温，后来也曾使用玻璃纤维，但这些材料由于使用温度低，极限范围在800℃以内，热处理时只能使用一次，消耗量极大，以300MW机组施工为例，进行焊口热处理（包括预热）按施工定额计算就得石棉布30t，且包扎石棉布费工、费力，劳动条件差。有科学结果显示，石棉制品有致癌作用，因此基本不再使用。近几年来开始采用高硅富氧布和硅酸铝纤维毡，保温效果良好。

图7-9　硅酸铝纤维毡

前面我们已讲过，焊后热处理必须保证一定的保温宽度和厚度，为了达到热处理温度均匀，根据长期的施工经验，还要注意以下几点。

1）对于水平管道，底部的保温材料要稍厚，上部的要稍薄。

2）对于垂直管道，保温材料最好从上到下逐渐加厚。

3）对于直立三通，直立管上的保温材料要短而薄，而水平管上的保温材料要长而厚。

4）保温材料要用铁丝扎紧，使其贴紧管壁，至少要在中间及两端各绑扎一道。

5）在热处理的过程中，当温差过大而无法通过加热功率调整时，可根据经验通过调整保温层的厚度来解决。

(4) 热电偶的安装。热电偶要在布置加热器前安装。热电偶安装前应用肉眼检查热电偶线头、陶瓷套管和热电偶线，以确保没有损坏，然后将热电偶接在校正过的温度指示表（记录表）上，把热电偶的工作端用点燃火柴加热或插入热水中，进行补充检查。使用前检查可避免因失灵所造成的额外劳力、成本和时间的损失。

1）热电偶的布置。安装热电偶时应注意两个问题：一是与工件接触良好，二是测点布置在工件加热范围的适当位置。

对于局部加热的焊后热处理来说，温度测点的布设和数量应满足以下要求。

① 监测加热中心的最高温度点。

② 监控均热带边缘的最低温度点。

③ 备用温度测点。

④ 根据管径的大小，确定热电偶的数量，大径管至少为两点。

⑤ 根据管子的位置确定热电偶的分布位置。

热电偶的安装位置一般按下列原则确定。

① 对于管径大于或等于 273mm 的管道，测温点应在焊缝中心按圆周对称布置，且不少于两点。

② 对于水平管，由于空气对流作用，热空气上升，管子上部温度比下部高，在高温区更加明显，因此对于管径较大的水平管件热处理时，最好上、下分区控温，以保证加热各区的温差不会超过规定。两只控制热电偶要上、下对称布置，若采用四只热电偶，另外的两只测温点热电偶应分别对称布置在左右两侧均热带的最低温度处。对于管径较小的管子，当采用一只控温点时，要将控温点布置在上部，下部布置测温点；这样可防止顶部超温，下部的温度不足可通过调整保温层的厚度来控制。

③ 对于垂直管，控温点的热电偶要布置在焊缝的中心线上，分区控温时，两只控温点相位差 180°对称布置于管子的两侧，测温点均匀分布于管子的均热带边缘。

④ 锅炉受热面管排数只焊口使用一个控温点时，要将控温点布置在温度最高的部位，在温度最低的部位布置监视热电偶。

⑤ 采用柔性陶瓷电阻加热法进行加热时，热电偶应布置在加热区以内。

⑥ 感应加热时，已绝缘的热电偶本身应相互扭紧，其引出方向应与感应圈互相垂直。电阻加热时热电偶的热端要用绝热材料可靠地保护，防止热源直接辐射，产生误差。

⑦ 分区控制的热电偶，要与加热器相对应。

2）热电偶的固定。热电偶的固定对所测温度的准确性有着至关重要的影响。常见的固定热电偶的方法大致有以下几种。

① 使用贮能点焊机（电容放电）将热端点焊在工件上，安装时，必须保证热电偶的热端与焊件接触良好，固定牢固，防止在热处理过程中脱落。热电偶两极在管壁上的两个固定点间距离不超过 15mm。热处理结束后，应将点焊处打磨干净。

② 利用预先在被处理件上焊接的螺钉压紧件，将热电偶的热端拧压在工件上；采用平头螺钉或将螺栓加工成平头，预先在螺母的一侧底部钻一半圆孔，将螺钉点焊在工件上，热电偶从孔中插入，用螺钉压紧即可，在保证压紧热电偶的情况下，螺钉应尽量短，以便加热炉贴紧管壁。还要注意防止热电偶的短路。

③ 利用预先焊在被处理件上的短金属棒或焊条头，将金属棒弯压在热电偶的热端上，使其与工件接触。

④ 采用金属线将热电偶的热端紧压在工件上；金属丝要有一定的强度，绑扎要松紧适宜，既要保证热电偶固定牢固，测温准确，也要防止损坏热电偶。

⑤ 有的单位还采用带压片钢丝绑扎式，钢丝绑扎式简单方便，对各种管径、各种材质皆可用且不会对母材造成伤害。但是对操作人员的要求高，绑扎松紧度不同，测温也不同。

（5）热处理安全措施。由于热处理工作是一项高温作业，具有一定的危险性。除火焰加热法外，其他几种加热方法都是利用电能转换成热能进行加热的，对于热处理的电源设备、导线、加热器等防漏电、触电措施是不可忽视的；此外还有防火和防灼伤的问题。因此要加强安全管理工作。

1）热处理区加固措施。热处理时，接头范围内加热到 600～750℃，此时金属的屈服强度将比室温时降低 40%～60%，因此应考虑接头在加热和保持温度过程的变形问题。如果支撑或固定不好，则容易因结构因素，管接头和加热器、保温材料等重量因素的影响和作用而产生变形。对口时所使用的悬挂、支撑件，要等热处理完毕后才能拆除。

2）热处理场所不得存放易燃、易爆物品，并应在明显、方便的地方设置足够数量的灭火器材。

3）管道热处理场所应设围栏并挂警告牌，接长线不准裸露，设备接地良好，防止触电。热处理操作人员在作业时，必须使用防止触电的防护用品。

4）采用中频电源进行热处理时，必须执行经过批准的操作程序和指挥联络办法；严禁擅自操作。

5）从中频电源设备到热处理作业地点的专用电缆必须按规定布设，并有特殊标志。

6）拆装感应线圈必须在切断电源后进行，并应有防止误码率带电的措施。

7）进行保温材料的捆扎作业必须佩戴防护口罩及手套。

8）采用水冷感应线圈时，冷却水应回收或用软管排入地沟，不得随地排放。

9）高处作业必须进行体检并合格，凡不宜进行高处作业的人员不得参加高处作业；施焊人员穿戴必须符合要求，扎好安全带，安全带应挂在上方牢固可靠处，做好防坠落措施。脚手架经验收合格方可使用。工具应系安全绳，必要时用工具包携带，严禁抛掷工具及高空落物。

10）遇有六级及以上大风或恶劣气候时，应停止露天高处作业；雨雪天气，应有遮挡措施，否则应停止热处理工作。

11）做好防暑降温工作，防止中暑。

12）进行热处理作业时，操作人员不得擅自离开，作业结束后应详细检查，确认无起火危险后方可离开。

二、热处理质量检验

（一）常用热处理质量检验方法

为了保证热处理零件的质量，必须对热处理工件进行质量检验，对不同的热处理方法不同的性能要求采取不同的检验方法。常用检验方法如下。

1. 力学性能检验方法

力学性能检验方法主要指硬度、拉伸、压缩、弯曲、冲击韧性等。

拉伸试验是检测材料力学性能的最基本试验方法，拉伸试验在拉伸试验机上进行。可测定出材料的规定非比例伸长应力（比例极限）σ_p、屈服点（屈服极限）σ_s或规定残余伸长应力（条件屈服极限）$\sigma_{r0.2}$、拉伸强度σ_b、伸长率δ、断面收缩率ψ以及模量E等力学指标。拉伸试验又分为室温拉伸试验、高温拉伸试验和低温拉伸试验。

压缩试验用来试验高脆性材料（如灰口铸铁等）。试验时可采用专门的试验机，也可以采用普通的拉力试验机。在压缩时，和在拉伸时一样完全可以测量材料的各种机械性能，但是，大部分情况下只测量强度极限（如铸铁零件）。

弯曲试验主要用来测量脆性材料（如铸铁）的机械性能，在专用或通用的断裂试验机上进行。弯曲试验时，基本上排除了拉伸试验方法试样倾斜的缺点，试样倾斜会导致它提前破裂。

在冲击韧性试验时，最常用带正方形切口的冲击弯曲试样。这种试样能非常好地体现钢的脆性破坏倾向。试验在冲击试验机上进行。

2. 金相检验

零件或试样的机械试验不能很好地得到热处理质量的完整概念，为了更好地揭示金属在热处理后的性质，可以用宏观或微观分析方法对金属的结构进行金相研究。

宏观分析是用肉眼或放大倍数不大的放大镜对金属组织和断口进行研究的一种方法。宏观分析可以观察大面积的金属组织，显示纤维方向和冶金缺陷（裂纹、发纹、气孔、偏析等）。对需要研究的零件或试样的宏观分析表面，要进行研磨并用专门的试剂侵蚀。断口则不必经过专门的表面研磨。通常是在宏观分析后再进行微观分析。

微观分析是用光学显微镜或电子显微镜在高的放大倍数下研究金属的组织。微观分析可以研究钢材的本质晶粒度、非金属夹杂物、石墨的形态及大小，原材料金相组织、炭化物偏析、球化组织和脱碳层的要求等，以及工件经热处理后的内部组织是否符合金相标准的要求。

金相检验的工艺规程一般可分为如下几个步骤：取样、粗磨、磨光、抛光、冲洗、腐蚀、吹干、金相观察、分析讨论、出具报告等步骤。

3. 无损检测方法

热处理质量的无损检测主要指磁粉探伤、渗透探伤、超声波探伤、射线照相探伤、涡流探伤等常规检验方法。

磁粉探伤主要用于探测铁磁性材料表面或近表面的裂纹、折叠、夹层、夹渣等缺陷，灵敏度高、操作简便、结果可靠。

渗透探伤可用于除多孔材料外的各种金属、非金属、磁性、非磁性材料及零件表面开口缺陷的检查。

超声波探伤可用于检测锻件、轧制件、铸件、焊件等内部的裂纹、气孔、夹杂、缩孔及未焊透等缺陷。

射线照相探伤适用于检查内部缺陷，在锅炉压力容器、船体、管道和其他结构的焊缝和铸件方面应用得十分广泛。对于气孔、夹渣、缩孔等体积性缺陷，即使很小也很容易检查出来，而对于裂纹那样的面状缺陷，只有与裂纹方向平行的射线照射时，才能够检查出来，因此有时要改变照射方向来进行照相。

涡流探伤主要用于检测导电材料制管材、线材及薄壁零件的裂纹、气孔、折叠、发纹及夹杂等表面与近表面缺陷，测定材料的热处理状态、硬度、硬化层深度及直径变化等，测量导电金属上非导电涂层的厚度或磁性材料上非磁性涂层的厚度。

（二）硬度检验方法

所谓硬度，是表示金属材料表面局部区域内抵抗塑性变形的能力。是焊后热处理完成后，质量检验最为常用的方法之一。

1. 布氏硬度

布氏硬度检测是通过加载钢球压头（用于测试硬度＜450HB 的材料）或硬质合金压头（用于测试硬度＜650HB 的材料）压入被测试的金属零件（或试样）的表面，根据单位压痕面积上所受的负载大小来确定硬度值（HB）

$$HB=\frac{p}{F}=\frac{p}{\pi Dt}$$

式中　F——凹陷压痕的面积（mm^2）；

t——压痕凹陷的深度（mm）；

HB——布氏硬度符号（单位为 kgf/mm^2）

由于压痕凹陷深度 t 较难测定，为了检测方便，通常将上述公式中的 t 换成压痕直径 d，即 HB 的计算公式为

$$HB=\frac{2p}{\pi D(D-\sqrt{D^2-d^2})}$$

式中　D——压头直径（mm）；

d——压痕直径（mm）。

检测布氏硬度时，检测面应是光滑平面，表面粗糙度一般为 $R_a \leqslant 0.8\mu m$，试件厚度至少应为压痕直径的 10 倍。试验时，压痕中心应距试样边缘≥$4d$，当材料硬度＜35HB 时为 $6d$；两个压痕 d_1、d_2 之差不应超过较小直径的 2%。

布氏硬度计的压头直径有 10mm、5mm、2.5mm、2mm 和 1mm 5 种。在实际测量中，根据工件材料的软硬程度，也将采用的 p/D^2 值规定为 30、15、10、5、2.5、1.25、1 共 7 种，根据试件的种类和厚度不同分别选用。按照国标 GB/T 231 中的规定，只有当满足 d=（0.24～0.6）D 时，试验结果才有效。测试布氏硬度的试件的最小厚度、试验条件、不同试验条件下试验所采用的载荷等须参照相关标准。

2. 洛氏硬度

洛氏硬度是应用最广泛的硬度检测方法，是以规定的钢球或锥角为 120°的金刚石圆锥为压头，先施加预载荷 p_0，再施加不同等级的主载荷 p_1，使压头垂直地压入试样表

面，然后卸除 p_1，在保持 p_0 的情况下测出由 p_1 产生的残余压入深度，并以测定的压入深度作为洛氏硬度值。洛氏硬度用符号 HR 表示，通过采用不同的压头和载荷，组成了15 种不同的洛氏硬度，针对不同的材料使用，其中最常用的有 HRA、HRB、HRC 三种，这三种洛氏硬度的试验条件及应用范围列于表 7-32。测试洛氏硬度的试件，检测面尽可能是平面，表面粗糙度一般为 $R_a \leqslant 0.8\mu m$，工件或检测厚度 d（mm）$\geqslant 10e$（e 为卸除主载荷后，在预载荷下的压痕深度残余增量，用 0.002mm 为单位表示）可参照下列公式确定。

$$D_{min} = -0.02 \times (HRA、HRC) + 2$$

$$D_{min} = -0.02 \times (HRB) + 2.6$$

表 7-32　　洛氏硬度的试验条件和应用范围

硬度符号	压头	预载荷 [N（kg·f）]	主载荷 [N（kg·f）]	总载荷 [N（kg·f）]	测量范围	应用举例
HRA	金刚石圆锥	98.1（10）	490.3（50）	588.4（60）	60～85	硬质合金、炭化物、表面淬火钢、硬化薄钢板等
HRB	1/16in 钢球	98.1（10）	882.6（90）	980.7（100）	25～100	铜合金、退火钢、铝合金、可锻铸铁等
HRC	金刚石圆锥	98.1（10）	1373（140）	1471（150）	20～67	淬火钢、冷硬铸铁、珠光体可锻铸铁、钛合金等

在测试时，必须保证负载作用力与检测平面垂直。在试验过程中，试验仪器不应受任何冲击和振动，保持负载的时间（以示值指示的指针基本停止移动为准）推荐为：对施加预载荷后不随时间继续变形的试件，保持≤2s；对施加预载荷后随时间继续变形的试件，保持 6～8s；对施加预载荷后明显随时间继续变形的试件，保持 20～25s。然后在 2s 内平稳地移除主载荷，保持预载荷，从相应的标尺刻度上直接读出硬度值。在圆柱面和球面上测得的洛氏硬度值应按表 7-33～表 7-35 中的数据进行修整（补加修正值），表中范围内未列出的其他直径和硬度值可用插入法求得修正值。

表 7-33　　在圆柱体上测定 HRC 的数值修正

HRC	圆柱形试件的直径（mm）								
	6	10	13	16	19	22	25	32	38
20	6.0	4.5	3.5	2.5	2.0	1.5	1.5	1.0	1.0
25	5.5	4.0	3.0	2.5	2.0	1.5	1.0	1.0	1.0
30	5.0	3.5	2.5	2.0	1.5	1.5	1.0	1.0	0.5
35	4.0	3.0	2.0	1.5	1.5	1.0	1.0	0.5	0.5
40	3.5	2.5	2.0	1.5	1.0	1.0	1.0	0.5	0.5

续表

HRC	圆柱形试件的直径（mm）								
	6	10	13	16	19	22	25	32	38
45	3.0	2.0	1.5	1.0	1.0	1.0	0.5	0.5	0.5
50	2.5	2.0	1.5	1.0	1.0	0.5	0.5	0.5	0.5
55	2.0	1.5	1.0	1.0	0.5	0.5	0.5	0.5	0
60	1.5	1.0	1.0	0.5	0.5	0.5	0.5	0	0
65	1.5	1.0	1.0	0.5	0.5	0.5	0.5	0	0

注　表中范围内的其他直径和硬度值，可用插入法求得修正值。

表 7-34　　在圆柱体上测定 HRB 的数值修正

HRB	圆柱形试件的直径（mm）						
	6	10	13	16	19	22	25
20	11.0	7.5	5.5	4.5	4.0	3.5	3.0
30	10.0	6.5	5.0	4.5	3.5	3.0	2.5
40	9.0	6.0	4.5	4.0	3.0	2.5	2.5
50	8.0	5.5	4.0	3.5	3.0	2.5	2.0
60	7.0	5.0	3.5	3.0	2.5	2.0	2.0
70	6.0	4.0	3.0	2.5	2.0	2.0	1.5
80	5.0	3.5	2.5	2.0	1.5	1.5	1.5
90	4.0	3.0	2.0	1.5	1.5	1.5	1.0
100	3.5	2.5	1.5	1.5	1.0	1.0	1.5

注　表中范围内的其他直径和硬度值，可用插入法求得修正值。

表 7-35　　在圆面上测定 HRC 的数值修正

HRC	球面直径（mm）								
	4	6.5	8	9.5	11	12.5	15	20	25
55	6.4	3.9	3.2	2.7	2.3	2.0	1.7	1.3	1.0
60	5.8	3.6	2.9	2.4	2.1	1.8	1.5	1.2	0.9
65	5.2	3.2	2.6	2.2	1.9	1.7	1.4	1.0	0.8

注　表中范围内的其他直径和硬度值，可用插入法求得修正值。

3. 维氏硬度和显微硬度

(1) 维氏硬度。维氏硬度的压头采用锥面夹角为136°的金刚石四方角锥体，施加载荷范围为49.03～980.7N。

维氏硬度值用符号 HV 表示：

$$HV=0.1891p/d^2$$

式中 p——施加载荷（N）；

d——四方角锥体压痕两对角线 d_1 和 d_2 的算术平均值（mm）。

维氏硬度测试一般按国标 GB 4340 执行，试样表面粗糙度 $Ra \leqslant 0.2\mu m$，试样或检测层厚度应≥1.5d。测试硬度时，施加载荷的时间为 2～8s，载荷保持时间：对黑色金属一般为 10～15s，对有色金属一般为 30s±2s。相邻两压痕中心间距或任一压痕中心距试件边缘距离：对黑色金属为≥2.5d，对有色金属≥5d。压痕两对角线之差不应超过对角线长度的 2%。不同施加载荷下测的维氏硬度标记见表 7-36。

表 7-36 维氏硬度标记方法

硬度符号	施加载荷（N）	硬度符号	施加载荷（N）
HV5	49.03	HV5	294.2
HV10	98.07	HV10	490.3
HV20	196.1	HV20	980.7

（2）小负载维氏硬度。小负载维氏硬度测试时的施加载荷为 1.961～29.43N，常用来测定表面淬火层的硬化深度和化学热处理零件表面硬度以及小件和薄件的硬度，硬度的表示方法列于表 7-37。

表 7-37 小负载维氏硬度标记方法

硬度符号	施加载荷（g）	硬度符号	施加载荷（g）
HV0.2	1.961	HV2	19.61
HV0.3	2.942	HV2.5	24.52
HV0.5	4.903	HV3	29.42
HV1	9.807		

（3）显微硬度。显微硬度用来测试显微组织中个别相的硬度及化学热处理渗层的硬度，可视为微观维氏硬度。其施加载荷的单位是克（g）而不是牛顿（N），常用的载荷和硬度标记方法见表 7-38。

表 7-38 显微硬度标记方法

硬度符号	施加载荷（g）	硬度符号	施加载荷（g）
HV0.01	10	HV0.1	100
HV0.02	20	HV0.2	200
HV0.05	50	HV0.5	500

4. 肖氏硬度和里氏硬度

肖氏硬度计是一种轻便手提式硬度计，操作方便，适用于轧辊、曲轴等高硬度大型零件。肖氏硬度值用符号 HS 表示。它是一种回跳式硬度试验，它是以一定重量的冲头从一定高度自由下落到被测表面上，靠冲头中残留的储能使冲头反弹，以回跳的高度确定被测零件的厚度。因此，测试时硬度计应垂直于被测零件表面，以保证冲头垂直下落。

里氏硬度是一种新型的反弹式硬度测量方法，其冲击体不是靠自由下落储能回跳，而是用标准弹簧力打向被测零件的表面，因此其测量角度可随意，精确度较高。里氏硬度值用符号 HL 表示。里氏硬度计体积很小，便于携带，常用于大型铸锻件、永久组装部件、难于接近或有限空间处零件的硬度测量，也可用于大型工件的硬度分布差异测试。

（三）焊后热处理的质量管理

焊后热处理是焊接接头焊接完成后进行的一道重要热加工工序。它对改善接头组织状态、性能、确保使用过程中的可靠性是很重要的。如果忽略了这道工序，不认真按程序、规范进行焊后热处理，焊接接头的性能和可靠性都不能得到保证，所以，对焊后热处理全过程应严格按作业程序进行规范化的管理，并认真执行作业指导书的规定。

1. 热处理前的技术准备

收集设计要求及热处理施工技术规范、标准；做好人员的资格审查和配备；进行热处理工艺评定方案；编写施工方案、措施和作业指导书，进行施工技术交底，绘制热处理记录图；确定工作用表格等。

2. 热处理前的设备、仪器准备

正确选择热处理设备，保持设备的完好状态，做到无元件的损坏或丢失，绝缘良好，使用功能正常，测温元件和装置相互配套，确保测温装备、程序和控制可靠、辅助设施齐全完好。

3. 加热器的安装、热电偶的固定及保温材料的敷设

加热器的安装要根据焊件不同的位置及采用的加热方法，而采取恰当的安装方法。

热电偶固定应与工件接触良好，测点布置要在被加热范围的适当位置。

保温材料的敷设要根据不同的加热方法，敷设适当的保温厚度和保温宽度。

4. 自主监控

为确保热处理质量，操作人员要严格按作业指导书规定的条件、程序进行现场作业，在作业过程中对可能出现影响质量的因素进行监控，随时调整使其处于正常的程序和规范要求之内。

5. 资料整理

填好热处理记录表（内容包括工程名称、规格、材质、接头编号、热处理规范、加热方法、设备型号、测温方法和仪器型号、过程起止时间、过程异常记载、热处理人员等）。

6. 焊后热处理施工操作程序

（1）物资准备检查。

（2）安装热电偶。

（3）敷设保温材料。

（4）安装加热圈或缠绕线圈。

（5）加热器或线圈固定。

（6）被处理件固定。

（7）接线。

（8）设安全围栏。

（9）通电。

（10）控温－过程结束。

（11）收集整理记录资料。

为使焊后热处理的焊接接头，获得合格的、满足使用要求的性能，除了热处理工在施工中严格按照作业指导书的要求进行操作外，还必须有质检员对整个过程进行监控。监控的要点有：热电偶的测点位置、数量和固定方法，加热器的宽度，保温厚度和宽度，升降温速度，恒温（保持）温度和时间，异常情况处理（停电、设备故障等）。

焊后热处理完成后，质量是否达到预期效果，可通过金相分析和硬度检验来进行质量检查。最常用的为硬度检验，硬度检验的位置包括焊缝和热影响区，测定的硬度应符合有关规程的规定，电力焊接规程的标准是，不应超出母材金属布氏硬度 HB 加 100 且不超过下列规定：

合金总含量＜3%，HB≤270；

合金总含量 3%～10%，HB≤300；

合金总含量＞10%，HB≤350。

如硬度值超过标准时，应复检并查明原因，对热处理不合格的焊接接头，应重新进行热处理。

（四）各种硬度值之间和硬度与强度之间的换算

金属的各种硬度值与其强度值之间在理论上并无严格的相互关系，但根据大量的试验可粗略地得到换算值或换算关系，即

$$HRC \approx 1/10HB，当 HB < 400 时，HV \approx HB$$

根据试验研究总结出的经验公式，抗拉强度 σ_b 与布氏硬度之间有近似关系为

$$\sigma_b = K \cdot HB$$

对于钢铁材料，$K=0.33\sim0.36$；对于铜合金及不锈钢，$K=0.40\sim0.55$。钢铁材料的旋转弯曲疲劳极限 σ_{-1} 与布氏硬度之间的近似关系为

$$\sigma_{-1} = \frac{1}{2}\sigma_b = \frac{1}{6}HB$$

表 7－39 和表 7－40 列出了钢铁零件硬度和强度的换算值。

表 7-39 黑色金属硬度及强度换算（一）

硬度								抗拉强度（MPa）									
洛氏		表面洛氏			维氏	布氏		碳钢	铬钢	铬钒钢	铬镍钢	铬钼钢	铬镍钼钢	铬锰硅钢	超高强度钢	不锈钢	不分钢种
HRC	HRA	15-N	30-N	45-N	HV	HB $30D^2$	d（mm）10/3000										
70.0	86.6				1037												
69.5	86.3				1017												
69.0	86.1				997												
68.5	85.8				978												
68.0	85.5				959												
67.5	85.2				941												
67.0	85.0				923												
66.5	84.7				906												
66.0	84.4				889												
65.5	84.1				872												
65.0	83.9	92.2	81.3	71.7	856												
64.5	83.6	92.1	81.0	71.2	840												
64.0	83.3	91.9	80.6	70.6	825												
63.5	83.1	91.8	80.2	70.1	810												
63.0	82.8	91.7	79.8	69.5	795												
62.5	82.5	91.5	79.4	69.0	780												
62.0	82.2	91.4	79.0	68.4	766												
61.5	82.0	91.2	78.6	67.9	752												

续表

硬度								抗拉强度（MPa）									
洛氏		表面洛氏			维氏	布氏											
HRC	HRA	15－N	30－N	45－N	HV	HB $30D^2$	d（mm）10/3000	碳钢	铬钢	铬钒钢	铬镍钢	铬钼钢	铬镍钼钢	铬锰硅钢	超高强度钢	不锈钢	不分钢种
61.0	81.7	91.0	78.1	67.3	739												
60.5	81.4	90.8	77.7	66.8	726												
60.0	81.2	90.6	77.3	66.2	713										2691		2607
59.5	80.9	90.4	76.9	65.6	700										2623		2551
59.0	80.6	90.2	76.5	65.1	688										2558		2496
58.5	80.3	90.0	76.1	64.5	676										2496		2443
58.0	80.1	89.8	75.6	63.9	664										2437		2391
57.5	79.8	89.6	75.2	63.4	653										2380		2341
57.0	79.5	89.4	74.8	62.8	642										2326		2293
56.5	79.3	89.1	74.4	62.2	631										2274		2246
56.0	79.0	88.9	73.9	61.7	620										2224		2201
55.5	78.7	88.6	73.5	61.1	609										2177		2157
55.0	78.5	88.4	73.1	60.5	599					2066	2098			2086	2131		2115
54.5	78.2	88.1	72.6	59.9	589					2033	2061			2048	2087		2074
54.0	77.9	87.9	72.2	59.4	579					2000	2025			2010	2045		2034
53.5	77.7	87.6	71.8	58.8	570					1968	1990	1925	1985	1974	2005		1995
53.0	77.4	87.4	71.3	58.2	561					1937	1955	1893	1951	1938	1967		1957
52.5	77.1	87.1	70.9	57.6	551					1906	1920	1861	1918	1903	1930		1921

续表

硬度								抗拉强度（MPa）									
洛氏		表面洛氏			维氏	布氏											
HRC	HRA	15－N	30－N	45－N	HV	HB $30D^2$	d（mm）10/3000	碳钢	铬钢	铬钒钢	铬镍钢	铬钼钢	铬镍钼钢	铬锰硅钢	超高强度钢	不锈钢	不分钢种
52.0	76.9	86.8	70.4	57.1	543				1881	1875	1887	1830	1886	1870	1894		1885
51.5	76.6	86.6	70.0	56.5	534				1841	1845	1854	1799	1854	1836	1865		1851
51.0	76.3	86.3	69.5	55.9	525	501	2.73		1803	1816	1821	1769	1823	1804	1827		1817
50.5	76.1	86.0	69.1	55.3	517	494	2.75		1767	1787	1790	1739	1793	1773	1795		1785
50.0	75.8	85.7	68.6	54.7	509	488	2.77	1744	1731	1758	1758	1710	1762	1742	1765	1759	1750
49.5	75.5	85. 5	68.2	54.2	501	481	2.79	1714	1698	1730	1728	1682	1733	1712	1735	1723	1722
49.0	75.3	85.2	67.7	53.6	493	474	2.81	1686	1666	1702	1698	1654	1704	1683	1707	1688	1692
48.5	75.0	84.9	67.3	53.0	485	468	2.83	1658	1635	1675	1669	1626	1676	1654	1679	1655	1663
48.0	74.7	84.6	66.8	52.4	478	461	2.85	1631	1605	1649	1640	1599	1648	1627	1652	1623	1635
47.5	74.5	84.3	66.4	51.8	470	455	2.87	1606	1576	1623	1612	1573	1620	1600	1625	1592	1608
47.0	74.2	84.0	65.9	51.2	463	449	2.89	1581	1549	1597	1584	1547	1593	1573	1600	1563	1581
46.5	73.9	83.7	65.5	50.7	456	442	2.91	1556	1522	1572	1557	1522	1567	1517	1575	1535	1555
46.0	73.7	83.5	65.0	50.1	449	436	2.93	1533	1497	1547	1531	1497	1541	1522	1550	1508	1529
45.5	73.4	83.2	64.6	49.5	443	430	2.95	1510	1472	1522	1505	1472	1516	1498	1526	1482	1501
45.0	73.2	82.9	64.1	48.9	436	424	2.97	1488	1448	1498	1480	1448	1491	1474	1502	1457	1481
44.5	72.9	82.6	63.6	48.3	429	418	2.99	1466	1426	1475	1455	1425	1467	1450	1478	1433	1457
44.0	72.6	82.3	63.2	47.7	423	413	3.01	1445	1403	1452	1431	1402	1443	1427	1455	1410	1434
43.5	72.4	82.0	62.7	47.1	417	407	3.03	1425	1382	1429	1408	1379	1420	1405	1432	1387	1411

续表

硬度								抗拉强度（MPa）									
洛氏		表面洛氏			维氏	布氏		碳钢	铬钢	铬钒钢	铬镍钢	铬钼钢	铬镍钼钢	铬锰硅钢	超高强度钢	不锈钢	不分钢种
HRC	HRA	15－N	30－N	45－N	HV	HB $30D^2$	d（mm）10/3000										
43.0	72.1	81.7	62.3	46.5	411	401	3.05	1405	1361	1407	1385	1357	1397	1384	1409	1366	1389
42.5	71.8	81.4	61.8	45.9	405	396	3.07	1386	1341	1385	1362	1336	1375	1362	1385	1345	1368
42.0	71.6	81.1	61.3	45.4	399	392	3.09	1367	1322	1364	1340	1315	1353	1342	1362	1325	1347
41.5	71.3	80.8	60.9	44.8	393	385	3.11	1348	1303	1343	1319	1294	1331	1322	1339	1305	1327
41.0	71.1	80.5	60.4	44.2	388	380	3.13	1331	1284	1322	1298	1274	1310	1302	1315	1286	1307
40.5	70.8	80.2	60.0	43.6	382	375	3.15	1313	1267	1302	1277	1254	1290	1283	1291	1268	1287
40.0	70.5	79.9	59.5	43.0	377	370	3.17	1296	1249	1282	1257	1235	1270	1264	1267	1250	1268
39.5	70.3	79.6	59.0	42.4	372	365	3.19	1279	1232	1262	1238	1216	1250	1246	1243	1233	1250
39.0	70.0	79.3	58.6	41.8	367	360	3.21	1263	1216	1243	1219	1197	1231	1228	1218	1216	1232
38.5		79.0	58.1	41.2	362	355	3.24	1246	1199	1225	1200	1179	1212	1211	1193	1200	1214
38.0		78.7	57.6	40.6	357	350	3.26	1231	1184	1206	1182	1162	1194	1194		1184	1197
37.5		78.4	57.2	40.0	352	345	3.28	1215	1168	1188	1165	1144	1176	1177		1168	1180
37.0		78.1	56.7	39.4	347	341	3.30	1200	1153	1171	1148	1128	1158	1161		1153	1163
36.5		77.8	56.2	38.8	342	336	3.32	1185	1138	1153	1131	1111	1141	1146		1138	1147
36.0		77.5	55.8	38.2	338	832	3.34	1170	1124	1136	1115	1095	1125	1130		1123	1131
35.5		77.2	55.3	37.6	333	327	3.37	1158	1109	1120	1099	1079	1108	1115		1109	1115
35.0		77.0	54.8	37.0	329	323	3.39	1141	1095	1104	1084	1064	1092	1101		1095	1100
34.5		76.1	54.4	36.5	324	318	3.41	1127	1082	1088	1069	1049	1077	1086		1081	1085

续表

硬度								抗拉强度（MPa）									
洛氏		表面洛氏			维氏	布氏											
HRC	HRA	15-N	30-N	45-N	HV	HB $30D^2$	d（mm）10/3000	碳钢	铬钢	铬钒钢	铬镍钢	铬钼钢	铬镍钼钢	铬锰硅钢	超高强度钢	不锈钢	不分钢种
34.0		76.4	53.9	35.9	320	314	3.43	1113	1068	1072	1054	1035	1062	1073		1067	1070
33.5		76.1	53.4	35.3	316	310	3.46	1100	1055	1057	1040	1020	1047	1059		1054	1056
33.0		75.8	53.0	34.7	312	306	3.48	1086	1042	1042	1027	1007	1032	1046		1041	1042
32.5		75.5	52.5	34.1	308	302	3.50	1073	1029	1027	1013	993	1018	1033		1028	1028
32.0		75.2	52.0	33.5	304	298	3.52	1060	1016	1013	1000	980	1005	1020		1015	1015
31.5		74.9	51.6	32.9	300	294	3.54	1047	1004	999	988	967	991	1008		1003	1001
31.0		74.7	51.1	32.3	296	291	3.56	1034	991	985	976	955	978	996		990	989
30.5		74.4	50.6	31.7	292	287	3.59	1021	979	972	964	943	966	985		978	976
30.0		74.1	50.2	31.1	289	283	3.61	1009	967	959	953	931	953	973		966	964
29.5		73.8	49.7	30.5	285	280	3.63	997	955	943	942	919	941	962		954	951
29.0		73.5	49.2	29.9	281	276	3.65	984	943	933	932	908	930	951		942	940
28.5		73.3	48.7	29.3	278	273	3.67	972	932	921	922	897	918	941		931	928
28.0		73.0	48.3	28.7	274	269	3.70	961	920	909	912	887	907	930		919	917
27.5		72.7	47.8	28.1	271	266	3.72	949	909	897	902	877	897	920		908	906
27.0		72.4	47.3	27.5	268	263	3.74	937	898	886	893	867	886	910		897	895
26.5		72.2	46.9	26.9	264	260	3.76	926	887	875	884	857	876	901		885	884
26.0		71.9	46.4	26.3	261	257	3.78	914	876	864	876	847	866	892		875	874
25.5		71.6	45.9	25.7	258	254	3.80	903	865	853	868	838	874	882		864	864

续表

硬度								抗拉强度（MPa）									
洛氏		表面洛氏			维氏	布氏											
HRC	HRA	15－N	30－N	45－N	HV	HB $30D^2$	d（mm）10/3000	碳钢	铬钢	铬钒钢	铬镍钢	铬钼钢	铬镍钼钢	铬锰硅钢	超高强度钢	不锈钢	不分钢种
25.0		71.4	45.5	25.1	255	251	3.83	892	855	843	860	830	865			853	854
24.5		71.1	45.0	24.5	252	248	3.85	881	844	833	852	821	856			843	844
24.0		70.8	44.5	23.9	249	245	3.87	870	834	823	845	813	848			832	835
23.5		70.6	44.0	23.3	246	242	3.89	860	821	813	838	805	840			822	825
23.0		70.3	43.6	22.7	243	240	3.91	849	814	803	831	797	832			812	816
22.5		70.0	43.1	22.1	240	237	3.93	839	804	794	825	789	825			802	808
22.0		69.8	42.6	21.5	237	234	3.95	829	794	785	819	782	817			792	799
21.5		69.5	42.2	21.0	234	232	3.97	819	785	776	813	775	810			782	791
21.0		69.3	41.7	20.4	231	229	4.00	809	775	767	807	768	803			773	782
20.5		69.0	41.2	19.8	229	227	4.02	799	766	759	802	761	796			764	774
20.0		68.8	40.7	19.2	226	225	4.03	790	757	751	797	755	789			754	767
19.5		68.5	40.3	18.6	223	222	4.05	780	748	743	792	749	782			745	759
19.0		68.3	39.8	18.0	221	220	4.07	771	739	735	788	743	776			737	752
18.5		68.0	39.3	17.4	218	218	4.09	762	731	727	783	737	769			728	744
18.0		67.8	38.9	16.8	216	216	4.11	753	723	719	779	731	763			719	737
17.5		67.6	38.4	16.2	214	214	4.13	744	714	712	775	726	757			711	731
17.0		67.3	37.9	15.6	211	211	4.15	736	706	705	772					703	724

表 7-40　　黑色金属硬度及强度换算（二）

硬度							抗拉强度（MPa）
洛氏	表面洛氏			维氏	布氏		
HRB	15-T	30-T	45-T	HV	HB $10D^2$	d（mm）10/1000	
100.0	91.5	81.7	71.7	233			7874.7
99.5	91.3	81.4	71.2	230			7771.4
99.0	91.2	81.0	70.7	227			7673.4
98.5	91.1	80.7	70.2	225			7575.4
98.0	90.9	80.4	69.6	222			7477.4
97.5	90.8	80.1	69.1	219			7389.2
97.0	90.6	79.8	68.6	216			7291.2
96.5	90.5	79.4	68.1	214			7203.0
96.0	90.4	79.1	67.6	211			7114.8
95.5	90.2	78.8	67.1	208			7026.6
95.0	90.1	78.5	66.5	206			6938.4
94.5	89.9	78.2	66.0	203			6860.0
94.0	89.8	77.8	65.5	201			6771.8
93.5	89.7	77.5	65.0	199			6693.4
93.0	89.5	77.2	64.5	196			6615.0
92.5	89.4	76.9	64.0	194			6536.6
92.0	89.3	76.6	63.4	191			6458.2
91.5	89.1	76.2	62.9	189			6379.8
91.0	89.0	75.9	62.4	187			6311.2
90.5	88.8	75.6	61.9	185			6232.8
90.0	88.7	75.3	62.4	183			6164.2
89.5	88.6	75.0	60.9	180			6085.8
89.0	88.4	74.6	60.3	178			6017.2
88.5	88.3	74.3	59.8	176			5948.6
88.0	88.1	74.0	59.3	174			5889.8
87.5	88.0	73.7	58.8	172			5821.2
87.0	87.9	73.4	58.3	170			5752.6
86.5	87.7	73.0	57.8	168			5693.8
86.0	87.6	72.7	57.2	166			5635.0
85.5	87.5	72.4	56.7	165			5566.4
85.0	87.3	72.1	56.2	163			5507.6
84.5	87.2	71.8	55.7	161			5448.8
84.0	87.0	71.4	55.2	159			5390.0

续表

硬度							抗拉强度 (MPa)
洛氏	表面洛氏			维氏	布氏		
HRB	15－T	30－T	45－T	HV	HB $10D^2$	d（mm） 10/1000	
83.5	86.9	71.1	54.7	157			5341.0
83.0	86.8	70.8	54.1	156			5282.2
82.5	86.6	70.5	53.6	154	140	2.98	5233.2
82.0	86.5	70.2	53.1	152	138	3.00	5174.4
81.5	86.3	69.8	52.6	151	137	3.01	5125.4
81.0	86.2	69.5	52.1	149	136	3.02	5076.4
30.5	86.1	69.2	51.6	148	134	3.05	5027.4
80.0	85.9	68.9	51.0	146	133	3.06	4978.4
79.5	85.8	68.6	50.5	145	132	3.07	4929.4
79.0	85.7	68.2	50.0	143	130	3.09	4880.4
78.5	85.5	67.9	49.5	142	129	3.10	4841.2
78.0	85.4	67.6	49.0	140	128	3.11	4792.2
77.5	85.2	67.3	48.5	139	127	3.13	4753.0
77.0	85.1	67.0	47.9	138	126	3.14	4704.0
76.5	85.0	66.6	47.4	136	125	3.15	4664.8
76.0	84.8	66.3	46.9	135	124	3.16	4625.6
75.5	84.7	66.0	46.1	134	123	3.18	4586.4
75.0	84.5	65.7	45.9	132	122	3.19	4547.2
74.5	84.4	65.4	45.4	131	121	3.20	4508.0
74.0	84.3	65.1	44.8	130	120	3.21	4468.8
73.5	84.1	64.7	44.3	129	119	3.23	4429.6
73.0	84.0	64.4	43.8	128	118	3.24	4400.2
72.5	83.9	64.1	43.3	126	117	3.25	4361.0
72.0	83.7	63.8	42.8	125	116	3.27	4331.6
71.5	83.6	63.5	42.3	124	115	3.28	4302.2
71.0	83.4	63.1	41.7	123	115	3.29	4263.0
70.5	83.3	62.8	41.2	122	114	3.30	4233.6
70.0	83.2	62.5	40.7	121	113	3.31	4204.4
69.5	83.0	62.2	40.2	120	112	3.32	4174.8
69.0	82.9	61.9	39.7	119	112	3.33	4145.4
68.5	82.7	61.5	39.2	118	111	3.34	4116.0
68.0	82.6	61.2	38.6	117	110	3.35	4096.4
67.5	82.5	60.9	38.1	116	110	3.36	4067.0

续表

硬度							抗拉强度（MPa）
洛氏	表面洛氏			维氏	布氏		
HRB	15-T	30-T	45-T	HV	HB $10D^2$	d（mm）10/1000	
67.0	82.3	60.6	37.6	115	109	3.37	4037.6
66.5	82.2	60.3	37.1	115	108	3.38	4018.0
66.0	82.1	59.9	36.6	114	108	3.39	3988.6
65.5	81.9	59.6	36.1	113	107	3.40	3969.0
65.0	81.8	59.3	35.5	112	107	3.40	3949.4
64.5	81.6	59.0	35.0	111	106	3.41	3920.0
64.0	81.5	58.7	34.5	110	106	3.42	3900.4
63.5	81.4	58.3	34.0	110	105	3.43	3880.8
63.0	81.2	58.0	33.5	109	105	3.43	3861.2
62.5	81.1	57.7	32.9	108	104	3.44	3841.6
62.0	80.9	57.4	32.4	108	104	3.45	3822.0
61.5	80.8	57.1	31.9	107	103	3.46	3802.4
61.0	80.7	56.7	31.4	106	103	3.46	3782.8
60.5	80.5	56.4	30.9	105	102	3.47	3773.0
60.0	80.4	56.1	30.4	105	102	3.48	3753.4

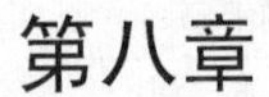

第八章

无 损 检 测

无损检测是指在不损害或不影响被检测对象使用性能，不伤害被检测对象内部组织的前提下，利用材料内部结构异常或缺陷存在引起的热、声、光、电、磁等反应的变化，以物理或化学方法为手段，借助现代化的技术和设备器材，对试件内部及表面的结构、性质、状态及缺陷的类型、性质、数量、形状、位置、尺寸、分布及其变化进行检查和测试的方法[1]。无损检测是工业发展必不可少的有效工具，在一定程度上反映了一个国家的工业发展水平，无损检测的重要性已得到公认，主要有射线检验（RT）、超声检测（UT）、磁粉检测（MT）和液体渗透检测（PT）4 种。其他无损检测方法有涡流检测（ECT）、声发射检测（AE）、热像/红外（TIR）、泄漏试验（LT）、交流场测量技术（ACFMT）、漏磁检验（MFL）、远场测试检测方法（RFT）、超声波衍射时差法（TOFD）等。

第一节 射 线 检 测

当强度均匀的射线束透照射物体时，如果物体局部区域存在缺陷或结构存在差异，它将改变物体对射线的衰减，使得不同部位透射射线强度不同，这样，采用一定的检测器（例如，射线照相中采用胶片）检测透射射线强度，就可以判断物体内部的缺陷和物质分布等，从而完成对被检测对象的检验。

射线检验常用的方法有 X 射线检验、γ 射线检验、高能射线检验和中子射线检验。对于常用的工业射线检验来说，一般使用的是 X 射线检验和 γ 射线检验。

射线检验在工业上有着非常广泛的应用，它既用于金属检查，也用于非金属检查。对金属内部可能产生的缺陷，如气孔、夹杂、疏松、裂纹、未焊透和未熔合等，都可以用射线检查。应用的行业有承压设备、航空航天、船舶、兵器、水工成套设备和桥梁钢结构。

一、射线检测的原理

X 和 γ 射线的波长短，能够穿过一定厚度的物质，并且在穿透的过程中与物质中的原子发生相互作用。这种相互作用引起辐射强度的衰减，衰减的程度又同受检材料的厚度、密度和化学成分有关。因此，当材料内部存在某种缺陷而使其局部的有效厚度、密度和化学成分改变时，就会在缺陷处和周围区域之间引起射线强度衰减的差异。如果用适当介质将这种差异记录或显示出来，就可据以评价受检材料的内部质量。

X射线检验和γ射线检验，基本原理和检验方法无原则区别，不同的只是射线源的获得方式。X射线源是由各种X射线机、电子感应加速器和直线加速器构成的从低能（几千电子伏）到高能（几十兆电子伏）的系列，可以检查厚至600mm的钢材。γ射线是放射性同位素在衰变过程中辐射出来的。

二、射线检测的方法

射线检验因记录或显示介质的不同，有多种方法。常用的方法如下。

(1) 胶片照相法。用X射线胶片作为记录介质，这种方法直观、可靠，而且灵敏度较高。用X射线源时，分辨力较高（用γ射线源时，分辨力要低些)，并能提供永久性记录；其缺点是成本较高。

(2) 荧光屏观察法。这种方法是：射线束透过物体直接照射在荧光屏上，转换成可见的图像。这种方法的优点是快速、简便、检验费用低。但由于亮度较低，难于观察细节，分辨力较差，因此多采用图像增强器，使亮度提高几千倍。如果配合工业闭路电视系统，就成为工业X射线电视。它不仅具有荧光屏观察法的优点，而且易于实现检验的自动化，主要适用于形状简单的零部件检查，不过灵敏度仍不如胶片照相法。

(3) 还有一些应用较少的方法，如干板射线照相法、辐射测量法和高速射线照相法等。在医疗诊断上已用电子计算机控制的层析照相法（通称CT)，可望应用于工业。

无论采用何种射线检验都要加强人身安全防护。

三、底片的评定

评片应在专用评片室内进行。评片室内的光线应暗淡，室内照明用光不得在底片表面产生反射。观片灯应有观察底片最大黑度为3.5的最大亮度。底片的黑度用D表示，其定义为$D=1\mathrm{g}L_0/L$［或$1\mathrm{g}(L_0/L)$］，式中L_0为照射到底片上的光强，L为透过底片后的光强。观片灯的最大亮度应不小于$100000\mathrm{cd/m^2}$，经照明后的底片亮度应不小于$30\mathrm{cd/m^2}$。在评片前应先查看一下，底片上的标记是否齐全，如像质计、端点标记、中心标记、底片编号数码等，还要检查底片上是否有残存水刀迹，焊缝及热影响区是否有划痕、刮伤等不允许存在的人为缺陷，合格底片应当满足如下各项指标的要求。

(1) 黑度值：射线底片达到一定的黑度，细小缺陷的影像在底片上显露。

(2) 灵敏度：底片上必须有像质计显示，且位置正确，被检测部位必须达到灵敏度要求。

(3) 标记系：底片上的定位标记和识别标记应齐全，且不掩盖被检焊缝影像。

(4) 表面质量：底片上被检焊缝影像应规整齐全，不可缺边或缺角。底片表面不应存在明显的机械损伤和污染。检验区内无伪缺陷。

四、常见焊接缺陷在底片上的特征

1. 气孔

气孔是最常见的缺陷，在底片上呈现为黑色小斑点，一般是圆形，近似圆形，也有针形、柱形，分布情况也不完全相同，有单个的，链状的，也有密集的。但有一个共同特征：缺陷中间较黑，边缘较浅，如图 8-1 所示。

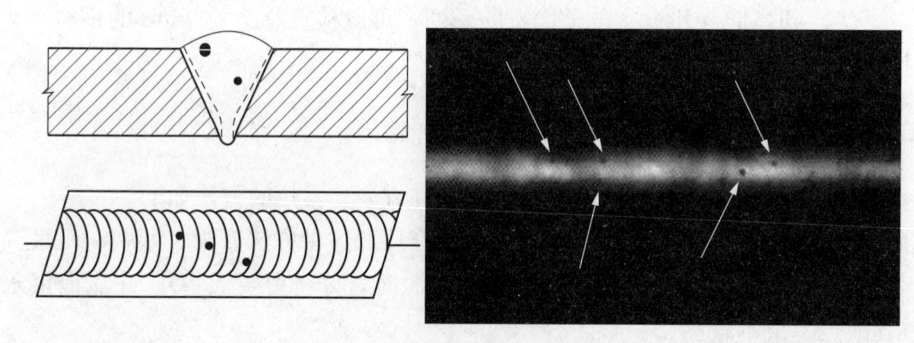

图 8-1　气孔

2. 夹渣

非金属夹渣在底片上的影像是黑色圆点、黑条或黑块，形状不规则，黑度变化无规律，轮廓不圆滑。非金属夹渣可能发生在焊缝中的任何位置，条状夹渣的延伸方向多与焊缝平行，如图 8-2 所示。

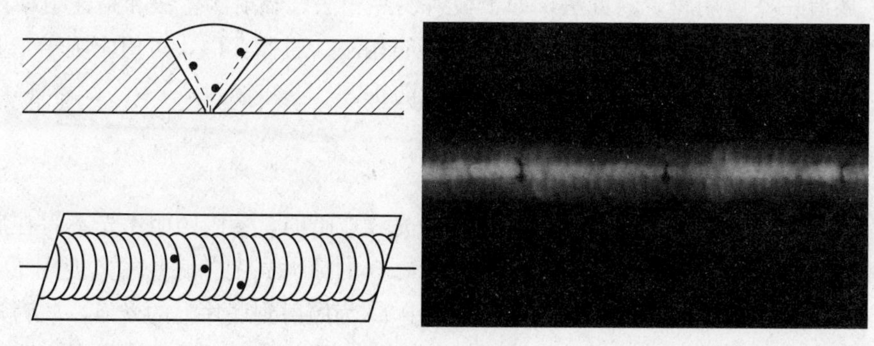

图 8-2　夹渣

常见的主要有以下三种形态。

(1) 点状夹渣：单个、长宽比≤3。

(2) 密集夹渣：成群分布，类似密集气孔。

(3) 条状夹渣：条状夹渣（长宽比>3）呈现长条状、具有一定宽度的暗线形态，线的延伸方向一般与焊缝走向相同。

3. 裂纹

底片上裂纹的典型影像是轮廓分明的黑线。其细节特征包括：线有微小的锯齿，有分叉，粗细和黑度有时有变化，线的端部尖细，端头前方有时有丝状阴影延伸，如图 8-3 所示。

图 8-3　裂纹（横向）

4. 未熔合

根部未熔合的典型影像是一条细直黑线，线的一侧轮廓整齐且黑度较大，另一侧可能规则也可能不规则。在底片上的位置是焊缝中间，如图 8－4 所示。

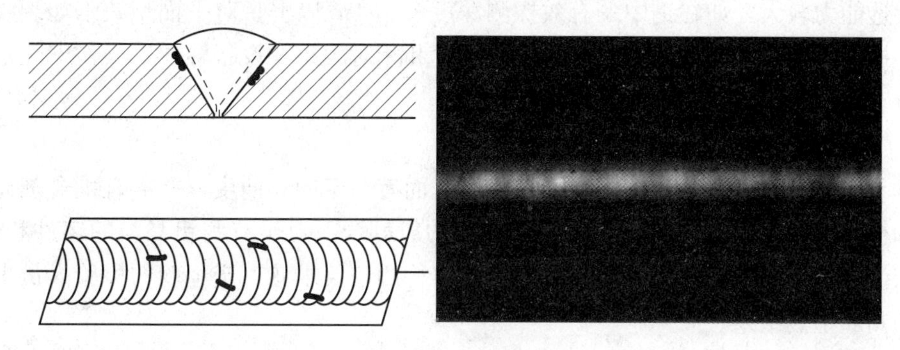

图 8－4　未熔合

五、射线检测执行的标准

NB/T 47013.1—2015《承压设备无损检测　第 1 部分：通用要求》、NB/T 47013.2—2015《承压设备无损检测　第 2 部分：射线检测》、DL/T 821—2002《钢制承压管道对接焊接接头射线检验技术规程》、GB/T 12605—2008《无损检测　金属管道熔化焊环向对接接头射线照相检测方法》、DL/T 541—2014《钢熔化焊 T 形接头和角接接头焊缝射线照相方法和质量分级》。

第二节　超　声　检　测

一、超声波检测的原理

超声波是频率高于 20kHz 的机械波。在超声探伤中常用的频率为 0.5～10MHz。这种机械波在材料中能以一定的速度和方向传播，遇到声阻抗不同的异质界面（如缺陷或被测物件的底面等）就会产生反射、折射和波形转换。这种现象可被用来进行超声波探伤，最常用的是脉冲反射法，探伤时，脉冲振荡器发出的电压加在探头上（用压电陶瓷或石英晶片制成的探测元件），探头发出的超声波脉冲通过声耦合介质（如机油或水等）进入材料并在其中传播，遇到缺陷后，部分反射能量沿原途径返回探头，探头又将其转变为电脉冲，经仪器放大而显示在示波管的荧光屏上。根据缺陷反射波在荧光屏上的位置和幅度（与参考试块中人工缺陷的反射波幅度作比较），即可测定缺陷的位置和大致尺寸。除反射法外，还有用另一探头在工件另一侧接收信号的穿透法以及使用连续脉冲信号进行检测的连续法。利用超声法检测材料的物理特性时，还经常利用超声波在工件中的声速、衰减和共振等特性。

二、超声波检测的优缺点

1. 超声检测法的优点

穿透能力较大，如在钢中的有效探测深度可达1m以上；对平面型缺陷如裂纹、夹层等，探伤灵敏度较高，并可测定缺陷的深度和相对大小；设备轻便，操作安全，易于实现自动化检验。

2. 超声波检测的缺点

不易检查形状复杂的工件，要求被检查表面有一定的光洁度，并需有耦合剂充填满探头和被检查表面之间的空隙，以保证充分的声耦合。对于有些粗晶粒的铸件和焊缝，因易产生杂乱反射波而较难应用。此外，超声检测还要求有一定经验的检验人员来进行操作和判断检测结果。

三、超声波检测的方法

1. 检测前的准备

(1) 熟悉被检工件（工件名称、材质、规格、坡口形式、焊接方法、热处理状态、工件表面状态、检测标准、合格级别、检测比例等）。

(2) 选择仪器和探头（根据标准规定及现场情况，确定探伤仪、探头、试块、扫描比例、探测灵敏度、探测方式）。

(3) 仪器的校准（在仪器开始使用时，对仪器的水平线性和垂直线性进行测定）。

(4) 探头的校准（进行前沿、折射角、主声束偏离、灵敏度余量和分辨力校准）。

(5) 仪器的调整（时基线刻度可按比例调节为代表脉冲回波的水平距离、深度或声程）。

(6) 灵敏度的调节（在对比试块或其他等效试块上对灵敏度进行校验）。

2. 检测操作

(1) 母材的检验：检验前应测量管壁厚度，至少每隔90°测量一点，以便检验时参考。将无缺陷处二次底波调节到荧光屏满刻度作为检测灵敏度。

(2) 焊接接头的检验：扫查灵敏度应不低于评定线（EL线）灵敏度，探头的扫查速度不应超过150mm/s，扫查时相邻两次探头移动间隔应保证至少有10%的重叠。

(3) 检验结果及评级：根据缺陷性质、幅度、指示长度依据相关标准评级。

(4) 对仪器设备进行校核复验。

(5) 出具检测报告。

注：有超标缺陷的焊接接头，其返修部位及返修时受影响的区域，均应按原检验条件进行复检。

四、钢板检测

1. 对探头的要求

(1) 板厚6～20mm的，探头标称频率为5MHz，双晶片直探头的晶片面积应不小于 150mm²。

(2) 板厚 20～40mm 的，使用单晶片直探头标称频率为 5MHz，晶片尺寸为ϕ14～ϕ20。

(3) 板厚 40～250mm 的，使用单晶片直探头标称频率为 2.5MHz，晶片尺寸为ϕ20～ϕ25。

2. 检测灵敏度

以板厚大于 20mm 为例。采用单晶片直探头。在灵敏度试块上调整，使ϕ5.6 平底孔回波高度与最大回波高度的差在 10dB±2dB 范围内，波幅为示波屏纵轴的 50%，试块为正方形，边长为 100mm，在其中心钻有ϕ5 平底孔。

试块孔深 S 和厚度 T 的规定见表 8-1。

表 8-1　　灵敏度试块尺寸规定

试块编号	被探工件厚度（mm）	S（mm）	T（mm）
CBⅡ-1	＞20～40	15	≥20
CBⅡ-2	＞40～60	30	≥40
CBⅡ-3	＞60～100	50	≥65
CBⅡ-4	＞100～160	90	≥110
CBⅡ-5	＞160～200	140	≥170
CBⅡ-6	＞200～250	190	≥220

注　试块材质与工件相同或相近。

3. 检测扫查

探头移动方向，每隔 100mm 为一个扫查区。应与钢板的压延方向互相垂直。

4. 缺陷的判定

在检测过程中发现下述三种情况之一者，均为缺陷。

(1) 缺陷的一次回波（F_1）。波幅大于等于示波屏纵轴的 50%。

(2) 缺陷的一次回波（B_1）。波幅未达到纵轴的 100%，但 F_1/B_1 大于等于 50%。

(3) 底面一次回波（B_1）。波幅低于纵轴的 50%。

5. 缺陷指示长度的测定

使用半波高度法测定缺陷的指示长度，其过程与焊缝检测相同。

6. 钢板的质量分级

钢板的质量分级见表 8-2。

表 8-2　　钢板的质量分级

等级	单个缺陷指示长度（mm）	单个缺陷指示面积（cm²）	在任一 1m×1m 探伤面积内存在的缺陷面积百分比（%）	以下单个缺陷指示面积不计（cm²）
Ⅰ	＜80	＜25	≤3	＜9
Ⅱ	＜100	＜50	≤5	＜15

续表

等级	单个缺陷指示长度（mm）	单个缺陷指示面积（cm²）	在任一 1m×1m 探伤面积内存在的缺陷面积百分比（%）	以下单个缺陷指示面积不计（cm²）
Ⅲ	<120	<100	≤10	<25
Ⅳ	<150	<100	≤10	<25
Ⅴ	超过Ⅳ级者			

在检测中，检测人员认为是白点、裂纹等危害性缺陷时，则应予判废，不作评级。

五、小径管焊缝的检测

1. 超声波探伤条件的选择

（1）探伤仪器。小径管曲率半径小，壁薄，超声波探伤时杂波较多，为了便于判伤，要求探伤仪器的主要性能指标除应满足 ZBY 230—1984《A 型脉冲反射式超声探伤仪通用技术条件》标准规定的各项要求外，还应具有较高的分辨力和较窄的始脉冲宽度，最好使用数字式超声波探伤仪。

（2）探头。

1）斜锲。为了解决小径管焊缝因壁薄，曲率半径小、焊缝余高宽等因素对缺陷的判定和定位带来的困难，就要设计制造短前沿，大折射角的小探头。探头设计中，一个关键的因素是设计透声斜锲。透声斜锲在横波斜探头中的主要作用是使超声纵波以一定的角度倾斜入射至被探工件的探测表面，并转换成所需折射角的横波，从而达到横波探伤的目的。由于小径管专用探头，折射角大，按声学折射定律，为了增加折射角，就必须增大斜锲的折射率。采用纵波声速较小的聚峰材料制造的斜锲可以满足要求。

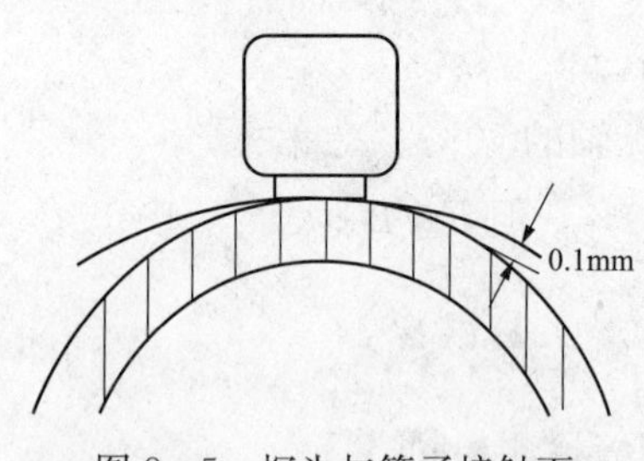

图 8－5 探头与管子接触面

此外，小径管外表面是曲率半径较小的圆柱曲面，为了实现较好的声耦合，一般须将探头斜锲加工成与管壁吻合良好的曲面，探头与管子接触部位的边缘，其间隙（见图 8－5）不应大于 0.1mm。在加工曲面时，必须严格防止探头斜锲磨损量过大，致使其曲率半径小于管子曲率半径情况的出现。

2）压电晶片。探头斜锲加工成曲面后，探头边缘声束会产生散射，晶片尺寸越大，散射越严重。为了减少这种散射的不利影响，同时为了减小探头前沿长度，压电晶片尺寸不宜太大，而且要求晶片装配过程中精度要高。目前小径管焊缝探伤中，平面单晶斜探头晶片尺寸一般多为 5mm×5mm、5mm×6mm 或 6mm×6mm。

3）频率。探头晶片尺寸小，超声横波指向性就变差。小径管壁薄，反射杂波多，为了改善探头指向性，提高探伤分辨力和探伤灵敏度，一般应采用较高的探测频率，如 5MHz。

4）横波折射角（K 值）。焊缝横波探伤中，探头折射角的选择，主要取决于探伤时所用的探伤方法、声程范围和被检工件的厚度。一般以一次波和二次波探伤为宜。这样可以减少横波声束在管子内、外壁的折转次数，从而减少声能损失。对小径管焊缝探伤而言，还需考虑焊缝余高宽度对探头移动范围的限制。采用一次波和二次波进行探伤，能够简化探伤工艺，使得根部及附近区域的缺陷易于发现和准确判断，也可发现焊缝中的其他缺陷。

对小径管焊缝，要想利用一、二次波探伤，就须选用较大折射角的探头，使横波声束能扫查到整个焊缝截面。同时选用大折射角探头，还可增加横波在壁薄管中的声程，避免在近场区内探伤对缺陷定位定量误差大的不利因素。

为满足 DL/T 820—2002《管道焊接接头超声波检验技术规程》的要求，选用的横波斜探头应满足直射波扫查到焊接接头 1/4 以上壁厚范围，如图 8－6 所示。对于壁厚一定的管子，可以有三种办法：一是减小焊缝的宽度；二是减小探头前沿长度；三是增大探头折射角。但是探头折射角不能无限增大，因为声束扩散作用，当纵波入射角超过一定值后，纵波声束前缘可能已经超过第二临界角，因而在第二介质中产生变形表面波，它会干扰对缺陷的正确判定。一般折射角在 65°～75°。DL/T 820—2002《管道焊接接头超声波检验技术规程》推荐的折射角见表 8－3。

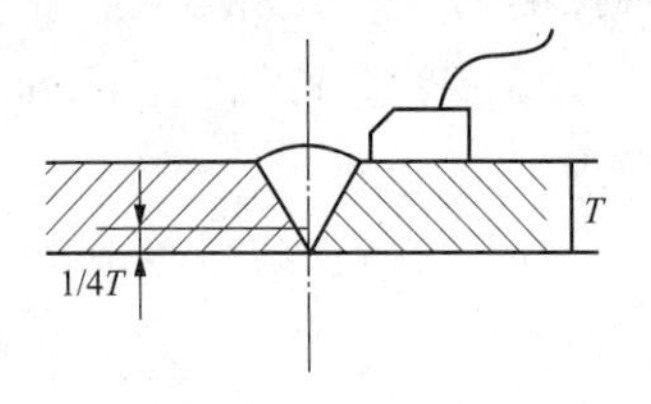

图 8－6　扫查范围

表 8－3　　折　射　角

管壁厚度（mm）	4～8	＞8～14
探头折射角（°）	75～70	70～65

5）探头前沿长度。小径管焊缝超声波探伤中，由于内壁是凸圆柱曲面，因此超声反射发射严重，二次波探伤灵敏度明显低于一次波。为了尽可能增加一次波在焊缝中的扫查面积，保证一次波声束能扫查到焊缝下部占壁厚 1/4 的范围，这就要求探头有一定的移动区域。因此应尽量缩短探头前沿距离。为了减小前沿长度，应减小压电晶片尺寸，同时还应使压电晶片在斜锲中尽量前移。这样对探头制作工艺就增加了难度，需要从透声斜锲的材料、形状和尺寸上做出合理的设计。规程中规定，前沿长度 $L \leqslant 5$mm。

6）表面波的控制。小径管专用探头由于折射角度大，如果处理不好，很容易产生表面波，而这种表面波的反射将会干扰对缺陷的判定，因此必须对表面波加以控制。

2. 试块

采用 DL/T 820—2002《管道焊接接头超声波检验技术规程》推荐的小径管专用试块。

小径管专用试块虽然可以用来调节探伤灵敏度，而且试块的直径也有三种规格，但由于小径管的曲率、壁厚以及内、外壁表面的粗糙度变化等因素，造成声束散射。若仅以小径管专用试块 $\phi 2$ 横通孔为基准来调节探伤灵敏度，将会导致定量误差大，甚至造成误判或漏检。为了对缺陷进行准确定量，保证探伤准确，应在探伤前利用灵敏度补偿试块对被探管子内、外壁表面声能损失进行测定，以便对探伤灵敏度进行补偿。

小径管对接焊缝中，根部缺陷是比较常见而且又危险的缺陷，为了对焊缝根部的未焊透、内凹等缺陷的判断和定量，可以设计制作根部缺陷当量对比试块。

3. 缺陷波型分析

对于锅炉受热面小径管子对接接头，使用手工氩弧焊打底、手工焊盖面的焊接工艺，常见的焊接缺陷有：未焊透、未熔合、裂纹、夹渣和气孔等。检测时，要注意区分焊缝根部成形不良或焊缝错边以及变形波等伪缺陷。各种典型缺陷的估判方法如下。

(1) 根部未焊透。小径管根部未焊透垂直于内表面，超声波探伤时，其反射类似于端角反射，因此回波较强，从焊缝两侧探伤均能探出，且位于焊缝中心或靠近探头一侧，沿焊缝方向回波有一定的游动范围。

(2) 未熔合。未熔合就是焊缝金属和母材没有熔合在一起，多出现在接头的坡口面上。小径管接头采用V形坡口，所以探伤时，由于坡口面的角度的关系，用一次波很难探测到，一般用二次波容易检出，其位置在焊缝中心靠近探头一侧。

(3) 夹渣和气孔。可能出现在焊缝的任何位置，一般信号较弱，两侧探伤均能发现。

(4) 裂纹。裂纹的判断比较复杂，要结合缺陷波型、焊接材料、人为经验等综合判定。

第三节　磁　粉　检　测

磁粉检测是将钢铁等磁性材料制作的工件予以磁化，利用其缺陷部位的漏磁能吸附磁粉的特征，依磁粉分布显示被探测物件表面缺陷和近表面缺陷的检测方法。

该探伤方法的特点是简便、显示直观。

磁粉检测与利用霍耳元件、磁敏半导体元件的探伤法，利用磁带的录磁探伤法，利用线圈感应电动势探伤法同属磁力检测方法。

磁粉检测是通过磁粉在缺陷附近漏磁场中的堆积以检测铁磁性材料表面或近表面处缺陷的一种无损检测方法。

一、磁粉探伤种类

(1) 按工件磁化方向的不同，可分为：周向磁化法、纵向磁化法、复合磁化法和旋转磁化法。

(2) 按采用磁化电流的不同，可分为：直流磁化法、半波直流磁化法和交流磁化法。

(3) 按探伤所采用磁粉的配制不同，可分为：干粉法和湿粉法。

二、磁粉检测原理

将待测物体置于强磁场中或通以大电流使之磁化，若物体表面或表面附近有缺陷

（裂纹、折叠、夹杂物等）存在，由于它们是非铁磁性的，对磁力线通过的阻力很大，磁力线在这些缺陷附近会产生漏磁。当将导磁性良好的磁粉（通常为磁性氧化铁粉）施加在物体上时，缺陷附近的漏磁场就会吸住磁粉，堆集形成可见的磁粉痕迹，从而把缺陷显示出来。

三、磁粉探伤用途

在工业中，磁粉探伤可用来做最后的成品检验，以保证工件在经过各道加工工序（如焊接、金属热处理、磨削）后，在表面上不产生有害的缺陷。它也能用于半成品和原材料如棒材、钢坯、锻件、铸件等的检验，以发现原来就存在的表面缺陷。铁道、航空等运输部门、冶炼、化工、动力和各种机械制造厂等，在设备定期检修时对重要的钢制零部件也常采用磁粉探伤，以发现使用中所产生的疲劳裂纹等缺陷，防止设备在继续使用中发生灾害性事故。

四、磁粉检测的优缺点

1. 磁粉检测的优点

对钢铁材料或工件表面裂纹等缺陷的检验非常有效；设备和操作均较简单；检验速度快，便于在现场对大型设备和工件进行探伤；检验费用也较低。

2. 磁粉检测的缺点

仅适用于铁磁性材料；仅能显出缺陷的长度和形状，而难以确定其深度；对剩磁有影响的一些工件，经磁粉探伤后还需要退磁和清洗。

磁粉探伤的灵敏度高、操作也方便。但它不能发现床身铸件内的部分和导磁性差（如奥氏体钢）的材料，而且不能发现铸件内部分较深的缺陷。铸件、钢铁材被检表面要求光滑，需要打磨后才能进行。

五、磁粉检测操作步骤

第一步：预清洗。

所有材料和试件的表面应无油脂及其他可能影响磁粉正常分布、影响磁粉堆积物的密集度、特性以及清晰度的杂质。

第二步：缺陷的检测。

磁粉检测应以确保满意的测出任何方面的有害缺陷为准。使磁力线在切实可行的范围内横穿过可能存在于试件内的任何缺陷。

第三步：检测方法的选择。

（1）湿法。磁悬液应采用软管浇淋或浸渍法施加于试件，使整个被检表面完全被覆盖，磁化电流应保持 1/5～1/2s，此后切断磁化电流，采用软管浇淋或浸渍法施加磁悬液。

（2）干法。磁粉应直接喷或撒在被检区域，并除去过量的磁粉，轻轻地震动试件，使其获得较为均匀的磁粉分布。应注意避免使用过量的磁粉，不然会影响缺陷的有效显示。

(3) 检测近表面缺陷。检测近表面缺陷时，应采用湿粉连续法，因为非金属夹杂物引起的漏磁通值最小，检测大型铸件或焊接件中近表面缺陷时，可采用干粉连续法。

(4) 周向磁化。在检测任何圆筒形试件的内表面缺陷时，都应采用中心导体法；试件与中心导体之间应有间隙，避免彼此直接接触。当电流直接通过试件时，应注意防止在电接触面处烧伤，所有接触面都应是清洁的。

(5) 纵向磁化。用螺线圈磁化试件时，为了得到充分磁化，试件应放在螺线圈内的适当位置上。螺线圈的尺寸应足以容纳试件。

第四步：退磁。将零件放于直流电磁场中，不断改变电流方向并逐渐将电流降至零值。大型零件可使用移动式电磁铁或电磁线圈分区退磁。

第五步：后清洗。在检验并退磁后，应把试件上所有的磁粉清洗干净；应该注意彻底清除孔和空腔内的所有堵塞物。

六、磁粉检测所使用的介质

磁粉的功用是作为显示介质，其种类包括以下几个方面。

(1) 黑磁粉：成分为四氧化三铁（Fe_3O_4），呈黑色粉末状，适用于背景为浅色或光亮的工件。

(2) 红磁粉：成分为三氧化二铁（Fe_2O_3），呈铁红色粉末状，适用于背景较暗的工件。

(3) 荧光磁粉：在四氧化三铁磁粉颗粒外裹有荧光物质，在紫外线辐照下能发出黄绿色荧光，适用于背景较深暗的工件，特别是由于人眼色敏特性的原因，使得以荧光磁粉作磁介质的磁粉检验较之其他磁粉具有更高的灵敏度。

(4) 白磁粉：在四氧化三铁磁粉颗粒外裹有白色物质，适用于背景较深暗的工件。

为了便于现场检验的使用，目前商品化的磁介质种类很多，除了有黑、红、白磁粉，荧光磁粉，还有球形磁粉（空心、彩色，用于干粉法），还有事先配制好的磁膏、浓缩磁悬液，还有磁悬液喷罐等等，以及为了提高背景深暗或者表面粗糙工件的可检验性而提供的表面增白剂（反差增强剂）等。

为了保证磁粉检验结果的可靠性，对磁粉（包括磁性、粒度、形状）以及磁悬液的浓度、均匀性、悬浮性等均需要经过校验合格后才能使用，并且在使用过程中也需要定期校验，此外对于观察评定时环境的白光照度，或者荧光磁粉检验时使用的紫外线灯的紫外线强度等等，也属于校验的项目，以求保证检验质量。

第四节 渗 透 检 测

渗透检测是一种表面无损检测方法，属于无损检测五大常规方法之一。再通过显像剂将渗入的渗透液吸出到表面显示缺陷的存在。这种无损检测方法称为渗透检测。

一、液体渗透检测的基本原理

零件表面被施涂含有荧光染料或着色染料的渗透剂后，在毛细管作用下，经过一段时间，渗透液可以渗透进表面开口缺陷中；经去除零件表面多余的渗透液后，再在零件表面施涂显像剂，同样，在毛细管的作用下，显像剂将吸引缺陷中保留的渗透液，渗透液回渗到显像剂中，在一定的光源下（紫外线光或白光），缺陷处的渗透液痕迹被显示（黄绿色荧光或鲜艳红色），从而探测出缺陷的形貌及分布状态。

二、渗透检测的优点、局限性及适用范围

1. 渗透检测的优缺点

（1）可检测各种材料：金属、非金属材料；磁性、非磁性材料；焊接、锻造、轧制等加工方式。

（2）具有较高的灵敏度（可发现 0.1μm 宽缺陷）。

（3）显示直观、操作方便、检测费用低。

2. 渗透检测的缺点及局限性

（1）它只能检出表面开口的缺陷。

（2）不适于检查多孔性疏松材料制成的工件和表面粗糙的工件。

（3）渗透检测只能检出缺陷的表面分布，难以确定缺陷的实际深度，因而很难对缺陷做出定量评价。检出结果受操作者的影响也较大。

3. 渗透检测的适用范围

（1）适用于检查金属和非金属零件或材料表面开口缺陷，如：裂纹、疏松、气孔、夹渣、冷隔、折叠和氧化斑疤等。

（2）不适用：

1）表面是吸收性的零件或材料，如：粉末冶金零件；

2）外来因素造成的开口被堵塞的缺陷，如零件经喷丸处理或喷砂，则可能堵塞表面缺陷的开口。

三、渗透检测的操作（以溶剂去除型渗透检测为例）

1. 渗透材料和工具

（1）渗透检测剂。渗透检测剂由渗透剂、清洗剂和显像剂组成。对同一处检测工件，不同类型的检测剂禁止混用。

（2）镀铬试块。镀铬试块主要用于检验渗透检测剂系统灵敏度及操作工艺正确性。

（3）试块的清洗和保存。试块使用后要用丙酮进行彻底的清洗。清洗后，再将试块放入装有丙酮和无水酒精的混合液体（体积混合比 1∶1）的密闭容器中保存，或用其他有效方法保存。

2. 渗透检测方法分类和选用

渗透检测方法选用溶剂去除型渗透检测（溶剂悬浮显像剂），代号为ⅡC－d。

3. 被检表面的准备

(1) 被检测区域表面不得有影响渗透检测的铁锈、氧化皮、焊接飞溅、铁屑、毛刺以及各护层。

(2) 局部检测时，准备工作的范围应从检测部位四周向外扩展至少25mm。

4. 检测时机

焊接接头的渗透检测应在焊后进行；有延迟裂纹倾向的材料，应在焊后至少24h后进行。

5. 渗透检测基本程序

渗透检测操作的基本步骤：预清洗；施加渗透剂；去除多余的渗透剂；干燥；施加显像剂；观察与评定。

6. 渗透检测操作方法

(1) 预清洗。用清洗剂去除被检区表面的污垢、灰尘等干扰渗透的杂物。

(2) 施加渗透剂。通过喷涂方法施加渗透剂并在整个渗透时间内保持被检表面湿润状态。

(3) 渗透时间及温度。在10～50℃的温度条件下渗透时间一般应大于等于10min。

(4) 去除多余的渗透剂。用干净抹布将多余的渗透剂擦掉，将少许清洗剂喷在抹布上依次擦拭，不得往复擦拭。

(5) 施加显像剂。

1) 施加显像剂应在工件表面自然干燥之后进行，施加显像剂之前，喷罐应摇动，以保持显像剂的悬浮状态，然后喷在整个被检表面，形成薄而均匀的薄膜。

2) 使用喷罐时，喷嘴距被检表面300～400mm，喷洒方向与被检面夹角从30°～40°为宜。

3) 显像时间一般不少于7min。

7. 观察

(1) 观察显示应在显像剂施加后7～30min内进行。如果自然光线不足，可用白炽灯在被检部位的可见光照度不少于500lx。

(2) 辨认细小显示时可用5～10倍放大镜观察。必要时应重新进行处理和渗透检测。

8. 后清洗

工件检测完毕应进行后清洗，以去除对工件有害的残留物。

第九章 理化检验与重要部件的寿命预测及管理

第一节 金属材料机械性能试验

金属材料的机械性能主要包括：弹性、塑性、刚度、时效敏感性、强度、硬度、冲击韧性、疲劳强度和断裂韧性等。最常用的试验方法有拉伸试验、硬度试验、冲击试验和疲劳试验等。

弹性：金属材料受外力作用时产生变形，当外力去掉后能恢复其原来形状的性能。

塑性：金属材料在外力作用下，产生永久变形而不致引起破坏的能力。

刚度：金属材料在受力时抵抗弹性变形的能力。

强度：金属材料在外力作用下抵抗塑性变形和断裂的能力。

硬度：金属材料抵抗更硬的物体压入其内的能力。

冲击韧性：金属材料抵抗冲击载荷作用下断裂的能力。

疲劳强度：当金属材料在无数次交变载荷作用下而不致引起断裂的最大应力。

断裂韧性：用来反映材料抵抗裂纹失稳扩张能力的性能指标。

一、金属拉伸试验

金属拉伸试验应按 GB 228《金属拉伸试验方法》、GB 3076《金属薄板（带）拉伸试验方法》进行。

金属拉伸试验是测定金属材料静态机械性能指标时使用的最普遍的方法。它是将材料制作成标准试样或比例试样，在常温下施加轴向静拉力，直至拉断，从而测得材料的弹性极限、屈服极限和强度极限及塑性等主要机械性能指标。

从试样拉伸变形直至拉断，可通过自动记录装置把载荷与伸长量的关系用曲线表示出来，该曲线即拉伸曲线。

拉伸试验是在拉伸试验机上进行的。

应当指出，拉伸光滑试样所得的强度性能指标同实际零件的性能指标差别很大，引起这种差别的重要原因之一是实际零件上往往有缺口（如键槽、开孔、螺纹、沟槽等）存在，这样就改变了原来的应力状态，增加了材料的脆性倾向，从而导致材料抗力的改变。为了评定缺口对强度的影响并确定材料的脆性趋势，通常用缺口试样和光滑试样二者的静拉伸来进行比较，以确定材料的缺口敏感度。缺口试样拉伸试验所测得的缺口敏感度指标用光滑试样的强度极限同缺口试样强度极限的比值来表示，当比值小于等于 1 时，说明材料对缺口不敏感；如果比值大于 1 时，则材料对缺口敏感。这个比值越大，材料的缺口敏感度也越大。

二、金属硬度试验

1. 金属布氏硬度试验

按 GB/T 231.1《金属布氏硬度试验方法》进行。

(1) 原理。对一定直径的硬质合金球施加试验力压入试样表面，经规定保持时间后，卸除试验力，测量试样表面压痕的直径。布氏硬度与试验力除以压痕表面积的商成正比。压痕被看作是具有一定半径的球形，其半径是压头球直径的 1/2，如图 9-1 所示。

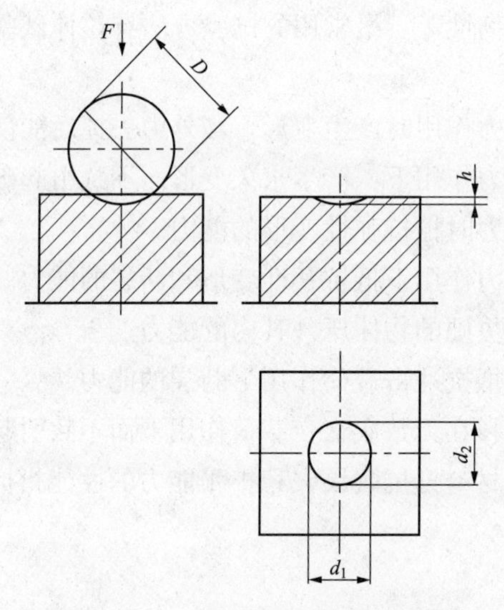

图 9-1 布氏硬度法的试验原理

(2) 术语及定义。

1) 试验力：试验时所用的负载。

2) 压痕平均直径：两相互垂直方向测量的压痕直径的算术平均值。

3) 球直径：压头中硬质合金球的直径。

(3) 程序。

1) 试验一般在 10～35℃的室温进行。对温度要求严格的试验，试验温度应为 23℃±5℃。

2) 试验力的选择应保证压痕直径在 $0.24D \sim 0.6D$。试验力一压头球直径的平方的比率（$1.02F/D^2$ 比值）应根据材料和硬度值选择。为了保证在尽可能大的有代表性的试样区域试验，应尽可能选取大直径的压头；当试样尺寸允许时，应优先使用直径为 10mm 的球压头进行试验。

3) 试样的试验面、支承面、试台表面和压头表面应清洁。试样应稳固地放置在试台上，以保证在试验过程中不产生位移及变形。

4) 使压头与试样表面垂直接触，垂直于试验面施加试验力，加力过程中不应有冲击和震动，直至将试验力施加至规定值。

5）试验力保持时间为10～15s。对特殊材料，试验力保持时间可以延长，但误差应在±2s。

6）整个试验过程中，试验机不应受到冲击和振动。

7）任一压痕中心距试样边缘距离，至少为压痕平均直径的2.5倍。相邻压痕中心间的距离至少为压痕直径的3倍。

8）应在两相互垂直方向测量压痕直径，用两个读数的平均值计算布氏硬度，或按GB/T 231.4《金属材料布氏硬度试验　第4部分：硬度值表》查得布氏硬度值。

9）布氏硬度试验范围上限不大于650HBW。

（4）布氏硬度试验的缺点是：对金属表面的损伤较大，不易测试太薄工件的硬度，也不适于测定成品件的硬度。布氏硬度试验常用来测定原材料、半成品及性能不均匀的材料（如铸铁）硬度。

2. 金属洛氏硬度试验

金属洛氏硬度按GB 230《金属洛氏硬度试验方法》、GB 1818《金属表面洛氏硬度试验方法》进行。

（1）原理。将压头（金刚石圆锥、钢球或硬质合金球）分两个步骤压入试样表面，经规定保持时间后，卸除主试验力，测量在初试验力下的残余压痕深度h，洛氏硬度计算公式如下：

$$洛氏硬度=N-h/S$$

式中

N——给定标尺的硬度数（$N=100$或130）；

h——残余压痕深度；

S——给定标尺的单位（对于洛氏硬度$S=0.002$mm；对于表面洛氏硬度$S=0.001$mm）。

洛氏硬度根据压头和主载荷的不同，一般可分为三种，分别用符号HRA、HRB、HRC表示。

（2）术语及定义。

1）初始试验力：试验时预加载试验力。

2）主试验力：使测量样品产生残余压痕的加载。

3）总试验力：初始试验力加上主试验力。

（3）程序。

1）试验一般在10～35℃的室温进行。洛氏硬度应选择在较小的温度变化范围内进行，因为温度变化可能会对试验结果有影响。

2）试样应平稳地放置在刚性支承物上，并使压头轴线与试样表面垂直，避免试样产生位移。

3）使压头与试样表面接触，无冲击和振动的施加试验力F_0，初试验力保持不应超过3s。

4）无冲击和无振动或无摆动的将测量装置调整至基准位置，从初试验力 F_0 增加到总试验力 F 的时间应不小于1s且不大于8s。

5）总试验力保持时间为4s±2s，然后卸除主试验力 F_1，保持初试验力 F_0，经过短暂稳定后，进行读数。对于压头持续压入而呈现过度塑性流变（压痕蠕变）的试样，应保持施加全部试验力，当产品标准中另有规定时，施加全部试验力的时间可以超过6s，这种情况下，实际施加试验力的时间应在试验结果中注明（如65HRFW，10s）。

6）试验过程中，硬度计应避免受到冲击和震动。

7）两相邻压痕中心间距离至少应为压痕直径的4倍，但不得小于2mm。任一压痕中心距试样边缘距离至少应为压痕直径的2.5倍，但不得小于1mm。

（4）洛氏硬度试验的优缺点。

1）优点：

① 操作简单迅速，效率高，直接从指示器上可读出硬度值；

② 压痕小，故可直接测量成品或较薄工件的硬度；

③ 对于HRA和HRC采用金刚石压头，可测量高硬度薄层和深层的材料。

2）缺点：由于压痕小，测得的数值不够准确，通常要在试样不同部位测定4次以上，取其平均值为该材料的硬度值。

3. 金属里氏硬度试验

按GB 17394《金属里氏硬度试验方法》进行。

里氏硬度适用于大型金属零件及部件的硬度测定。

（1）原理。用规定质量的冲击体在弹力作用下以一定速度冲击试样表面，用冲头在距表面1mm处的回弹速度与冲击速度的比值计算硬度值。计算公式是

$$HL=100u_R/u_A$$

式中 HL——里氏硬度；

u_R——冲击体回弹速度；

u_A——冲击体冲击速度。

冲击装置的类型有D、DC、G、C，测量的里氏硬度分别用HLD、HLDC、HLG、HLC表示。

（2）金属里氏硬度试验仪器的主要技术参数。金属里氏硬度试验仪器的主要技术参数见表9-1。

表9-1　金属里氏硬度试验仪器的主要技术参数

冲击装置类型	主要参数				试验范围HL	示值误差	用途
	冲击体质量（g）	冲击能力（N·m）	冲击直径（mm）	冲击材料			
D	5.5	11.0	3	碳化钨	200～900	±12HLD	一般部件
DC	5.5	11.0	3	碳化钨	200～900	±12HLDC	
G	20.0	90.0	5	碳化钨	300～750	±12HLG	部件表面
C	3.0	2.7	3	碳化钨	350～960	±12HLC	及薄壁件

4. 金属维氏硬度试验

金属维氏硬度试验按 GB 4340《金属维氏硬度试验方法》进行。布氏硬度试验不适用于测定硬度较高的材料。洛氏硬度试验虽然可用于测定较硬的材料，但其硬度值不能进行比较。

维氏硬度试验可以测量从软到硬的各种材料以及金属零件的表面硬度，并有连续一致的硬度标尺。

(1) 试验原理。维氏硬度试验原理与布氏硬度相似，也是根据压痕单位表面积上的试验力大小来计算硬度值。区别在于压头采用锥面夹角为 136°的金刚石正四棱锥体，将其以选定的试验力压入试样表面，按规定保持一定时间后卸除试验力，测量压痕两对角线长度。维氏硬度值用四棱锥压痕单位面积上所承受的平均压力表示，符号 HV。

$$HV=0.189P/d^2$$

式中：P 为作用在压头上的试验力（N）；d 为压痕两对角线长度的平均值（mm），HV 值的单位为 N/mm^2，但习惯上只写出硬度值而不标出单位。

(2) 常用试验力及其适用范围。维氏硬度试验所用试验力视其试件大小、薄厚及其他条件，可在 49.03～980.7N 的范围内选择试验力。常用的试验力有 49.03N、98.07N、196.1N、294.2N、490.3N、980.7N。

HV 符号前面的数字为硬度值，后面依次用相应数字注明试验力和试验力保持时间（10～15s 不标注）。如 640/HV30/20，表示 294.2N 试验力，保持时间为 20s 测得维氏硬度值为 640。维氏硬度法适用范围广，尤其适用于测定金属镀层、薄片金属及化学热处理后的表面硬度，其结果精确可靠。当试验力小于 1.961N 时，可用于测量金相组织中不同相的硬度。

(3) 试验优缺点。

1) 优点：

① 与布氏、洛氏硬度试验比较，维氏硬度试验不存在试验力与压头直径有一定比例关系的约束；

② 不存在压头变形问题；

③ 压痕轮廓清晰，采用对角线长度计量，精确可靠，硬度值误差较小。

2) 缺点：其硬度值需要先测量对角线长度，然后经计算或查表确定，故效率不如洛氏硬度试验高。

金属显微维氏硬度试验按 GB 4342《金属显微维氏硬度试验方法》进行。

三、金属冲击试验

将被测金属材料制成标准试样，试验时，将试样置于试验机的试验台上，然后扬起摆锤，并在一定的高度处将摆锤释放，把试样冲断。其后摆锤又升至某一高度。冲断试样所做的功可以从试验机刻度盘上直接读出，习惯上，冲击韧性就是试样缺口处截面的单位面积上所消耗的冲击功。

一般来讲，冲击值越大，则材料的韧性越好。冲击值高的材料称为韧性材料；冲击值低的材料称为脆性材料。应当指出，韧性和塑性是两个不同的概念。延伸率和断面收缩率是反映材料在单向拉伸时的塑性；而冲击值则是反映在有应力集中时，在复杂应力状态下材料的塑性。

影响冲击值的因素很多。除了金属材料的成分、组织、试样的形状、尺寸及表面质量外，试验条件对冲击值也影响很大，特别是温度对冲击值的影响有着重要的意义。实践证明，有些材料在室温条件下试验时并不显示脆性，而在较低温度下则可能发生脆性断裂。为了测定金属材料由塑性状态转变为脆性状态的温度，应在不同温度下测定其冲击值，并据此给出冲击值与温度的关系曲线，金属材料的冲击值随温度的降低而减少。当试验温度降低到某一温度范围时，材料的冲击值显著降低而呈脆性，这个温度范围称为脆性转变温度范围。脆性转变温度是金属材料的质量指标之一，脆性转变温度越低，测量的低温抗冲击性能越好，这对于寒冷地区和低温下工作的机械和工程结构尤为重要。在热力设备中，某些零部件要求低的脆性转变温度，以确保允许安全。

冲击韧性与试样的尺寸及形状有关，不同的冲击试样在试验时应力状况各不相同，在破坏时所消耗的能力也不一样，因而冲击韧性值也不同。冲击韧性还与试验温度有关，有些材料在室温时韧性好，但在低于某一温度时则可能发生脆性断裂。

冲击试验在检验材料内部结构变化、脆性破坏情况及热加工质量方面，具有比其他方法更为敏感的优点，而且也比较简单，广泛用于生产中。

金属常温冲击试验标准有：GB 229《金属夏比（U形缺口）冲击试验方法》、GB 2106《金属夏比（V形缺口）冲击试验方法》、GB 4158《金属艾氏冲击试验方法》。

金属温度（35～100℃）冲击试验标准：GB 5775《金属高温夏比冲击试验方法》。

金属温度（－192～15℃）冲击试验标准：GB 4159《金属低温夏比冲击试验方法》。

第二节　光谱分析与金属元素分析

分析材料中各元素的含量称为化学分析。

一、金属元素分析

1. 分光光度分析法

该方法的原理是：有色物质对不同波长的入射光有不同程度的吸收；不同分子结构的物质，对电磁辐射有选择性吸收；利用这一特征进行定量分析的方法称为分光光度分析法。它属于分子吸收光谱范围。

测定物质吸收光谱的仪器为吸收光谱仪或分光光度计。

2. 原子吸收光谱分析法

该方法的原理是：以待测元素的特征光波，通过样品的蒸汽，被蒸汽中待测元素的基态原子所吸收，由辐射强度的减弱来测定该元素的方法，称为原子吸收光谱分析法。所用仪器为原子吸收分光光度计。

原子吸收光谱分析通常采用火焰或无火焰方法把被测元素转化成基态原子。

化学成分分析能确定材料中各种元素的含量；取样时应去掉表面的油污、脏物、氧化皮等，以免影响分析结果的准确性。根据分析结果，对照相应的技术条件，就能确定其钢号。

二、光谱分析

1. 光谱分析原理

光谱分析是利用各元素原子所持有的特征谱线来进行分析。各元素特征谱线的强度是样品中该元素含量的函数。依据谱线强度确定该元素含量的分析方法，称为光谱分析。

2. 光谱分析过程

试样电极和辅助电极通以电流，在两极之间形成电弧或火花的等离子体，等离子体中的分子、原子、离子及电子接受了由光源发生器供给的能量后被激发发光，成为光源。经棱镜或光栅分光后形成光谱，光谱的谱线按波长大小顺序排列，可以用不同的装置接收或检测。采用照相法将光谱记录在感光板上，叫摄谱法，所用仪器叫摄谱仪；采用光电倍增管接收，将光电信号转为电信号，并检测的方法，叫光电直读光谱法，所用仪器叫光电直读光谱仪；用肉眼观察辨别光谱，叫看谱法，这种方法在火力发电厂中应用最广泛，所用仪器叫看谱镜；目前常用的有台式和便携式两种看谱镜。

光谱分析一般只能对合金元素作出定性或半定量分析，对碳不能作任何判断。

定量光谱分析仪能对合金元素、碳作出定性和定量分析。

第三节 金 相 检 验

一、概述

金相分析是金属材料试验研究的重要手段之一，采用定量金相学原理，由二维金相试样磨面或薄膜的金相显微组织的测量和计算来确定合金组织的三维空间形貌，从而建立合金成分、组织和性能间的定量关系。将图像处理系统应用于金相分析，具有精度高、速度快等优点，可以大大提高工作效率。

计算机定量金相分析正逐渐成为人们分析研究各种材料，建立材料的显微组织与各种性能间定量关系，研究材料组织转变动力学等的有力工具。采用计算机图像分析系统可以很方便地测出特征物的面积百分数、平均尺寸、平均间距、长宽比等各种参数，然后根据这些参数来确定特征物的三维空间形态、数量、大小及分布，并与材料的机械性能建立内在联系，为更科学地评价材料、合理地使用材料提供可靠的数据。

二、检测项目

(1) 焊接金相检验。

(2) 铸铁金相检验。

(3) 热处理质量检验。

(4) 各种金属制品及原材料显微组织检验及评定。

(5) 铸铁、铸钢、有色金属、原材料低倍缺陷检验。

(6) 金属硬度（HV、HRC、HB、HL）测定、晶粒度评级。

(7) 非金属夹杂物含量测定。

(8) 脱碳层/渗碳硬化层深度测定等。

三、检测流程

本体取样—试块镶嵌—粗磨—精磨—抛光—腐蚀—观测。

第一步：试样选取部位确定及截取方式。

选择取样部位及检验面，此过程综合考虑样品的特点及加工工艺，且选取部位需具有代表性。

第二步：镶嵌。

如果试样的尺寸太小或者形状不规则，则需将其镶嵌或夹持。

第三步：试样粗磨。

粗磨的目的是平整试样，磨成合适的形状。一般的钢铁材料常在砂轮机上粗磨，而较软的材料可用锉刀磨平。

第四步：试样精磨。

精磨的目的是消除粗磨时留下的较深的划痕，为抛光做准备。对于一般的材料磨制方法分为手工磨制和机械磨制两种。

第五步：试样抛光。

抛光的目的是把磨光留下的细微磨痕去除，成为光亮无痕的镜面。一般分为机械抛光、化学抛光、电解抛光三种，而最常用的为机械抛光。

第六步：试样腐蚀。

要在显微镜下观察到抛光样品的组织必须进行金相腐蚀。腐蚀的方法很多种，主要有化学腐蚀、电解腐蚀、恒电位腐蚀，而最常用的为化学腐蚀。

四、检测设备

按流程：切割机、砂轮机、砂纸、镶嵌机、抛光机、光学显微镜、视频采集卡、金相分析软件等。

五、常用技术标准

DL/T 884—2004《火电厂金相检验与评定技术导则》
DL/T 439—2006《火力发电厂高温紧固件技术导则》
DL/T 674—1999《火电厂用 20 号钢珠光体球化评级标准》
DL/T 773—2001《火电厂用 12Cr1MoV 钢球评级标准》
DL/T 787—2001《火电厂用 15CrMo 钢珠光体球化评级标准》
GB/T 226—2015《钢的低倍组织及缺陷酸蚀检验法》
GB/T 1979—2001《结构钢低倍组织缺陷评级图》
GB/T 4236—1984《钢的硫印检验方法》
GB/T 6394—2002《金属平均晶粒度测定法》
GB/T 13298—2015《金属显微组织检验方法》
GB/T 13299—1991《钢的显微组织评定方法》

第四节　电子显微分析

电子显微分析是将聚集到很细的电子束打到待测样品的微小区域上，产生各种不同的信息，把这些信息加以收集、整理，并进行分析，得出材料的微观形貌、结构和成分等有用资料。主要分为以下几种。

一、透射电子显微技术

主要设备为透射电子显微镜。主要应用于研究由表面起伏现象表现的微观结构，如金属材料的金相分析和断开分析；研究金属薄膜及其他晶体薄膜中对电子衍射敏感的各种结构，如研究晶体缺陷、相变、第二质点；分析固体颗粒的形状、大小和分布；利用电子衍射鉴定物相。

二、扫描电子显微技术

主要设备为扫描电子显微镜。应用于对样品或构件进行断口分析。

三、微区成分分析

主要设备为电子探针、能谱仪。应用于对样品表面某一质点做微区定性或半定量成分分析；测定元素在材料内部某一区域的富集或分化贫化程度。

四、金属 X 射线衍射分析

金属 X 射线衍射分析是材料科学的重要研究方法，是材料微观组织分析和晶体结构分析的主要手段之一，主要设备为 X 射线衍射仪。应用于晶体点阵参数的精确测定、定性（量）物相分析、残余应力测定等。

第五节　重要部件的寿命预测和管理

一、寿命

1. 设计寿命

设计寿命与部件强度设计时所用的钢材强度特性指标有关。设计时的许用应力［R］为

$$[R]=钢材强度特性指标/安全系数$$

钢材强度特性指标有两种：与时间无关的强度特性指标，如室温下抗拉强度、屈服点和设计温度下的屈服点；与时间有关的强度特性指标，如设计温度下相应时间（10^5h 或 2×10^5h）的持久强度极限和蠕变极限。

对于在蠕变温度范围内运行的高温部件，设计时宜采用与时间有关的强度特性指标，因此就有了设计寿命的概念。火电厂高温部件的设计寿命为：在设计参数下能够保证安全、经济运行的最小累积运行小时数。

我国设计高温部件时以 10^5h 的持久强度极限和蠕变极限为依据，故设计寿命一般为 10^5h。国外发达国家，由于设计中采用了 2×10^5h 的持久强度极限，设计寿命已提高为 2×10^5h。

2. 安全运行寿命

安全运行寿命是指高温部件在安全运行条件下的实际运行时间，所以必须对实际部件进行测定。安全运行寿命并不等于设计寿命，原因如下。

(1) 用于强度设计的材料强度特性指标，如设计温度下相应时间的强度极限，一般由短时试验外推所得。国际标准化组织（ISO）规定，允许外推 3 倍的时间。由于外推方向的局限性，会给外推结果带来一定的误差。

(2) 钢材由于冶炼炉号、热处理批号不同，持久强度极限一般有±20%的分散带。设计所用持久强度极限仅为平均值，与具体的高温部件所具有的持久强度极限并不一致，只是在平均值周围±20%分散带内，这是允许的。

(3) 安全系数并不十分准确，设计公式也并非十分完善。

(4) 高温部件在长期运行中，组织性能会发生变化。

3. 剩余寿命

剩余寿命的计算公式如下：

$$剩余寿命=安全运行寿命-累计实际运行时间$$

二、寿命预测

寿命预测是提前测定高温部件或系统在预定运行工况下的安全运行时间。对已运行一定时间或已经达到设计寿命的部件或系统，寿命预测实际上是预测其剩余寿命。

1. 寿命预测的目的

(1) 运行中或已经超过设计寿命的高温部件或系统，确定其更换前的剩余寿命。

(2) 期望部件或系统高于设计参数运行时，确定其可能的运行参数和相应的运行时间。

2. 寿命预测需要掌握的资料

(1) 部件材料当前所处的状态，即采用组织性能测定和宏观缺陷检验方法测定材料当前的组织性能水平、蠕变或疲劳损伤程度和宏观缺陷情况。

(2) 材料的组织性能随时间变化的规律和缺陷发展的规律。

(3) 运行历史和未来的运行条件。

(4) 部件的外形和尺寸，以便提供应力应变状态。

3. 部件或系统寿命预测的程序

部件或系统寿命预测的程序如图 9-2 所示。

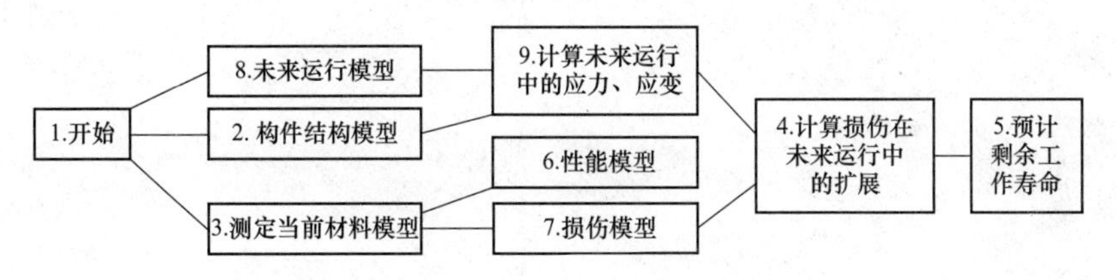

图 9-2 部件或系统寿命预测的程序

三、寿命管理

1. 寿命管理的内容和目的

寿命管理是基于部件或系统的寿命预测而进行的综合性管理工作，内容包括以下几个方面。

(1) 用寿命预测方法测定部件或系统的寿命损耗。

(2) 掌握寿命损耗和缺陷的发展状况，即采用在线的或周期性的寿命预测方法，确定寿命损耗和缺陷的扩展情况。

(3) 进行运行和维护，并合理安排备料、检修、改造与更换。

寿命管理的最终目的，是使超期服役的强迫停机率降低到最低水平，使整个电厂更安全经济运行，并使老电厂延长寿命。

2. 寿命管理过程

锅炉承压部件寿命管理系统如图 9-3 所示。

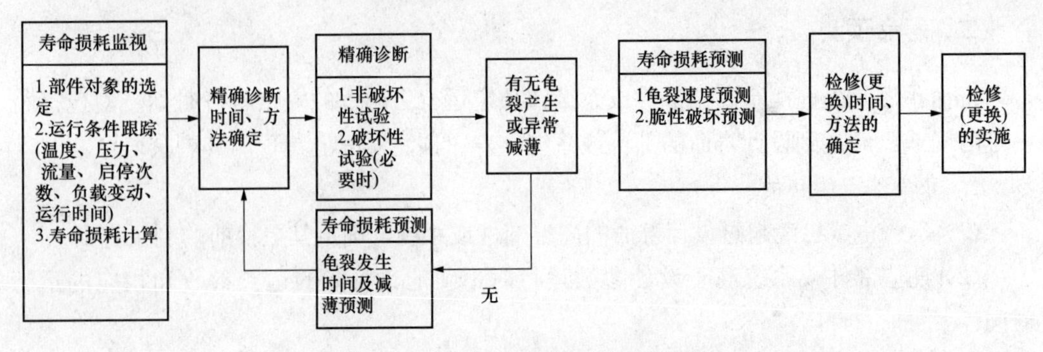

图 9-3 锅炉承压部件寿命管理系统

第十章 特种设备故障、事故应急处理与预防要求

第一节 事故分类与报告

一、特种设备事故分类

根据《特种设备安全监察条例》的规定，特种设备事故分为特别重大事故、重大事故、较大事故和一般事故。

1. 有下列情形之一的，为特别重大事故

(1) 特种设备事故造成30人以上死亡，或者100人以上重伤（包括急性工业中毒，下同），或者1亿元以上直接经济损失的。

(2) 600MW以上锅炉爆炸的。

(3) 压力容器、压力管道有毒介质泄漏，造成15万人以上转移的。

(4) 客运索道、大型游乐设施高空滞留100人以上并且时间在48h以上的。

2. 有下列情形之一的，为重大事故

(1) 特种设备事故造成10人以上30人以下死亡，或者50人以上100人以下重伤，或者5000万元以上1亿元以下直接经济损失的。

(2) 600MW以上锅炉因安全故障中断运行240h以上的。

(3) 压力容器、压力管道有毒介质泄漏，造成5万人以上15万人以下转移的。

(4) 客运索道、大型游乐设施高空滞留100人以上并且时间在24h以上48h以下的。

3. 有下列情形之一的，为较大事故

(1) 特种设备事故造成3人以上10人以下死亡，或者10人以上50人以下重伤，或者1000万元以上5000万元以下直接经济损失的。

(2) 锅炉、压力容器、压力管道爆炸的。

(3) 压力容器、压力管道有毒介质泄漏，造成1万人以上5万人以下转移的。

(4) 起重机械整体倾覆的。

(5) 客运索道、大型游乐设施高空滞留人员12h以上的。

4. 有下列情形之一的，为一般事故

(1) 特种设备事故造成3人以下死亡，或者10人以下重伤，或者1万元以上1000万元以下直接经济损失的。

(2) 压力容器、压力管道有毒介质泄漏，造成500人以上1万人以下转移的。

(3) 电梯轿厢滞留人员2h以上的。

(4) 起重机械主要受力结构件折断或者起升机构坠落的。

(5) 客运索道高空滞留人员 3.5h 以上 12h 以下的。

(6) 大型游乐设施高空滞留人员 1h 以上 12h 以下的。

二、特种设备事故的报告

(1) 发生特种设备事故后，事故现场有关人员应当立即向事故发生单位负责人报告；事故发生单位的负责人接到报告后，应当于 1 小时内向事故发生地的县以上质量技术监督部门和有关部门报告。情况紧急时，事故现场有关人员可以直接向事故发生地的县以上质量技术监督部门报告。

(2) 接到事故报告的质量技术监督部门，应当尽快核实有关情况，依照《中华人民共和国特种设备安全法》和《特种设备安全监察条例》的规定，立即向本级人民政府报告，并逐级报告上级质量技术监督部门直至国家质检总局。质量技术监督部门每级上报的时间不得超过 2 小时。必要时，可以越级上报事故情况。对于特别重大事故、重大事故，由国家质检总局报告国务院并通报国务院安全生产监督管理等有关部门。对较大事故、一般事故，由接到事故报告的质量技术监督部门及时通报同级有关部门。对事故发生地与事故发生单位所在地不在同一行政区域的，事故发生地质量技术监督部门应当及时通知事故发生单位所在地质量技术监督部门。事故发生单位所在地质量技术监督部门应当做好事故调查处理的相关配合工作。

(3) 报告事故应当包括以下内容。

1) 事故发生的时间、地点、单位概况以及特种设备种类。

2) 事故发生初步情况，包括事故简要经过、现场破坏情况、已经造成或者可能造成的伤亡和涉险人数、初步估计的直接经济损失、初步确定的事故等级、初步判断的事故原因。

3) 已经采取的措施。

4) 报告人姓名、联系电话。

5) 其他有必要报告的情况。

(4) 质量技术监督部门逐级报告事故情况，应当采用传真或者电子邮件的方式进行快报，并在发送传真或者电子邮件后予以电话确认。特殊情况下可以直接采用电话方式报告事故情况，但应当在 24 小时内补报文字材料。

(5) 报告事故后出现新情况的，以及对事故情况尚未报告清楚的，应当及时逐级续报。续报内容应当包括：事故发生单位详细情况、事故详细经过、设备失效形式和损坏程度、事故伤亡或者涉险人数变化情况、直接经济损失、防止发生次生灾害的应急处置措施和其他有必要报告的情况等。自事故发生之日起 30 日内，事故伤亡人数发生变化的，有关单位应当在发生变化的当日及时补报或者续报。

(6) 事故发生单位的负责人接到事故报告后，应当立即启动事故应急预案，采取有效措施，组织抢救，防止事故扩大，减少人员伤亡和财产损失。

质量技术监督部门接到事故报告后，应当按照特种设备事故应急预案的分工，在当地人民政府的领导下积极组织开展事故应急救援工作。

第二节　事故调查的组织程序

（1）发生特种设备事故后，事故发生单位及其人员应当妥善保护事故现场以及相关证据，及时收集、整理有关资料，为事故调查做好准备；必要时，应当对设备、场地、资料进行封存，由专人看管。因抢救人员、防止事故扩大以及疏通交通等原因，需要移动事故现场物件的，负责移动的单位或者相关人员应当做出标志，绘制现场简图并做出书面记录，妥善保存现场重要痕迹、物证。有条件的，应当现场制作视听资料。事故调查期间，任何单位和个人不得擅自移动事故相关设备，不得毁灭相关资料、伪造或者故意破坏事故现场。

（2）质量技术监督部门接到事故报告后，经现场初步判断，发现不属于或者无法确定为特种设备事故的，应当及时报告本级人民政府，由本级人民政府或者其授权或者委托的部门组织事故调查组进行调查。

（3）依照《中华人民共和国特种设备安全法》和《特种设备安全监察条例》的规定，特种设备事故分别由以下部门组织调查。

1）特别重大事故由国务院或者国务院授权的部门组织事故调查组进行调查。

2）重大事故由国家质检总局会同有关部门组织事故调查组进行调查。

3）较大事故由事故发生地省级质量技术监督部门会同省级有关部门组织事故调查组进行调查。

4）一般事故由事故发生地设区的市级质量技术监督部门会同市级有关部门组织事故调查组进行调查。

根据事故调查处理工作的需要，负责组织事故调查的质量技术监督部门可以依法提请事故发生地人民政府及有关部门派员参加事故调查。

负责组织事故调查的质量技术监督部门应当将事故调查组的组成情况及时报告本级人民政府。

（4）根据事故发生情况，上级质量技术监督部门可以派员指导下级质量技术监督部门开展事故调查处理工作。

自事故发生之日起 30 日内，因伤亡人数变化导致事故等级发生变化的，依照规定应当由上级质量技术监督部门组织调查的，上级质量技术监督部门可以会同本级有关部门组织事故调查组进行调查，也可以派员指导下级部门继续进行事故调查。

根据事故的具体情况，事故调查组可以内设管理组、技术组、综合组，分别承担管理原因调查、技术原因调查、综合协调等工作。

对无重大社会影响、无人员伤亡、事故原因明晰的特种设备事故，事故调查工作可以按照有关规定适用简易程序；在负责事故调查的质量技术监督部门商同级有关部门，并报同级政府批准后，由质量技术监督部门单独进行调查。

第三节　事故调查的项目和内容

特种设备事故的调查应当有个提纲，这个调查提纲在调查中可以不断调整。事故调查提纲的具体项目和内容如下。

一、调查内容

1. 现场调查内容

(1) 故障发生的时间与部位，故障经过。

(2) 爆口、碎后与主体的相对位置与尺寸。

(3) 本体的损坏、变形情况与周围设备的损伤情况。

(4) 目击者证词。

(5) 运行人员对运行工况的口述记录。

(6) 仪表、阀门、自动装置、保护装置、闭锁装置所处的状态与事故过程中的变化，特别是安全门的状态和动作情况。

(7) 自动记录，运行记录及事故追记装置记录。

2. 故障部件的背景材料的收集

(1) 制造安装单位的证明文件。

(2) 设备的检修和检验记录。

(3) 设备技术登录簿的登录。

(4) 设备运行历史档案，包括有关的试验报告。

(5) 设计图纸及设计变更资料。

(6) 质量检验报告。

(7) 控制、保护装置的功能与定值。

(8) 使用说明与现场运行规程。

二、观察、检查项目

(1) 损坏部件的目测检验。

(2) 针对设计图纸校对尺寸。

(3) 断口宏观与扫描电镜检查。

(4) 断口附近及非损坏区金相检查。

三、测试

(1) 无损探伤。

(2) 化学成分分析（常规方法与局部成分分析）。

(3) 结构性测试包括硬度测量。

(4) 断裂韧性测试。

(5) 应力—强度寿命分析。

四、试验或模拟试验

(1) 设备运行工况下部件工作状态的测试。

(2) 故障机理的确定。

(3) 在试验室按所确定的机理进行部件的模拟试验。

第四节　事故分析方法

一、事故（故障）分析的原则方法

事故发生后在事故调查人员面前往往有大量的杂乱无章资料甚至相互矛盾的情况反映，要分析出事故发生的原因必须掌握科学的思想方法与工作方法，从而使保障故障分析严密、高效、正确无误。一般来讲应遵循以下原则。

（一）整体观念或称全过程原则

设备在使用中发生损坏，其每一部件都牵涉到设计、制造、安装、检修与使用各阶段，故障分析切忌孤立地对待个别部件、个别环节，否则问题往往得不到解决。例如，德国产某高压锅炉省煤器吊管爆破，全相检验认为是材料超温过热，但锅炉运行中壁温实测及启动中烟温测量表明，该部分受热面不致发生超温过热，过热原因不能被证实，后来查明该省煤器在启动阶段有可能产生蒸汽，形成汽塞，随锅炉升负载烟温升高而汽塞没有消失时，省煤器吊管便发生过热爆管。

（二）以规程为依据的原则

设备在设计时都有一定的安全系数，安装和制造工艺总会发生各方面的误差，运行中各参数也难免产生偏差，三种因素的不良组合常常是事故的原因，事故分析时必须以规程为依据来判别是非。例如，炉膛结焦，它牵涉到煤种，运行方式与燃烧设备的结构诸多因素。煤种在设计变化范围内，按设计规定的运行方式运行而发生结焦宜检查燃烧设备的问题；若燃用超过设计范围的低灰熔点煤种而结焦，追究设计责任一般是不合理的。虽然解决炉膛结焦问题存在改变煤种、改变燃烧设备结构或者改善运行等多种选择，但问题的性质还是以规程、标准或设计说明为依据。

（三）从现象到本质的原则

现象只是分析问题的入门向导，透过表面现象找到问题的本质后才能真正解决问题。例如，焊口泄漏常常归结为焊接质量，甚至直接归罪于焊工水平。但问题往往难以解决。须知焊口泄漏，焊接缺陷的产生有可能与外力、坡口形式、焊接材料、热处理工艺、焊接工艺参数、焊工技术水平等诸因素有关。某厂屏式过热器管座角焊缝泄漏，从焊接接头断口的宏观检查看，焊接质量确实存在一定缺陷，于是将故障原因归结为焊接质量不良，并决定全部管座重新施焊，可事后又连续发生管座焊口泄漏。最后查明是：该屏式过热器采用振动吹灰器，管屏上部为联箱所固定、中部为固结棍所固定。因此，在管屏对接时不可避免地存在焊接残余应力，运行中同一管屏各管壁温不可避免地存在温差，实质上是相对膨胀不畅，导致了焊口泄漏。取消固结棍后，该焊口泄漏问题得到了解决。

（四）数量分析的原则

要正确判断故障的原因必须做数量分析，锅炉管道常见缺陷有重皮、划痕，这些缺陷的确不符合锅炉钢管技术条件。但仅仅这些缺陷是否必然引起爆管呢？要做数量分析。某厂车间屋顶塌落，初步认为正值冬季，屋面积冰较多，荷重超过了设计规定。但计算结果表明实际负载还不足以导致屋面塌落。进一步调查发现屋架施工不良，在构架上随意切割而未补强使屋架刚度下降。通过计算查明了冰雪超载和施工不良是导致事故的双重原因，因此有针对性地采取两方面的措施，确保了安全。

判别事故原因的具体方法常有以下几种。

(1) 系统分析方法。该方法要求从总体上考虑事故是否与设计、制造、安装、使用、维护、修理各个环节以及各个环节涉及的材质、工艺、环境等因素有关，并据此深入调查测试（包括模拟或故障的再现试验），寻找事故的具体原因。应尽可能设想设备发生故障的所有因素，根据调查资料、检验结果、采取“消去法”把与事故无关的因素逐个排除，剩余问题细致研究，最终确定故障原因。

(2) 比较方法，选择一个没有发生事故而与事故系统类似的系统，一一对比，找出其中差异，发生事故的原因。

(3) 历史对比方法，根据同样设备同样使用条件过去的故障资料和变化规律运用归纳法和演绎法推断故障原因。

(4) 反推法，根据设备损坏状况，主要是爆口、断口断裂机理的分析结果，确定事故的起因，并借此推断事故原因。这是经常用的方法。

能否熟练地掌握和运用以上原则与方法，决定着事故分析的速度和结论的正确程度，掌握好这些方法可以防止主观片面，在判断上实事求是，不搞无根据的推论，保证分析结论的正确无误。

二、事故调查常用的检验（测）方法

简单的事故也许通过现场调查分析即可得出结论。大量事故的情况往往是复杂的，需要对损坏的设备部件、附件进行技术检验、检测和试验才能发现或验证设备部件失效的原因。尽管各种检验、检测试验方法可能需要专门的技术人员去做，但作为锅监工程师、检验员应当了解事故调查需要的基本检验、检测和试验方法。熟悉各种方法的适用性，以便科学地进行调查分析。下面对经常用的几种方法做简单的介绍。

（一）直观检查

直观检查主要是凭借检查人员的感官对设备部件的内外表面情况进行观测检查，看是否存在缺陷。由于肉眼有特别大的景深又可以迅速检验较大的面积，对色泽、断裂纹理的走向和改变有十分敏锐的分辨率。因此直观检查可以较方便地发现表面的腐蚀坑或斑点、磨损深沟、凹陷、鼓包和金属表面的明显折叠、裂纹。

管道内表可借助于窥视镜或内壁反光仪等。对肉眼检查有怀疑时可用放大镜作进一步观察。锤击检查也是直观检查的方法之一。

对断口的肉眼检查，可大致确定部件损坏的性质种类——韧性、脆性、疲劳、腐蚀、磨损和蠕变。观察断裂纹理的变化可以确定断裂源，断裂时的加载方式——是拉裂、撕裂、压裂、扭断还是弯裂等，并可判断应力级别的相对大小。

直观检查方法比较简单，其效果在很大程度上取决于检查人员的经验和素质。对检查情况应尽量详细地做好记录，最好采用摄影、录像。

（二）低倍酸蚀检验

低倍酸蚀检验是指对故障部件表面进行加工、酸浸后，用显微镜作低倍数放大后观察，其特点是设备及操作简易，可在较大面积上发现与判别钢的低倍组织缺陷。

低倍酸蚀检验可得到以下信息。

（1）钢材内部质量，发现偏析、疏松、夹杂、气孔等缺陷。

（2）发现铸、锻件表面缺陷，如夹砂、斑疤、折叠等。

（3）内裂纹，如白点（或称发裂）、发纹、过烧等。

（4）焊接质量。

（5）可以发现研磨擦伤部位。

（6）可以区别钢材软硬不同部位所在。

（三）显微断口检验

显微断口检验是指利用光学显微镜、透射电子显微镜、扫描电子显微镜（目前显微镜断口分析主要用扫描电镜进行分析，即电子断口分析），对断口的形态特征、形成机制和影响因素进行分析的方法。

电子断口分析除了做定性分析（如断裂方式、断裂机理）外，还能做断裂方面的定量工作。如韧性程序的判别、裂纹扩展的速度以及断裂历程的定量描述。

塑性材料的显微断裂特征——韧窝是判别受力方向的依据。如果是无方向性的等轴韧窝，是受单轴拉伸，主力方向垂直于断口的结果；如果是鱼鳞状的拉长韧窝，一种是拉伸撕裂，两个相对断口上韧窝方向相同；另一种是剪切断裂，两个相对断口上韧窝方向相反。脆性断裂的电子断口相为穿晶解理的河流花样；沿晶的表现为冰糖花样。应力腐蚀开裂电子断口相有扇形或羽毛形花样，而氢脆断裂在电镜下观察多有鸡爪形的撕裂棱，或有细的凹坑，这两种是应力腐蚀开裂所没有的。

一般来讲，不同机制引起的断裂，其断口形态也是不同的，由于材料化学成分、热处理状态或介质的区别，相同断裂机制其显微形态也可能不尽相同，表 10－1 可供故障分析时参考。

表 10－1　　金属以不同机制断裂时可能具有的显微断口形貌

断口形貌 / 机制	穿晶断口					沿晶断口		
	塑坑	解理	准解理	平行条纹	其他	塑性	脆性	其他
过载	√	√	√	△		√	√	
应力腐蚀	×	×		△	√	×	√	
高周疲劳	×	×	×	√	√	×	×	
低周疲劳	△	×	×	△	√	×	×	√
腐蚀疲劳	×	×	×	√	√	×	×	√
氢脆	√		√	△		×	√	
高温蠕变	√	×				√	×	

注　√表示可能出现，×表示不大可能出现，△表示偶尔出现，空白表示不肯定。

（四）金相检验

金相检验包括光学显微镜或扫描电镜观察金相试样，也包括就地无损金相检验。由于加工工艺（热处理、焊接及铸造）、材质缺陷（夹渣、偏析、白点等）和环境介质等因素造成的损坏，均可通过金相检验判别损坏原因。

显微组织检验的内容主要有晶粒的大小、组织形态、晶界的变化、夹杂物、疏松、裂纹、脱碳等缺陷。特别应注意晶界的检验，是否有析出相、腐蚀及变化、微孔等现象发生。

当检查裂纹时，往往能从裂纹尖端的试样得到有价值的情报，由于它受环境介质的影响较小，容易判别裂纹的扩展路径的方式——穿晶型或沿晶型。

通过裂纹两侧氧化和脱碳情况的检查，可以判别表面裂纹产生于热处理前、热处理中还是热处理后，是判别制造裂纹还是运行裂纹的重要依据。在分析电站锅炉受热面爆破原因时，取向火侧、背火侧（或远离爆口部位）试样作金相对比检验可以确定是材料局部缺陷（碳化物成片状），还是过热（碳化物球化）或两者都有问题。

金相检验用于事故分析，可提供有用的结论。对于分析疲劳或应力腐蚀损伤裂纹长度和宽度的测量有利于判别故障原因。一般情况下应力腐蚀开裂的裂纹长度比开口宽度大几个数量级，成为判断应力腐蚀的一个主要判据。

通过金相检验可以判断焊接接头，热弯弯头在制造时所做的热处理工艺是否合适；分析裂纹不同深度的金相图可以找到与事故有关的重要线索。有些管材（如 13GrMo44 14MoV63，10CrMo910，X20CrMo121）高温下持久断裂时的变形很少，不易觉察其胀粗，观察其金相组织的变化有利于判断其剩余寿命。

（五）超声波检验

超声波探伤通过探伤仪示波屏上显示的缺陷界面反射信号，判断缺陷所在的位置、数量、大小及性质。主要用于发现材料内部及管子、联箱内表面的裂纹，焊缝底部的未焊透、未熔合以及气孔、夹杂等宏观缺陷。

由于材料表面粗糙度及材料本身的不均匀性所引起的杂波，超声波探伤的灵敏度有一定的限度，小于0.5mm的缺陷，往往难以发现。过去的超声波检验不给出可供客观评议的文件资料，发现缺陷的能力与探测者水平有关。对几何形状复杂的部件，如异形体、阀门等其检验判断结论的正确性更取决于检验者的技能和经验。

超声波探伤法可以找到部件内壁的缺陷。超声波仪也可用于壁厚测量。

制造厂对无缝钢管所进行的超声波自动检验流水线，只能检验出纵向缺陷，其他方向（横向和平行于管表方向）的缺陷还不能发现。对于仪器灵敏度以内的缺陷也不易发现。

（六）射线检验

射线检验发现缺陷的能力与同一束射线所经过的路线有关，与材料的厚度有关，与射线的强度有关。一般透照厚度不超过80～100mm。对管子透照时如射源与底片都在管外，则射线必然透过两重管壁，呈椭圆形阴影。

射线检验可发现气孔、夹渣及与射线方向平行的裂纹。与射线方向垂直的裂纹不易被发现，在射线束以外的缺陷也不易发现，射线检验主要用于制造、安装阶段焊接接头的探伤，其底片可以保留备查，便于观察缺陷的发展，有的电厂曾成功地用射线探伤，发现屏式过热器管内堵塞物。

（七）表面裂纹检验

当前对表面裂纹检验多采用液体渗透法和磁粉法。涡流探伤用于铜管和焊接（纵缝）的管材检验。

1. 液体渗透法（着色及荧光探伤）

液体渗透法仅适用于确认部件表面是否存在裂纹，以及裂纹长度的鉴别，它的准确性取决于部件表面的预处理、部件的温度及检查时的仔细程度。如果裂纹缝隙中填满了氧化物，用着色剂裂纹就往往显示不出来。

2. 磁粉探伤法

磁粉探伤只能在导磁材料上进行。磁粉探伤法比着色法灵敏度高、速度快。在较强的磁场下磁粉探伤有可能探测到表面下1～3mm深处存在的裂纹，它并不一定是表面裂纹。

上述两种方法都不能检查裂纹深度。检验裂纹深度还要借助于专门的裂纹深度测量仪。

焊缝及其热影响区的冷热裂纹，管子的蠕变裂纹可用表面检验发现。管内壁的表面裂纹如果无法见到或触及则不能用这种方法。几种无损探伤方法发现缺陷能力的比较见表10-2。

表10-2　缺陷形状和探伤方法对应表

探伤方法＼缺陷	平面状缺陷（裂纹未熔合未透焊）	球状缺陷（气孔）	圆柱状缺陷（夹渣）	线性表面缺陷（表面裂纹）	圆形表面缺陷（针孔）
射线探伤	△或×	○	○		
超声探伤	○	△	△		
磁粉探伤				○	△或×
着色探伤				○或△	○

注　○表示最适合；△表示良好；×表示困难。

（八）壁厚测量

采用超声波测量壁厚是较普遍的方法，在表面温度低于100℃时采用数字式测厚仪，测量精度可达±0.1mm。温度升高，材料中声速发生变化，降低测量的准确性对探头正常工作不利。

制造时应检验壁厚，特别要检验那些按设计数据来衡量，壁厚裕度小的部件，弯管及冷热加工成型的部件。

直管在轧制过程中，壁厚呈螺旋线变化。有怀疑时，可沿整个长度测量壁厚，测量点间的距离可为管子外径的两倍；管子在弯制以后外弧侧减薄，弯管的测量断面（每一断面四点）间的距离可为外径的一倍到两倍。汽包的球形封头在接近底部20°～30°范围内因冲压减薄较严重，椭球形封头在接近大曲率部位减薄最多。因此，应当根据具体情况选择测量点。

水冷壁管的垢下腐蚀坑及汽包钢板大面积夹层可以用测厚仪检查。

（九）蠕胀测量

蠕胀测量可确定部件是否发生塑性变形。通常用于薄壁的过热、再热蒸汽管道（$\beta \leqslant 1.2$）管子原来存在的不圆度引起的补偿性蠕胀、弯头外弧侧壁厚减薄引起的局部蠕胀变形。

（十）化学分析

在故障分析中，为了查明金属材料是否符合规定要求，必须进行化学成分分析（包括光谱分析）。钢材的化学分析要确定碳及以下诸元素：①合金成分，如锰、铬、钼、镍、钒等有意加入钢内的元素；②杂质，如磷、硫；③脱氧元素，如硅、铅等。在特殊情况下（如体积较大的锻件）还要确定是否存在对材质纯洁度和焊接性能有影响的偏析现象。

在某些特殊的故障分析中，如腐蚀和应力腐蚀案例，对腐蚀表面沉积物、氧化物或腐蚀产物以及与被腐蚀材料接触的物质进行化学分析，重点检查钢材表面的含碳量以发现“脱碳”现象等等，帮助人们确定故障原因。

（十一）机械性能试验

机械性能试验主要是检查损坏部件材料的常规强度与塑性指标是否达到额定指标或是否符合设计要求。

检验项目随需要而定，如对于脆性断裂部件经常检验的两个项目是：宏观硬度测定；韧性—脆性转折温度（NDTT）的检测。宏观硬度检验着重检查断口或裂源附近的硬度变化并与金相组织检查结果相结合来综合评定：检验加工硬化或由于过热、脱碳等引起的软化；评定热处理工艺；提供钢材拉伸强度的近似值。

冲击试验除了评定材料塑性指标 a_k 值之外，还可进行转折温度测量，特别是脆裂发生在常温或低温状态时。

有时还需确定与损坏机理有关的其他性能试验，如断裂韧性、疲劳强度、持久强度等。

此外，还有硫印试验、环行试样试验和塔形车削检验在电厂中应用较少，不再介绍。

第五节　事故应急处理与应急预案的编制及演练

一、确定重大危险源

特种设备种类繁多，逐台编制预案显然不可能，也没有必要。关键在于确定重大危险源和便于确定应急救援预案，达到迅速控制事故发展，防止事故蔓延、扩大，使事故损失降到最低，并迅速恢复生产的目的。

重大危险源的确认，首先应进行危险辨识和评价，即根据特种设备本身的设备状况、使用条件以及事故对设备、人员及周边环境的危害程度进行分析评估，然后依据《中华人民共和国特种设备安全法》《特种设备安全监察条例》《危险化学品安全管理条例》《关于重大危险源申报登记试点工作的指导意见》进行确认。经确认为重大危险源的设备即列为企业关键设备进行特别管理。

二、应急救援预案的编制

应急救援预案要根据重大危险源对周边人员、生产装置、环境、居民等的危害程度来进行编制，做到切合实际、简明扼要、概念清晰、容易理解、可操作性强，避免过于冗长、烦琐和不易执行而引起现场混乱等。

应急救援预案的内容应包括以下几个方面。

1. 组织机构、人员相关职责和通信联系方式

企业的施救指挥中心由企业主要负责人任总指挥，负责全面指挥协调应急救援工作、组织指挥各应急机构开展施救行动、决定实施企业外的应急计划、下达或解除应急救援令、组织事故调查和事后生产恢复。总指挥应指定代理人，并层层负责，避免指挥中断。指挥中心下设各类救援队。总指挥、副总指挥及各救援队负责人的电话和手机号码等通信联系方式应予以公布。

2. 应急救援程序

指挥中心接到事故报告后应如何指挥救援工作，即如何应对发生的事故，应有完整

的计划程序，以免造成现场混乱。这是应急救援预案的中心内容。

3. 救援力量、事故单位应做的工作

这一部分对救援队和事故单位的工作内容进行规范，应规定明确。如规定事故单位在发生事故后如何及时报警，并根据指挥部命令做好设备紧急停车、切断电源、准备夜间照明、引导救援队进入现场、采取防范措施引导疏散人员、引导搜救和转移受伤被困人员、解除救援令后配合现场清理、负责设备修复恢复生产工作。救援队则根据各自的职责确定救援工作内容，并按指挥部的命令开展救援工作。

4. 救援装备、防护用品和救援力量集结地点

救援装备和人员防护用品是救援过程中必不可少的，在预案中应根据救援队的功能做出明确规定予以配备，并由各救护队进行管理维护，始终保持装备完好。各救援队的集结地点则根据公司内部环境，以通信联系方便、通道畅通、调动灵活、能迅速到达事故地点来确定。地点一旦确定，不得随意变更。

三、培训和演练

救援预案编制完成后，必须对所有有关人员进行培训，使其明确职责和责任。培训合格后进行现场演练，现场演练要尽可能达到实战要求，做到真实。通过演练让救援人员了解救援程序，掌握救援方法，同时了解如何保护自己和被救援者；树立职工的危机管理理念，培养应对处理事故的能力，增强事故防范意识；检验救援预案的可操作性，发现救援预案的不足和缺陷并及时修正。演练应举行多次，使救援预案不断完善，成为真正对事故救援有效的规定性文件。

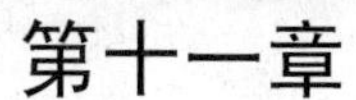

计 量 管 理

第一节 计 量 法 规 体 系

一、计量法制体系

计量法制体系如图 11－1 所示。

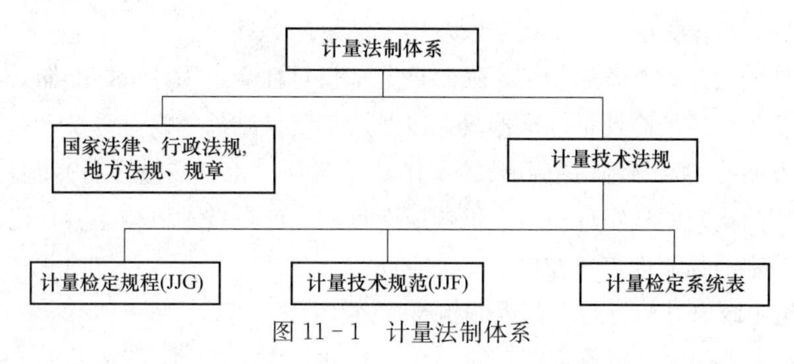

图 11－1 计量法制体系

二、法规文件主要内容

计量法规文件包括法律、法规和规章三个层次，见表 11－1。

表 11－1 法规文件主要内容

法规文件层次	法规文件名称
第一层次：法律	《中华人民共和国计量法》
第二层次：法规	(1)《中华人民共和国计量法实施细则》 (2)《中华人民共和国进口计量器具监督管理办法》 (3)《国务院关于在我国统一实行法制计量单位的命令》 (4)《中华人民共和国强制检定的工作计量器具检定管理办法》
第三层次：规章	(1)《计量法条文解释》 (2) JJF1069—2012《法定计量检定机构考核规范》 (3)《法定计量检定机构监督管理办法》 (4)《计量违法行为处罚细则》 (5)《制造、修理计量器具许可证监督管理办法》 (6)《计量器具新产品管理办法》 (7)《商品量计量违法行为处罚规定》 (8)《计量基准管理办法》 (9)《计量标准考核办法》 (10)《标准物质管理办法》 (11)《计量监督员管理办法》 (12)《计量检定人员管理办法》 (13)《计量授权管理办法》 (14)《仲裁检定和计量调解办法》等

第二节 计量检定与校准

一、计量检定

计量检定是指为评定计量器具的计量特性，确定其是否合格所进行的全部工作。

检定是进行量值传递或量值溯源以及保证需要量值准确一致和量值统一的重要措施，是国家对整个计量器具进行管理的技术手段，因此，计量检定在计量工作中具有十分重要的地位。

检定必须按照计量检定规程进行，检定规程规定了对计量器具检定的要求、检定项目、检定条件、检定方法、检定周期以及检定结果的处理等。

根据《计量法》第 9 条的规定，强制检定是指对社会公用计量标准器具，部门和企业、事业单位使用的最高计量标准器具，以及用于贸易结算、安全防护、医疗卫生、环境监测 4 个方面的列入强制检定目录的工作计量器具（也称测量设备），由县级以上政府计量行政部门指定的法定计量检定机构或者授权的计量技术机构，实行定点、定期的检定。强制检定的强制性表现在以下三个方面。

（1）检定由政府计量行政部门强制执行。

（2）检定关系固定，定点定期送检。

（3）检定必须按检定规程实施。

实施强制检定的计量器具范围包括两部分：一是计量标准，即社会公用计量标准、部门和企事业单位使用的最高计量标准；二是工作计量器具，即直接用于贸易结算、安全防护、医疗卫生、环境监测方面的列入《中华人民共和国强制检定的工作计量器具目录》的工作计量器具。

1987 年 4 月 5 日国务院发布了《中华人民共和国强制检定的工作计量器具检定管理办法》，同时公布了中华人民共和国强制检定的工作计量器具目录；1999 年国家质量技术监督局质技监局〔1999〕15 号文件，2001 年国家质量监督检验检疫总局国质检量〔2001〕162 号文件又对强制检定的工作计量器具目录进行了调整，调整后下列工作计量器具，凡用于贸易结算、安全防护、医疗卫生、环境监测的，实行强制检定，到目前为止共 60 种，目录如下：①尺；②面积计；③玻璃液体温度计；④体温计；⑤石油闪点温度计；⑥谷物水分测定仪；⑦热量计；⑧砝码；⑨天平；⑩秤；⑪定量包装机；⑫轨道衡；⑬容重器；⑭计量罐、计量罐车；⑮燃油加油机；⑯液体量提；⑰食用油售油器；⑱酒精计；⑲密度计；⑳糖量计；㉑乳汁计；㉒煤气表；㉓水表；㉔流量计；㉕压力表；㉖血压计；㉗眼压计；㉘出租汽车里程计价表；㉙测速仪；㉚测振仪；㉛电能表；㉜测量互感器；㉝绝缘电阻、接地电阻测量仪；㉞场强计；㉟心、脑电图仪；㊱照射量计（含医用辐射源）；㊲电离辐射防护仪；㊳活度计；㊴激光能量、功率计（含医用激光源）；㊵超声功率计（含医用超声源）；㊶声级计；㊷听力计；㊸有害气体分析仪；㊹酸度计；㊺瓦斯计；㊻测汞仪；㊼火焰光度计；㊽分光光度计；㊾比色计；㊿烟尘、粉尘测量仪；51水质污染监测仪；52呼出气体酒精含量探测器；53血球计数器；54屈光度计；55电话计时计量装置；56棉花水分测量仪；57验光仪，验光镜片组；58微波辐射与泄漏测量仪；59燃气加气机；60热能表。

非强制检定是法制检定中相对于强制检定的另一种形式，是由使用单位自己对除了强制检定计量器具以外的其他计量标准和工作计量器具依法进行的定期检定，如果本单位不能检定时，其检定周期和检定方式由企业依法自行管理，实际上非强制检定的计量器具均属于校准的范围。

（1）检定周期，由企业根据计量器具的实际使用情况，本着科学、经济和量值准确的原则自行确定。

（2）检定方式由企业自行决定，任何单位不得干涉。

二、计量校准

《法制计量学通用基本名词术语》将“校准”定义为“在规定的条件下，为确定测量仪器或测量装置所指示的量值，与对应的由标准所复现的量值之间关系的一组操作”。其特点如下。

（1）校准结果既可给出被测量的示值，又可确定示值的修正值。

（2）校准也可确定其他计量特性，如影响量的作用。

（3）校准结果可以记录在校准证书或校准报告中。

（4）有时用校准因数或校准曲线形式的一系列校准因数来表示校正结果。

校准范围主要指《中华人民共和国依法管理的计量器具目录》中规定非强制检定的计量器具。校准依据应当优先选择国家校准规范，没有国家校准规范可根据计量检定规程或相关产品标准，使用说明书等技术文件编制校准技术条件，再经技术机构技术负责人批准后，方可使用。

校准只给出与其示值偏离数据或曲线，但不必判定仪器合格与否。校准也应有校准周期。校准的结论不具备法律效力，给出的《校准证书》只是标明量值误差，属于一种技术文件，是企业自愿溯源的行为。强制性检定范围以外的计量器具属于计量校准范围，企业可以采用自主管理的办法。使用者应当自行或者委托其他有资格向社会提供计量校准服务的计量技术机构进行计量校准，保证其量值的溯源性，校准是实现量值统一和准确可靠的重要途径。

新购置的测量设备，如有随机的出自有资质部门的检定/校准证书且在有效期内的可予免检；若没有，则必须按首次检定/校准要求进行。出厂合格证只是证明该仪器出厂时厂家检测符合要求，但不具有公正的作用。

开展计量校准和检测的服务单位可以是具有按照 GB/T 27025/ISO/IEC 17025《检测和校准实验室能力的通用要求》（CNAS-CL01《检测和校准实验室能力认可准则》）的要求通过中国合格评定国家认可委员会认证的实验室认可证书（在有效期内）的实

验室。

企业对测量设备应进行分类管理，通常做如下分类：

第一类（习惯上称为A类）：①国家规定实施强制检定的测量设备，即“企业的最高计量标准器具和用于贸易结算、医疗卫生、安全防护和环境监测等列入强制检定目录的工作计量器具”。这类测量设备应按国家法律法规规定实施强制检定。②企业用于工艺控制、质量检测、能源及经营管理，对于计量数据要求高的关键测量设备。③准确度高和使用频繁而量值可靠性差的测量设备。②和③属于非强检的测量设备，由企业制定检定周期，实行定期检定，一般按照检定证书规定的检定周期进行定期检定。对A类测量设备（通常所说的计量器具）应进行重点管理。注意：强检的测量设备一定是A类测量设备，但A类测量设备不一定是强检的测量设备。

第二类（习惯上称为B类）：企业生产工艺控制、质量检测有数据要求的测量设备；用于企业内部核算的能源、物资管理用测量设备；固定安装在生产线或装置上，测量数据要求较高、但平时不允许拆装、实际校准周期必须和设备检修同步的测量设备；对测量数据可靠有一定要求，但测量设备寿命较长，可靠性较高的测量设备；测量性能稳定，示值不易改变而使用不频繁的测量设备；专用测量设备、限定使用范围的测量设备以及固定指示点使用的测量设备。这类测量设备可由企业根据其用途、频次、使用的环境条件、规程的规定等，确定校准间隔并实施校准和确认。没有计量检定规程的，或企业自制的专用计量器具，应由企业制定校准方法进行校准。对B类测量设备可进行一般性管理。

第三类（习惯上称为C类）：企业生产工艺过程、质量检验、经营管理、能源管理中以及设备上安装的不易拆卸而又无严格准确度要求指示用测量设备（如电焊机上电流表等），测量设备性能很稳定，可靠性高而使用又不频繁的、量值不易改变的测量设备，国家计量行政部门明令允许一次性使用或实行有效期管理的测量设备（有效期管理如三年）。这类测量设备可由企业实施一次性确认，而无须实施后续的检定和校准，损坏后更换。对C类测量设备可对其进行简要的管理。

三、计量检定与校准的区别

根据检定与校准定义，可以看出校准和检定有本质区别。两者不能混淆，更不能等同。计量检定与校准的区别如下。

1. 目的不同

校准的目的是对照计量标准，评定测量装置的示值误差，确保量值准确，属于自下而上量值溯源的一组操作。这种示值误差的评定应根据组织的校准规程作出相应规定，按校准周期进行，并做好校准记录及校准标识。校准除评定测量装置的示值误差和确定有关计量特性外，校准结果也可以表示为修正值或校准因子，具体指导测量过程的操作。检定的目的则是对测量装置进行强制性全面评定。这种全面评定属于量值统一的范畴，是自上而下的量值传递过程。检定应评定计量器具是否符合规定要求。这种规定要求就是测量装置检定规程规定的误差范围。通过检定，评定测量装置的误差范围是否在规定的误差范围之内。

2. 对象不同

校准的对象是属于强制性检定之外的测量装置。我国非强制性检定的测量装置，主要指在生产和服务提供过程中大量使用的计量器具，包括进货检验、过程检验和最终产品检验所使用的计量器具，等等。

检定的对象是我国计量法明确规定的强制检定的测量装置。《中华人民共和国计量法》第 9 条明确规定："县级以上人民政府计量行政部门对社会公用计量标准器具，部门和企业、事业单位使用的最高计量标准器具，以及用于贸易结算、安全防护、医疗卫生、环境监测方面的列入强检目录的工作计量器具，实行强制检定。未按规定申请检定或者检定不合格的，不得使用。"

3. 性质不同

校准不具有强制性，属于组织自愿的溯源行为。这是一种技术活动，可根据组织的实际需要，评定计量器具的示值误差，为计量器具或标准物质定值的过程。组织可以根据实际需要规定校准规范或校准方法。自行规定校准周期、校准标识和记录，等等。

检定属于强制性的执法行为，属法制计量管理的范畴。其中的检定规程检定周期等全部按法定要求进行。

4. 依据不同

校准的主要依据是组织根据实际需要自行制定的《校准规范》，或参照《检定规程》的要求。在《校准规范》中，组织自行规定校准程序、方法、校准周期、校准记录及标识等方面的要求。因此，《校准规范》属于组织实施校准的指导性文件。

检定的主要依据是《计量检定规程》，这是计量设备检定必须遵守的法定技术文件。其中，通常对计量检测设备的检定周期、计量特性、检定项目、检定条件、检定方法及检定结果等作出规定。计量检定规程可以分为国家计量检定规程、部门计量检定规程和地方计量检定规程三种。这些规程属于计量法规性文件，组织无权制定，必须由经批准的授权计量部门制定。

5. 方式不同

校准的方式可以采用组织自校、外校，或自校加外校相结合的方式进行。组织在具备条件的情况下，可以采用自校方式对计量器具进行校准，从而节省较大费用。但就校准工作而言，对外开展校准工作的实验室应具有国家校准实验室认可证书，标准装置要经过计量主管部门考核合格，校准人员要经过计量主管部门考核合格，持证上岗；对企业内部使用的计量器具进行校准，不需要资质认定，其校准人员也不需要到"地方计量检验机构"考核认证，组织进行自行校准必须编制校准规范或程序，规定校准周期，具备必要的校准环境和一定素质的计量人员，至少具备高出一个等级的标准计量器具，从而使校准的误差尽可能缩小。

检定必须到有资格的计量部门或法定授权的单位进行。根据我国现状，多数生产和服务组织都不具备检定资格，只有少数大型组织或专业计量检定部门才具备这种资格。

6. 周期不同

校准周期由组织根据使用计量器具的需要自行确定。可以进行定期校准，也可以不定期校准，或在使用前校准。校准周期的确定原则应是在尽可能减少测量设备在使用中的风险的同时，维持最小的校准费用。可以根据计量器具使用的频次或风险程度确定校准的周期。

检定的周期必须按《检定规程》的规定进行，组织不能自行确定。检定周期属于强制性约束的内容。

7. 内容不同

校准的内容和项目，只是评定测量装置的示值误差，以确保量值准确。

检定的内容则是对测量装置的全面评定，要求更全面，除了包括校准的全部内容之外，还需要检定有关项目。

例如，某种计量器具的检定内容应包括计量器具的技术条件、检定条件、检定项目和检定方法，检定周期及检定结果的处置等内容。

校准的内容可由组织根据需要自行确定。因此，根据实际情况，检定可以取代校准，而校准不能取代检定。

8. 结论不同

校准的结论只是评定测量装置的量值误差，确保量值准确，不要求给出合格或不合格的判定。校准的结果可以给出《校准证书》或《校准报告》。

检定则必须依据《检定规程》规定的量值误差范围，给出测量装置合格与不合格的判定。超出《检定规程》规定的量值误差范围为不合格，在规定的量值误差范围之内则为合格。检定的结果是给出《检定合格证书》。

9. 法律效力不同

校准的结论不具备法律效力，给出的《校准证书》只是标明量值误差，属于一种技术文件。

检定的结论具有法律效力，可作为计量器具或测量装置检定的法定依据，《检定合格证书》属于具有法律效力的技术文件。

第三节　测量不确定度及其评定

测量不确定度就是对任何测量的结果存有怀疑。要计算测量不确定度必须先了解直接测量和间接测量。

直接测量法是指不必测量与被测量有函数关系的其他量，而能直接得到被测量值的测量方法。

间接测量法是指通过测量与被测量有函数关系的其他量，而得到被测量值的测量方法。有些量不能通过直接测量来得到测量结果，而必须先逐个测量与该量有关的量，然后再根据该量的定义公式计算出测量结果。实际上直接测量法就是间接测量法的特例。

在测量过程中导致不确定度的根源主要有：

(1) 被测量定义复现不理想；

(2) 测量标准或标准物质的值不准确；

(3) 模拟式仪表读数时有人为偏差；

(4) 被测量的定义不完善；

(5) 测量样本不能代表定义的被测量；

(6) 仪器的分辨率或鉴别力阈有限。

(7) 没有充分了解环境条件对测量过程的影响，或环境条件测量不完善；

(8) 测量方法和测量过程中引入的近似值及假设；

(9) 在同一条件下被测量重复测量值中的变化；

(10) 根据外部源得出并在数据简化计算中使用常数及其他参数不准确。

测量不确定度的分类可以简示为：

- 测量不确定度
  - 标准不确定度
    - A 类标准不确定度
    - B 类标准不确定度
    - 合成标准不确定度
  - 扩展不确定度
    - U（$k=2$、3）
    - U_p（p 为置信概率）

一、A 类标准不确定度的计算

对于一般随机变量 X_i 而言，已得到在相同条件下独立测量值：

$$X_{i1}、X_{i2}、X_{i3}、\cdots、X_{in}$$

其标准不确定度为

$$u_A=(X_i)=S(X_i)=\sqrt{\frac{1}{n-1}\cdot\sum_{k=1}^{n}(X_{ik}-\overline{X}_i)^2}$$

式中　$S(X_i)$——随机变量 X_i 的标准偏差；

X_{ik}——X_i 的随机测量值；

$\overline{X}_i$——X_i 的一系列随机测值平均值，$\overline{X}_i=\frac{1}{n}\sum_{k=1}^{n}X_{ik}$。

二、B 类标准不确定度的计算

在测量工作中，有时不能进行重复观测并作统计分析，这时就不能用 A 类评定法求得不确定度，只能用 B 类方法来评定。B 类测量不确定度的计量公式为 $u_B=a/k$，式中：a 为置信区间（从文献得到）；k 为包含因子（经验总结）。

a 值一般是：

(1) 以前测量的数据；

(2) 经验和一般知识；

(3) 技术说明书；

(4) 校准证书；

(5) 检定证书；

(6) 检测报告；

(7) 手册参考资料。

如买原料制造商出示的合格证书中给出的值：乙醇纯度为（99.9±0.1)%，±0.1就是置信区间。

包含因子的选择：

包含因子的取值随置信概率不同而不同。置信概率一般为68.3%、95%、99%三种。

(1) 当置信概率为68.3%时，包含因子为1。

(2) 当置信概率为95%时，包含因子为2。

(3) 当置信概率为99%时，包含因子为3。

目前国际上通用的置信概率为95%，因此，扩展不确定度中的包含因子K一般取2。

三、合成标准不确定度的计算

不确定度一般不止一个来源。对于每个来源产生的不确定度，可能是A类，也可能是B类或者两者都有。一般原则是：两类不确定度平方加和再开方就得到合成不确定度：

$$u_C=\sqrt{(u_A)^2+(u_B)^2}$$

四、扩展不确定度

扩展不确定度是确定测量结果区间的量，合理赋予被测量之值分布的大部分可望含于此区间。它有时也称为范围不确定度。扩展不确定度是由合成标准不确定度的倍数表示的测量不确定度。通常用符号U表示：合成不确定度$u_c(y)$与k的乘积，称为总不确定度［符号为$U=ku_c(y)$］。这里k值一般为2，有时为3。取决于被测量的重要性、效益和风险。扩展不确定度是测量结果的取值区间的半宽度，可期望该区间包含了被测量之值分布的大部分。而测量结果的取值区间在被测量值概率分布中所包含的百分数，被称为该区间的置信概率、置信水准或置信水平，用p表示。当$k=2$时，$p=95\%$；当$k=3$时，$p=99\%$。

第四节　测量设备的选配

一、测量设备的配备

1. 测量设备的配备原则

测量设备的配备应满足下列条件。

（1）测量设备的最大允许误差（或测量不确定度）不大于测量设备的计量要求。

（2）测量过程的测量不确定度不大于测量过程的计量要求。

（3）测量设备的最大允许误差（或测量不确定度）不大于测量过程的计量要求的1/3。

2. 测量设备的配备

测量设备的配备就是测量过程或测量设备的计量特性和其计量要求的比较。测量设备的计量特性可以通过校准得到，测量过程的不确定度可以通过分析测量过程得到。

计量要求的导出依据 ISO 10012—2003“应根据顾客、组织和法律法规的要求确定计量要求”。

导出步骤为：①识别确定顾客、组织、法律法规的要求；②将以上要求转化为测量要求；③将测量要求转化为计量要求。

（1）顾客计量要求的导出。顾客不可能直接提出对计量的要求，需要从顾客的要求中导出。顾客的要求可以通过对产品的要求，从产品标准、技术规范、设备规范及合同中找到。

（2）组织计量要求的导出。组织的计量要求往往是通过对企业生产控制、监视、物料交接、能源计量等需要提出来的，如原材料、工艺过程参数、半成品的监视和测量。

（3）法律法规计量要求的导出。法律法规的计量要求是通过对企业生产安全、环境保护、贸易结算等需要提出来的。法律法规的要求包括：与产品相关的法律法规、技术法规（如涉及健康、安全、环境保护或资源合理利用）、有关质量的综合法律法规（如产品质量法）和有关计量的法律法规等。

3. 测量设备配备实例分析

我们所举例子是生活中黄金称量过程所需电子天平的分析。

（1）识别顾客要求。现在顾客能接受的黄金称重结果的误差换算成人民币不超过1元。

（2）确定测量要求。目前黄金的价格约为200元/g，1元相当于0.005g，即5mg。

（3）测量过程的计量要求。要求测量过程不超过5mg的测量天平，一般日常生活用的称量不超过100g。

（4）测量设备的计量要求。根据测量设备的配备原则“测量设备的最大允许误差（或测量不确定度）不大于测量过程计量要求的1/3”。

所选测量天平的误差不应超过2mg，量程为0～100g。

二、测量设备的管理

哪些测量设备需要纳入到测量管理体系中来是企业的权力，但必须根据风险和后果来决定。所以组织在决策时，首先要考虑组织要花费的资源和带来的风险。如果某些测量设备一旦失准不会影响组织的经济效益和社会效益，不会造成顾客投诉，不会带来风险，这些测量设备就不需纳入测量管理体系。相反就必须纳入到测量管理体系。从原则上讲只要是组织使用的测量设备就应纳入测量管理体系中，只是管理的严格程度不一样，否则测量设备的使用就没有意义，不如不用。一般情况，下列测量设备可以不纳入测量管理体系中：企业内部生活区使用的测量设备、职工自用的测量设备、教学用的测量设备、不出具正式测量数据的测量设备。

凡是纳入测量管理体系中的测量设备必须进行控制管理，首先编制测量设备管理程序，程序首先应规定纳入测量管理体系的测量设备的范围，其次从测量设备的供方选择、采购、接收、处置、搬运、储存、发放、更换、报废作出规定；第三规定哪些测量设备在什么情况下需进行计量确认。

第五节　测量设备的计量确认

《测量管理体系测量过程和测量设备的要求》（ISO 10012：2003）在总要求中明确提出“测量管理体系内所有的测量设备应经确认”。那么，作为企业应该如何理解、满足上述要求，达到测量设备都得到确认的目的呢？下面本着实施简单、管理有效的原则，谈谈不同要求的测量设备确认的实施方法。

一、对计量确认的总要求

(1) 设计并实施计量确认的目的是确保测量设备的计量特性满足测量过程的计量要求。

(2) 计量确认包括测量设备检定/校准过程和测量设备的验证。

(3) 如果测量设备处于有效的检定/校准状态，则不必再检定/校准。

(4) 测量设备的验证。验证的含义是通过提供客观证据对规定要求已得到满足的认定。在这里验证是将测量设备的计量特性与测量过程的计量要求相比较；测量不确定度和测量设备误差是验证的重点。

测量设备的计量特性包括以下全部或部分，比如：

1) 测量范围：在规定条件下，由具有一定的仪器不确定度的测量仪器或测量系统能够测量出的一组同类量的量值。

2) 偏移：系统测量误差的估计值。仪器偏移：重复测量示值的平均值减去参考量值。

3) 重复性：相同测量程序、相同操作者、相同测量系统、相同操作条件和相同地点，并在短时间内对同一相类似被测对象重复测量的一组相近示值的能力。

4) 漂移：由于测量仪器计量特性的变化引起的示值在一段时间内连续或增量变化。

5) 影响量：可能会影响测量结果的因素。

6) 分辨力：引起相应示值产生可觉察到变化的被测量的最小变化，分辨力可能与噪声（内部或外部的）或摩擦有关，也可能与被测量的值有关。

7) 测量误差：也称误差，测得的量值减去参考量值。测量误差不应与出现的错误或过失相混淆。

8）死区：当被测量值双向变化时，相应示值不产生可检测到的变化的最大区间。

9）鉴别力：引起相应示值不可检测到变化的被测量值的最大变化。

（5）因为在对测量设备进行计量特性评定是在一定要求的环境下进行，但测量设备的使用是在生产现场或试验现场，现场的环境条件与评定环境不同会对测量的结果产生影响，所以还要对测量设备的某些特性进行实地验证，充分估计各种影响测量结果的因素，避免测量设备不适用或测量误差加大。

二、计量确认间隔

（1）测量设备的可靠性是随着使用时间变化的，确定或改变计量确认间隔的目的是确保测量设备持续符合规定的计量要求。

（2）计量确认间隔应经过评审，必要时可进行调整。

三、计量确认标识

经过计量确认满足预期使用要求的测量设备，粘贴“合格”确认标识。

如果在某一测量段计量特性满足计量要求的测量设备，使用“限用”确认标识。不合格的粘贴“禁用”标识，进行维修，维修后的测量设备重新进行检定/校准、确认，再不合格的报废处理。

四、填写“计量确认”记录

测量设备的计量确认应由使用测量设备的相关人员进行计量验证，可以将计量要求、计量特性和计量验证的结论直接写在校准证书上，也可以单独设计验证记录，见表 11－2。

表 11－2　　测量设备确认记录

设备名称	绝缘电阻表	生产厂家	××仪表厂
设备型号	ZC25-3	出厂编号	××××
使用部门	××公司	存放地点	电气实验班
校验机构名称	××市计量检定测试所	校验日期	2014 年 10 月 14 日

序号	校准参数	校准结果	标准要求或使用要求	确认情况
1	外观检查	符合要求	符合要求	满足使用要求
2	绝缘电阻测量	30MΩ	≥20MΩ	满足使用要求
3	基本误差检定	6%	≤±10%	满足使用要求

确认人：　　　　　　日期：2014 年 11 月 10 日

第六节　不合格测量设备的处理

为防止使用不正常的测量设备所带来的数据失准。对不合格的测量设备采取以下措施。

(1) 使用人员发现计量检测设备不正常或误差超过规定要求时应立即停止使用、隔离存放、作出明显的标记，并通知部门计量员和设备部门进行检定或校验，分析由此造成影响的程度。

(2) 必要时追溯前期所出数据的正确性，以及重新检测由于数据失准而测量的产品，可按具体情况追溯至本批或上一批产品（抽检）。

(3) 不合格计量检测设备在不合格原因排除后并经再次确认合格后才能重新投入使用，并重发合格证。

(4) 在周期检定时，如发现计量检测设备失准，计量部门应填写“在用计量器具异常报告及检验结果评价单”并会同质量部门分析由此影响产品质量的程度，采取相应的措施。

附　录　一

中华人民共和国特种设备安全法

（2013年6月29日第十二届全国人民代表大会常务委员会第三次会议通过）

第一章　总　　则

第一条　为了加强特种设备安全工作，预防特种设备事故，保障人身和财产安全，促进经济社会发展，制定本法。

第二条　特种设备的生产（包括设计、制造、安装、改造、修理）、经营、使用、检验、检测和特种设备安全的监督管理，适用本法。

本法所称特种设备，是指对人身和财产安全有较大危险性的锅炉、压力容器（含气瓶）、压力管道、电梯、起重机械、客运索道、大型游乐设施、场（厂）内专用机动车辆，以及法律、行政法规规定适用本法的其他特种设备。

国家对特种设备实行目录管理。特种设备目录由国务院负责特种设备安全监督管理的部门制定，报国务院批准后执行。

第三条　特种设备安全工作应当坚持安全第一、预防为主、节能环保、综合治理的原则。

第四条　国家对特种设备的生产、经营、使用，实施分类的、全过程的安全监督管理。

第五条　国务院负责特种设备安全监督管理的部门对全国特种设备安全实施监督管理。县级以上地方各级人民政府负责特种设备安全监督管理的部门对本行政区域内特种设备安全实施监督管理。

第六条　国务院和地方各级人民政府应当加强对特种设备安全工作的领导，督促各有关部门依法履行监督管理职责。

县级以上地方各级人民政府应当建立协调机制，及时协调、解决特种设备安全监督管理中存在的问题。

第七条　特种设备生产、经营、使用单位应当遵守本法和其他有关法律、法规，建立、健全特种设备安全和节能责任制度，加强特种设备安全和节能管理，确保特种设备生产、经营、使用安全，符合节能要求。

第八条　特种设备生产、经营、使用、检验、检测应当遵守有关特种设备安全技术规范及相关标准。

特种设备安全技术规范由国务院负责特种设备安全监督管理的部门制定。

第九条 特种设备行业协会应当加强行业自律，推进行业诚信体系建设，提高特种设备安全管理水平。

第十条 国家支持有关特种设备安全的科学技术研究，鼓励先进技术和先进管理方法的推广应用，对做出突出贡献的单位和个人给予奖励。

第十一条 负责特种设备安全监督管理的部门应当加强特种设备安全宣传教育，普及特种设备安全知识，增强社会公众的特种设备安全意识。

第十二条 任何单位和个人有权向负责特种设备安全监督管理的部门和有关部门举报涉及特种设备安全的违法行为，接到举报的部门应当及时处理。

第二章 生产、经营、使用

第一节 一般规定

第十三条 特种设备生产、经营、使用单位及其主要负责人对其生产、经营、使用的特种设备安全负责。

特种设备生产、经营、使用单位应当按照国家有关规定配备特种设备安全管理人员、检测人员和作业人员，并对其进行必要的安全教育和技能培训。

第十四条 特种设备安全管理人员、检测人员和作业人员应当按照国家有关规定取得相应资格，方可从事相关工作。特种设备安全管理人员、检测人员和作业人员应当严格执行安全技术规范和管理制度，保证特种设备安全。

第十五条 特种设备生产、经营、使用单位对其生产、经营、使用的特种设备应当进行自行检测和维护保养，对国家规定实行检验的特种设备应当及时申报并接受检验。

第十六条 特种设备采用新材料、新技术、新工艺，与安全技术规范的要求不一致，或者安全技术规范未作要求、可能对安全性能有重大影响的，应当向国务院负责特种设备安全监督管理的部门申报，由国务院负责特种设备安全监督管理的部门及时委托安全技术咨询机构或者相关专业机构进行技术评审，评审结果经国务院负责特种设备安全监督管理的部门批准，方可投入生产、使用。

国务院负责特种设备安全监督管理的部门应当将允许使用的新材料、新技术、新工艺的有关技术要求，及时纳入安全技术规范。

第十七条 国家鼓励投保特种设备安全责任保险。

第二节 生　　产

第十八条 国家按照分类监督管理的原则对特种设备生产实行许可制度。特种设备生产单位应当具备下列条件，并经负责特种设备安全监督管理的部门许可，方可从事生产活动：

（一）有与生产相适应的专业技术人员；

（二）有与生产相适应的设备、设施和工作场所；

（三）有健全的质量保证、安全管理和岗位责任等制度。

第十九条 特种设备生产单位应当保证特种设备生产符合安全技术规范及相关标准的要求，对其生产的特种设备的安全性能负责。不得生产不符合安全性能要求和能效指标以及国家明令淘汰的特种设备。

第二十条 锅炉、气瓶、氧舱、客运索道、大型游乐设施的设计文件，应当经负责特种设备安全监督管理的部门核准的检验机构鉴定，方可用于制造。

特种设备产品、部件或者试制的特种设备新产品、新部件以及特种设备采用的新材料，按照安全技术规范的要求需要通过型式试验进行安全性验证的，应当经负责特种设备安全监督管理的部门核准的检验机构进行型式试验。

第二十一条 特种设备出厂时，应当随附安全技术规范要求的设计文件、产品质量合格证明、安装及使用维护保养说明、监督检验证明等相关技术资料和文件，并在特种设备显著位置设置产品铭牌、安全警示标志及其说明。

第二十二条 电梯的安装、改造、修理，必须由电梯制造单位或者其委托的依照本法取得相应许可的单位进行。电梯制造单位委托其他单位进行电梯安装、改造、修理的，应当对其安装、改造、修理进行安全指导和监控，并按照安全技术规范的要求进行校验和调试。电梯制造单位对电梯安全性能负责。

第二十三条 特种设备安装、改造、修理的施工单位应当在施工前将拟进行的特种设备安装、改造、修理情况书面告知直辖市或者设区的市级人民政府负责特种设备安全监督管理的部门。

第二十四条 特种设备安装、改造、修理竣工后，安装、改造、修理的施工单位应当在验收后三十日内将相关技术资料和文件移交特种设备使用单位。特种设备使用单位应当将其存入该特种设备的安全技术档案。

第二十五条 锅炉、压力容器、压力管道元件等特种设备的制造过程和锅炉、压力容器、压力管道、电梯、起重机械、客运索道、大型游乐设施的安装、改造、重大修理过程，应当经特种设备检验机构按照安全技术规范的要求进行监督检验；未经监督检验或者监督检验不合格的，不得出厂或者交付使用。

第二十六条 国家建立缺陷特种设备召回制度。因生产原因造成特种设备存在危及安全的同一性缺陷的，特种设备生产单位应当立即停止生产，主动召回。

国务院负责特种设备安全监督管理的部门发现特种设备存在应当召回而未召回的情形时，应当责令特种设备生产单位召回。

第三节 经　营

第二十七条 特种设备销售单位销售的特种设备，应当符合安全技术规范及相关标准的要求，其设计文件、产品质量合格证明、安装及使用维护保养说明、监督检验证明等相关技术资料和文件应当齐全。

特种设备销售单位应当建立特种设备检查验收和销售记录制度。

禁止销售未取得许可生产的特种设备，未经检验和检验不合格的特种设备，或者国家明令淘汰和已经报废的特种设备。

第二十八条 特种设备出租单位不得出租未取得许可生产的特种设备或者国家明令淘汰和已经报废的特种设备，以及未按照安全技术规范的要求进行维护保养和未经检验或者检验不合格的特种设备。

第二十九条 特种设备在出租期间的使用管理和维护保养义务由特种设备出租单位承担，法律另有规定或者当事人另有约定的除外。

第三十条 进口的特种设备应当符合我国安全技术规范的要求，并经检验合格；需要取得我国特种设备生产许可的，应当取得许可。

进口特种设备随附的技术资料和文件应当符合本法第二十一条的规定，其安装及使用维护保养说明、产品铭牌、安全警示标志及其说明应当采用中文。

特种设备的进出口检验，应当遵守有关进出口商品检验的法律、行政法规。

第三十一条 进口特种设备，应当向进口地负责特种设备安全监督管理的部门履行提前告知义务。

第四节 使　用

第三十二条 特种设备使用单位应当使用取得许可生产并经检验合格的特种设备。

禁止使用国家明令淘汰和已经报废的特种设备。

第三十三条 特种设备使用单位应当在特种设备投入使用前或者投入使用后三十日内，向负责特种设备安全监督管理的部门办理使用登记，取得使用登记证书。登记标志应当置于该特种设备的显著位置。

第三十四条 特种设备使用单位应当建立岗位责任、隐患治理、应急救援等安全管理制度，制定操作规程，保证特种设备安全运行。

第三十五条 特种设备使用单位应当建立特种设备安全技术档案。安全技术档案应当包括以下内容：

（一）特种设备的设计文件、产品质量合格证明、安装及使用维护保养说明、监督检验证明等相关技术资料和文件；

（二）特种设备的定期检验和定期自行检查记录；

（三）特种设备的日常使用状况记录；

（四）特种设备及其附属仪器仪表的维护保养记录；

（五）特种设备的运行故障和事故记录。

第三十六条 电梯、客运索道、大型游乐设施等为公众提供服务的特种设备的运营使用单位，应当对特种设备的使用安全负责，设置特种设备安全管理机构或者配备专职的特种设备安全管理人员；其他特种设备使用单位，应当根据情况设置特种设备安全管理机构或者配备专职、兼职的特种设备安全管理人员。

第三十七条 特种设备的使用应当具有规定的安全距离、安全防护措施。

与特种设备安全相关的建筑物、附属设施，应当符合有关法律、行政法规的规定。

第三十八条 特种设备属于共有的，共有人可以委托物业服务单位或者其他管理人管理特种设备，受托人履行本法规定的特种设备使用单位的义务，承担相应责任。共有人未委托的，由共有人或者实际管理人履行管理义务，承担相应责任。

第三十九条 特种设备使用单位应当对其使用的特种设备进行经常性维护保养和定期自行检查，并作出记录。

特种设备使用单位应当对其使用的特种设备的安全附件、安全保护装置进行定期校验、检修，并作出记录。

第四十条 特种设备使用单位应当按照安全技术规范的要求，在检验合格有效期届满前一个月向特种设备检验机构提出定期检验要求。

特种设备检验机构接到定期检验要求后，应当按照安全技术规范的要求及时进行安全性能检验。特种设备使用单位应当将定期检验标志置于该特种设备的显著位置。

未经定期检验或者检验不合格的特种设备，不得继续使用。

第四十一条 特种设备安全管理人员应当对特种设备使用状况进行经常性检查，发现问题应当立即处理；情况紧急时，可以决定停止使用特种设备并及时报告本单位有关负责人。

特种设备作业人员在作业过程中发现事故隐患或者其他不安全因素，应当立即向特种设备安全管理人员和单位有关负责人报告；特种设备运行不正常时，特种设备作业人员应当按照操作规程采取有效措施保证安全。

第四十二条 特种设备出现故障或者发生异常情况，特种设备使用单位应当对其进行全面检查，消除事故隐患，方可继续使用。

第四十三条 客运索道、大型游乐设施在每日投入使用前，其运营使用单位应当进行试运行和例行安全检查，并对安全附件和安全保护装置进行检查确认。

电梯、客运索道、大型游乐设施的运营使用单位应当将电梯、客运索道、大型游乐设施的安全使用说明、安全注意事项和警示标志置于易于为乘客注意的显著位置。

公众乘坐或者操作电梯、客运索道、大型游乐设施，应当遵守安全使用说明和安全注意事项的要求，服从有关工作人员的管理和指挥；遇有运行不正常时，应当按照安全指引，有序撤离。

第四十四条 锅炉使用单位应当按照安全技术规范的要求进行锅炉水（介）质处理，并接受特种设备检验机构的定期检验。

从事锅炉清洗，应当按照安全技术规范的要求进行，并接受特种设备检验机构的监督检验。

第四十五条 电梯的维护保养应当由电梯制造单位或者依照本法取得许可的安装、改造、修理单位进行。

电梯的维护保养单位应当在维护保养中严格执行安全技术规范的要求，保证其维护保养的电梯的安全性能，并负责落实现场安全防护措施，保证施工安全。

电梯的维护保养单位应当对其维护保养的电梯的安全性能负责；接到故障通知后，

应当立即赶赴现场，并采取必要的应急救援措施。

第四十六条 电梯投入使用后，电梯制造单位应当对其制造的电梯的安全运行情况进行跟踪调查和了解，对电梯的维护保养单位或者使用单位在维护保养和安全运行方面存在的问题，提出改进建议，并提供必要的技术帮助；发现电梯存在严重事故隐患时，应当及时告知电梯使用单位，并向负责特种设备安全监督管理的部门报告。电梯制造单位对调查和了解的情况，应当作出记录。

第四十七条 特种设备进行改造、修理，按照规定需要变更使用登记的，应当办理变更登记，方可继续使用。

第四十八条 特种设备存在严重事故隐患，无改造、修理价值，或者达到安全技术规范规定的其他报废条件的，特种设备使用单位应当依法履行报废义务，采取必要措施消除该特种设备的使用功能，并向原登记的负责特种设备安全监督管理的部门办理使用登记证书注销手续。

前款规定报废条件以外的特种设备，达到设计使用年限可以继续使用的，应当按照安全技术规范的要求通过检验或者安全评估，并办理使用登记证书变更，方可继续使用。允许继续使用的，应当采取加强检验、检测和维护保养等措施，确保使用安全。

第四十九条 移动式压力容器、气瓶充装单位，应当具备下列条件，并经负责特种设备安全监督管理的部门许可，方可从事充装活动：

（一）有与充装和管理相适应的管理人员和技术人员；

（二）有与充装和管理相适应的充装设备、检测手段、场地厂房、器具、安全设施；

（三）有健全的充装管理制度、责任制度、处理措施。

充装单位应当建立充装前后的检查、记录制度，禁止对不符合安全技术规范要求的移动式压力容器和气瓶进行充装。

气瓶充装单位应当向气体使用者提供符合安全技术规范要求的气瓶，对气体使用者进行气瓶安全使用指导，并按照安全技术规范的要求办理气瓶使用登记，及时申报定期检验。

第三章　检验、检测

第五十条 从事本法规定的监督检验、定期检验的特种设备检验机构，以及为特种设备生产、经营、使用提供检测服务的特种设备检测机构，应当具备下列条件，并经负责特种设备安全监督管理的部门核准，方可从事检验、检测工作：

（一）有与检验、检测工作相适应的检验、检测人员；

（二）有与检验、检测工作相适应的检验、检测仪器和设备；

（三）有健全的检验、检测管理制度和责任制度。

第五十一条 特种设备检验、检测机构的检验、检测人员应当经考核，取得检验、检测人员资格，方可从事检验、检测工作。

特种设备检验、检测机构的检验、检测人员不得同时在两个以上检验、检测机构中执业；变更执业机构的，应当依法办理变更手续。

第五十二条 特种设备检验、检测工作应当遵守法律、行政法规的规定，并按照安全技术规范的要求进行。

特种设备检验、检测机构及其检验、检测人员应当依法为特种设备生产、经营、使用单位提供安全、可靠、便捷、诚信的检验、检测服务。

第五十三条 特种设备检验、检测机构及其检验、检测人员应当客观、公正、及时地出具检验、检测报告，并对检验、检测结果和鉴定结论负责。

特种设备检验、检测机构及其检验、检测人员在检验、检测中发现特种设备存在严重事故隐患时，应当及时告知相关单位，并立即向负责特种设备安全监督管理的部门报告。

负责特种设备安全监督管理的部门应当组织对特种设备检验、检测机构的检验、检测结果和鉴定结论进行监督抽查，但应当防止重复抽查。监督抽查结果应当向社会公布。

第五十四条 特种设备生产、经营、使用单位应当按照安全技术规范的要求向特种设备检验、检测机构及其检验、检测人员提供特种设备相关资料和必要的检验、检测条件，并对资料的真实性负责。

第五十五条 特种设备检验、检测机构及其检验、检测人员对检验、检测过程中知悉的商业秘密，负有保密义务。

特种设备检验、检测机构及其检验、检测人员不得从事有关特种设备的生产、经营活动，不得推荐或者监制、监销特种设备。

第五十六条 特种设备检验机构及其检验人员利用检验工作故意刁难特种设备生产、经营、使用单位的，特种设备生产、经营、使用单位有权向负责特种设备安全监督管理的部门投诉，接到投诉的部门应当及时进行调查处理。

第四章　监督管理

第五十七条 负责特种设备安全监督管理的部门依照本法规定，对特种设备生产、经营、使用单位和检验、检测机构实施监督检查。

负责特种设备安全监督管理的部门应当对学校、幼儿园以及医院、车站、客运码头、商场、体育场馆、展览馆、公园等公众聚集场所的特种设备，实施重点安全监督检查。

第五十八条 负责特种设备安全监督管理的部门实施本法规定的许可工作，应当依照本法和其他有关法律、行政法规规定的条件和程序以及安全技术规范的要求进行审查；不符合规定的，不得许可。

第五十九条 负责特种设备安全监督管理的部门在办理本法规定的许可时，其受理、审查、许可的程序必须公开，并应当自受理申请之日起三十日内，作出许可或者不予许可的决定；不予许可的，应当书面向申请人说明理由。

第六十条　负责特种设备安全监督管理的部门对依法办理使用登记的特种设备应当建立完整的监督管理档案和信息查询系统；对达到报废条件的特种设备，应当及时督促特种设备使用单位依法履行报废义务。

第六十一条　负责特种设备安全监督管理的部门在依法履行监督检查职责时，可以行使下列职权：

（一）进入现场进行检查，向特种设备生产、经营、使用单位和检验、检测机构的主要负责人和其他有关人员调查、了解有关情况；

（二）根据举报或者取得的涉嫌违法证据，查阅、复制特种设备生产、经营、使用单位和检验、检测机构的有关合同、发票、账簿以及其他有关资料；

（三）对有证据表明不符合安全技术规范要求或者存在严重事故隐患的特种设备实施查封、扣押；

（四）对流入市场的达到报废条件或者已经报废的特种设备实施查封、扣押；

（五）对违反本法规定的行为作出行政处罚决定。

第六十二条　负责特种设备安全监督管理的部门在依法履行职责过程中，发现违反本法规定和安全技术规范要求的行为或者特种设备存在事故隐患时，应当以书面形式发出特种设备安全监察指令，责令有关单位及时采取措施予以改正或者消除事故隐患。紧急情况下要求有关单位采取紧急处置措施的，应当随后补发特种设备安全监察指令。

第六十三条　负责特种设备安全监督管理的部门在依法履行职责过程中，发现重大违法行为或者特种设备存在严重事故隐患时，应当责令有关单位立即停止违法行为、采取措施消除事故隐患，并及时向上级负责特种设备安全监督管理的部门报告。接到报告的负责特种设备安全监督管理的部门应当采取必要措施，及时予以处理。

对违法行为、严重事故隐患的处理需要当地人民政府和有关部门的支持、配合时，负责特种设备安全监督管理的部门应当报告当地人民政府，并通知其他有关部门。当地人民政府和其他有关部门应当采取必要措施，及时予以处理。

第六十四条　地方各级人民政府负责特种设备安全监督管理的部门不得要求已经依照本法规定在其他地方取得许可的特种设备生产单位重复取得许可，不得要求对已经依照本法规定在其他地方检验合格的特种设备重复进行检验。

第六十五条　负责特种设备安全监督管理的部门的安全监察人员应当熟悉相关法律、法规，具有相应的专业知识和工作经验，取得特种设备安全行政执法证件。

特种设备安全监察人员应当忠于职守、坚持原则、秉公执法。

负责特种设备安全监督管理的部门实施安全监督检查时，应当有二名以上特种设备安全监察人员参加，并出示有效的特种设备安全行政执法证件。

第六十六条　负责特种设备安全监督管理的部门对特种设备生产、经营、使用单位和检验、检测机构实施监督检查，应当对每次监督检查的内容、发现的问题及处理情况作出记录，并由参加监督检查的特种设备安全监察人员和被检查单位的有关负责人签字后归档。被检查单位的有关负责人拒绝签字的，特种设备安全监察人员应当将情况记录在案。

第六十七条 负责特种设备安全监督管理的部门及其工作人员不得推荐或者监制、监销特种设备；对履行职责过程中知悉的商业秘密负有保密义务。

第六十八条 国务院负责特种设备安全监督管理的部门和省、自治区、直辖市人民政府负责特种设备安全监督管理的部门应当定期向社会公布特种设备安全总体状况。

第五章 事故应急救援与调查处理

第六十九条 国务院负责特种设备安全监督管理的部门应当依法组织制定特种设备重特大事故应急预案，报国务院批准后纳入国家突发事件应急预案体系。

县级以上地方各级人民政府及其负责特种设备安全监督管理的部门应当依法组织制定本行政区域内特种设备事故应急预案，建立或者纳入相应的应急处置与救援体系。

特种设备使用单位应当制定特种设备事故应急专项预案，并定期进行应急演练。

第七十条 特种设备发生事故后，事故发生单位应当按照应急预案采取措施，组织抢救，防止事故扩大，减少人员伤亡和财产损失，保护事故现场和有关证据，并及时向事故发生地县级以上人民政府负责特种设备安全监督管理的部门和有关部门报告。

县级以上人民政府负责特种设备安全监督管理的部门接到事故报告，应当尽快核实情况，立即向本级人民政府报告，并按照规定逐级上报。必要时，负责特种设备安全监督管理的部门可以越级上报事故情况。对特别重大事故、重大事故，国务院负责特种设备安全监督管理的部门应当立即报告国务院并通报国务院安全生产监督管理部门等有关部门。

与事故相关的单位和人员不得迟报、谎报或者瞒报事故情况，不得隐匿、毁灭有关证据或者故意破坏事故现场。

第七十一条 事故发生地人民政府接到事故报告，应当依法启动应急预案，采取应急处置措施，组织应急救援。

第七十二条 特种设备发生特别重大事故，由国务院或者国务院授权有关部门组织事故调查组进行调查。

发生重大事故，由国务院负责特种设备安全监督管理的部门会同有关部门组织事故调查组进行调查。

发生较大事故，由省、自治区、直辖市人民政府负责特种设备安全监督管理的部门会同有关部门组织事故调查组进行调查。

发生一般事故，由设区的市级人民政府负责特种设备安全监督管理的部门会同有关部门组织事故调查组进行调查。

事故调查组应当依法、独立、公正开展调查，提出事故调查报告。

第七十三条 组织事故调查的部门应当将事故调查报告报本级人民政府，并报上一级人民政府负责特种设备安全监督管理的部门备案。有关部门和单位应当依照法律、行政法规的规定，追究事故责任单位和人员的责任。

事故责任单位应当依法落实整改措施，预防同类事故发生。事故造成损害的，事故责任单位应当依法承担赔偿责任。

第六章 法律责任

第七十四条 违反本法规定，未经许可从事特种设备生产活动的，责令停止生产，没收违法制造的特种设备，处十万元以上五十万元以下罚款；有违法所得的，没收违法所得；已经实施安装、改造、修理的，责令恢复原状或者责令限期由取得许可的单位重新安装、改造、修理。

第七十五条 违反本法规定，特种设备的设计文件未经鉴定，擅自用于制造的，责令改正，没收违法制造的特种设备，处五万元以上五十万元以下罚款。

第七十六条 违反本法规定，未进行型式试验的，责令限期改正；逾期未改正的，处三万元以上三十万元以下罚款。

第七十七条 违反本法规定，特种设备出厂时，未按照安全技术规范的要求随附相关技术资料和文件的，责令限期改正；逾期未改正的，责令停止制造、销售，处二万元以上二十万元以下罚款；有违法所得的，没收违法所得。

第七十八条 违反本法规定，特种设备安装、改造、修理的施工单位在施工前未书面告知负责特种设备安全监督管理的部门即行施工的，或者在验收后三十日内未将相关技术资料和文件移交特种设备使用单位的，责令限期改正；逾期未改正的，处一万元以上十万元以下罚款。

第七十九条 违反本法规定，特种设备的制造、安装、改造、重大修理以及锅炉清洗过程，未经监督检验的，责令限期改正；逾期未改正的，处五万元以上二十万元以下罚款；有违法所得的，没收违法所得；情节严重的，吊销生产许可证。

第八十条 违反本法规定，电梯制造单位有下列情形之一的，责令限期改正；逾期未改正的，处一万元以上十万元以下罚款：

（一）未按照安全技术规范的要求对电梯进行校验、调试的；

（二）对电梯的安全运行情况进行跟踪调查和了解时，发现存在严重事故隐患，未及时告知电梯使用单位并向负责特种设备安全监督管理的部门报告的。

第八十一条 违反本法规定，特种设备生产单位有下列行为之一的，责令限期改正；逾期未改正的，责令停止生产，处五万元以上五十万元以下罚款；情节严重的，吊销生产许可证：

（一）不再具备生产条件、生产许可证已经过期或者超出许可范围生产的；

（二）明知特种设备存在同一性缺陷，未立即停止生产并召回的。

违反本法规定，特种设备生产单位生产、销售、交付国家明令淘汰的特种设备的，责令停止生产、销售，没收违法生产、销售、交付的特种设备，处三万元以上三十万元以下罚款；有违法所得的，没收违法所得。

特种设备生产单位涂改、倒卖、出租、出借生产许可证的，责令停止生产，处五万元以上五十万元以下罚款；情节严重的，吊销生产许可证。

第八十二条 违反本法规定，特种设备经营单位有下列行为之一的，责令停止经营，没收违法经营的特种设备，处三万元以上三十万元以下罚款；有违法所得的，没收违法所得：

（一）销售、出租未取得许可生产，未经检验或者检验不合格的特种设备的；

（二）销售、出租国家明令淘汰、已经报废的特种设备，或者未按照安全技术规范的要求进行维护保养的特种设备的。

违反本法规定，特种设备销售单位未建立检查验收和销售记录制度，或者进口特种设备未履行提前告知义务的，责令改正，处一万元以上十万元以下罚款。

特种设备生产单位销售、交付未经检验或者检验不合格的特种设备的，依照本条第一款规定处罚；情节严重的，吊销生产许可证。

第八十三条 违反本法规定，特种设备使用单位有下列行为之一的，责令限期改正；逾期未改正的，责令停止使用有关特种设备，处一万元以上十万元以下罚款：

（一）使用特种设备未按照规定办理使用登记的；

（二）未建立特种设备安全技术档案或者安全技术档案不符合规定要求，或者未依法设置使用登记标志、定期检验标志的；

（三）未对其使用的特种设备进行经常性维护保养和定期自行检查，或者未对其使用的特种设备的安全附件、安全保护装置进行定期校验、检修，并作出记录的；

（四）未按照安全技术规范的要求及时申报并接受检验的；

（五）未按照安全技术规范的要求进行锅炉水（介）质处理的；

（六）未制订特种设备事故应急专项预案的。

第八十四条 违反本法规定，特种设备使用单位有下列行为之一的，责令停止使用有关特种设备，处三万元以上三十万元以下罚款：

（一）使用未取得许可生产，未经检验或者检验不合格的特种设备，或者国家明令淘汰、已经报废的特种设备的；

（二）特种设备出现故障或者发生异常情况，未对其进行全面检查、消除事故隐患，继续使用的；

（三）特种设备存在严重事故隐患，无改造、修理价值，或者达到安全技术规范规定的其他报废条件，未依法履行报废义务，并办理使用登记证书注销手续的。

第八十五条 违反本法规定，移动式压力容器、气瓶充装单位有下列行为之一的，责令改正，处二万元以上二十万元以下罚款；情节严重的，吊销充装许可证：

（一）未按照规定实施充装前后的检查、记录制度的；

（二）对不符合安全技术规范要求的移动式压力容器和气瓶进行充装的。

违反本法规定，未经许可，擅自从事移动式压力容器或者气瓶充装活动的，予以取缔，没收违法充装的气瓶，处十万元以上五十万元以下罚款；有违法所得的，没收违法所得。

第八十六条 违反本法规定，特种设备生产、经营、使用单位有下列情形之一的，责令限期改正；逾期未改正的，责令停止使用有关特种设备或者停产停业整顿，处一万元以上五万元以下罚款：

（一）未配备具有相应资格的特种设备安全管理人员、检测人员和作业人员的；

（二）使用未取得相应资格的人员从事特种设备安全管理、检测和作业的；

（三）未对特种设备安全管理人员、检测人员和作业人员进行安全教育和技能培训的。

第八十七条 违反本法规定，电梯、客运索道、大型游乐设施的运营使用单位有下列情形之一的，责令限期改正；逾期未改正的，责令停止使用有关特种设备或者停产停业整顿，处二万元以上十万元以下罚款：

（一）未设置特种设备安全管理机构或者配备专职的特种设备安全管理人员的；

（二）客运索道、大型游乐设施每日投入使用前，未进行试运行和例行安全检查，未对安全附件和安全保护装置进行检查确认的；

（三）未将电梯、客运索道、大型游乐设施的安全使用说明、安全注意事项和警示标志置于易于为乘客注意的显著位置的。

第八十八条 违反本法规定，未经许可，擅自从事电梯维护保养的，责令停止违法行为，处一万元以上十万元以下罚款；有违法所得的，没收违法所得。

电梯的维护保养单位未按照本法规定以及安全技术规范的要求，进行电梯维护保养的，依照前款规定处罚。

第八十九条 发生特种设备事故，有下列情形之一的，对单位处五万元以上二十万元以下罚款；对主要负责人处一万元以上五万元以下罚款；主要负责人属于国家工作人员的，并依法给予处分：

（一）发生特种设备事故时，不立即组织抢救或者在事故调查处理期间擅离职守或者逃匿的；

（二）对特种设备事故迟报、谎报或者瞒报的。

第九十条 发生事故，对负有责任的单位除要求其依法承担相应的赔偿等责任外，依照下列规定处以罚款：

（一）发生一般事故，处十万元以上二十万元以下罚款；

（二）发生较大事故，处二十万元以上五十万元以下罚款；

（三）发生重大事故，处五十万元以上二百万元以下罚款。

第九十一条 对事故发生负有责任的单位的主要负责人未依法履行职责或者负有领导责任的，依照下列规定处以罚款；属于国家工作人员的，并依法给予处分：

（一）发生一般事故，处上一年年收入百分之三十的罚款；

（二）发生较大事故，处上一年年收入百分之四十的罚款；

（三）发生重大事故，处上一年年收入百分之六十的罚款。

第九十二条 违反本法规定，特种设备安全管理人员、检测人员和作业人员不履行岗位职责，违反操作规程和有关安全规章制度，造成事故的，吊销相关人员的资格。

第九十三条 违反本法规定，特种设备检验、检测机构及其检验、检测人员有下列行为之一的，责令改正，对机构处五万元以上二十万元以下罚款，对直接负责的主管人员和其他直接责任人员处五千元以上五万元以下罚款；情节严重的，吊销机构资质和有关人员的资格：

（一）未经核准或者超出核准范围、使用未取得相应资格的人员从事检验、检测的；

（二）未按照安全技术规范的要求进行检验、检测的；

（三）出具虚假的检验、检测结果和鉴定结论或者检验、检测结果和鉴定结论严重失实的；

（四）发现特种设备存在严重事故隐患，未及时告知相关单位，并立即向负责特种设备安全监督管理的部门报告的；

（五）泄露检验、检测过程中知悉的商业秘密的；

（六）从事有关特种设备的生产、经营活动的；

（七）推荐或者监制、监销特种设备的；

（八）利用检验工作故意刁难相关单位的。

违反本法规定，特种设备检验、检测机构的检验、检测人员同时在两个以上检验、检测机构中执业的，处五千元以上五万元以下罚款；情节严重的，吊销其资格。

第九十四条 违反本法规定，负责特种设备安全监督管理的部门及其工作人员有下列行为之一的，由上级机关责令改正；对直接负责的主管人员和其他直接责任人员，依法给予处分：

（一）未依照法律、行政法规规定的条件、程序实施许可的；

（二）发现未经许可擅自从事特种设备的生产、使用或者检验、检测活动不予取缔或者不依法予以处理的；

（三）发现特种设备生产单位不再具备本法规定的条件而不吊销其许可证，或者发现特种设备生产、经营、使用违法行为不予查处的；

（四）发现特种设备检验、检测机构不再具备本法规定的条件而不撤销其核准，或者对其出具虚假的检验、检测结果和鉴定结论或者检验、检测结果和鉴定结论严重失实的行为不予查处的；

（五）发现违反本法规定和安全技术规范要求的行为或者特种设备存在事故隐患，不立即处理的；

（六）发现重大违法行为或者特种设备存在严重事故隐患，未及时向上级负责特种设备安全监督管理的部门报告，或者接到报告的负责特种设备安全监督管理的部门不立即处理的；

（七）要求已经依照本法规定在其他地方取得许可的特种设备生产单位重复取得许可，或者要求对已经依照本法规定在其他地方检验合格的特种设备重复进行检验的；

（八）推荐或者监制、监销特种设备的；

（九）泄露履行职责过程中知悉的商业秘密的；

（十）接到特种设备事故报告未立即向本级人民政府报告，并按照规定上报的；

（十一）迟报、漏报、谎报或者瞒报事故的；

（十二）妨碍事故救援或者事故调查处理的；

（十三）其他滥用职权、玩忽职守、徇私舞弊的行为。

第九十五条 违反本法规定，特种设备生产、经营、使用单位或者检验、检测机构拒不接受负责特种设备安全监督管理的部门依法实施的监督检查的，责令限期改正；逾期未改正的，责令停产停业整顿，处二万元以上二十万元以下罚款。

特种设备生产、经营、使用单位擅自动用、调换、转移、损毁被查封、扣押的特种设备或者其主要部件的，责令改正，处五万元以上二十万元以下罚款；情节严重的，吊销生产许可证，注销特种设备使用登记证书。

第九十六条 违反本法规定，被依法吊销许可证的，自吊销许可证之日起三年内，负责特种设备安全监督管理的部门不予受理其新的许可申请。

第九十七条 违反本法规定，造成人身、财产损害的，依法承担民事责任。

违反本法规定，应当承担民事赔偿责任和缴纳罚款、罚金，其财产不足以同时支付时，先承担民事赔偿责任。

第九十八条 违反本法规定，构成违反治安管理行为的，依法给予治安管理处罚；构成犯罪的，依法追究刑事责任。

第七章 附 则

第九十九条 特种设备行政许可、检验的收费，依照法律、行政法规的规定执行。

第一百条 军事装备、核设施、航空航天器使用的特种设备安全的监督管理不适用本法。

铁路机车、海上设施和船舶、矿山井下使用的特种设备以及民用机场专用设备安全的监督管理，房屋建筑工地、市政工程工地用起重机械和场（厂）内专用机动车辆的安装、使用的监督管理，由有关部门依照本法和其他有关法律的规定实施。

第一百零一条 本法自 2014 年 1 月 1 日起施行。

附　录　二

特种设备目录

（国家质量监督检验检疫总局公告2014年114号）

代码	种类	类别	品种
1000	锅炉	锅炉，是指利用各种燃料、电或者其他能源，将所盛装的液体加热到一定的参数，并通过对外输出介质的形式提供热能的设备，其范围规定为设计正常水位容积大于或者等于30L，且额定蒸汽压力大于或者等于0.1MPa（表压）的承压蒸汽锅炉；出口水压大于或者等于0.1MPa（表压），且额定功率大于或者等于0.1MW的承压热水锅炉；额定功率大于或者等于0.1MW的有机热载体锅炉	
1100		承压蒸汽锅炉	
1200		承压热水锅炉	
1300		有机热载体锅炉	
1310			有机热载体气相炉
1320			有机热载体液相炉
2000	压力容器	压力容器，是指盛装气体或者液体，承载一定压力的密闭设备，其范围规定为最高工作压力大于或者等于0.1MPa（表压）的气体、液化气体和最高工作温度高于或者等于标准沸点的液体、容积大于或者等于30L且内直径（非圆形截面指截面内边界最大几何尺寸）大于或者等于150mm的固定式容器和移动式容器；盛装公称工作压力大于或者等于0.2MPa（表压），且压力与容积的乘积大于或者等于1.0MPa·L的气体、液化气体和标准沸点等于或者低于60℃液体的气瓶；氧舱	
2100		固定式压力容器	
2110			超高压容器
2130			第三类压力容器
2150			第二类压力容器
2170			第一类压力容器
2200		移动式压力容器	
2210			铁路罐车
2220			汽车罐车
2230			长管拖车
2240			罐式集装箱
2250			管束式集装箱
2300		气瓶	
2310			无缝气瓶

续表

代码	种　类	类　别	品　种
2320			焊接气瓶
23T0			特种气瓶（内装填料气瓶、纤维缠绕气瓶、低温绝热气瓶）
2400		氧舱	
2410			医用氧舱
2420			高气压舱
8000	压力管道	压力管道，是指利用一定的压力，用于输送气体或者液体的管状设备，其范围规定为最高工作压力大于或者等于0.1MPa（表压），介质为气体、液化气体、蒸汽或者可燃、易爆、有毒、有腐蚀性、最高工作温度高于或者等于标准沸点的液体，且公称直径大于或者等于50mm的管道。公称直径小于150mm，且其最高工作压力小于1.6MPa（表压）的输送无毒、不可燃、无腐蚀性气体的管道和设备本体所属管道除外。其中，石油天然气管道的安全监督管理还应按照《安全生产法》《石油天然气管道保护法》等法律法规实施	
8100		长输管道	
8110			输油管道
8120			输气管道
8200		公用管道	
8210			燃气管道
8220			热力管道
8300		工业管道	
8310			工艺管道
8320			动力管道
8330			制冷管道
7000	压力管道元件		
7100		压力管道管子	
7110			无缝钢管
7120			焊接钢管
7130			有色金属管
7140			球墨铸铁管
7150			复合管
71F0			非金属材料管
7200		压力管道管件	
7210			非焊接管件（无缝管件）
7220			焊接管件（有缝管件）
7230			锻制管件
7270			复合管件
72F0			非金属管件
7300		压力管道阀门	

续表

代码	种 类	类 别	品 种
7320			金属阀门
73F0			非金属阀门
73T0			特种阀门
7400		压力管道法兰	
7410			钢制锻造法兰
7420			非金属法兰
7500		补偿器	
7510			金属波纹膨胀节
7530			旋转补偿器
75F0			非金属膨胀节
7700		压力管道密封元件	
7710			金属密封元件
77F0			非金属密封元件
7T00		压力管道特种元件	
7T10			防腐管道元件
7TZ0			元件组合装置
3000	电梯	电梯，是指动力驱动，利用沿刚性导轨运行的箱体或者沿固定线路运行的梯级（踏步），进行升降或者平行运送人、货物的机电设备，包括载人（货）电梯、自动扶梯、自动人行道，等等。非公共场所安装且仅供单一家庭使用的电梯除外	
3100		曳引与强制驱动电梯	
3110			曳引驱动乘客电梯
3120			曳引驱动载货电梯
3130			强制驱动载货电梯
3200		液压驱动电梯	
3210			液压乘客电梯
3220			液压载货电梯
3300		自动扶梯与自动人行道	
3310			自动扶梯
3320			自动人行道
3400		其他类型电梯	
3410			防爆电梯
3420			消防员电梯
3430			杂物电梯

续表

代码	种 类	类 别	品 种
4000	起重机械	起重机械，是指用于垂直升降或者垂直升降并水平移动重物的机电设备，其范围规定为额定起重量大于或者等于 0.5t 的升降机；额定起重量大于或者等于 3t（或额定起重力矩大于或者等于 40t·m 的塔式起重机，或生产率大于或者等于 300t/h 的装卸桥），且提升高度大于或者等于 2m 的起重机；层数大于或者等于 2 层的机械式停车设备	
4100		桥式起重机	
4110			通用桥式起重机
4130			防爆桥式起重机
4140			绝缘桥式起重机
4150			冶金桥式起重机
4170			电动单梁起重机
4190			电动葫芦桥式起重机
4200		门式起重机	
4210			通用门式起重机
4220			防爆门式起重机
4230			轨道式集装箱门式起重机
4240			轮胎式集装箱门式起重机
4250			岸边集装箱起重机
4260			造船门式起重机
4270			电动葫芦门式起重机
4280			装卸桥
4290			架桥机
4300		塔式起重机	
4310			普通塔式起重机
4320			电站塔式起重机
4400		流动式起重机	
4410			轮胎起重机
4420			履带起重机
4440			集装箱正面吊运起重机
4450			铁路起重机
4700		门座式起重机	
4710			门座起重机
4760			固定式起重机
4800		升降机	
4860			施工升降机
4870			简易升降机
4900		缆索式起重机	

续表

代码	种　类	类　别	品　种
4A00		桅杆式起重机	
4D00		机械式停车设备	
9000	客运索道	客运索道，是指动力驱动，利用柔性绳索牵引箱体等运载工具运送人员的机电设备，包括客运架空索道、客运缆车、客运拖牵索道等。非公用客运索道和专用于单位内部通勤的客运索道除外	
9100		客运架空索道	
9110			往复式客运架空索道
9120			循环式客运架空索道
9200		客运缆车	
9210			往复式客运缆车
9220			循环式客运缆车
9300		客运拖牵索道	
9310			低位客运拖牵索道
9320			高位客运拖牵索道
6000	大型游乐设施	大型游乐设施，是指用于经营目的，承载乘客游乐的设施，其范围规定为设计最大运行线速度大于或者等于 2m/s，或者运行高度距地面高于或者等于 2m 的载人大型游乐设施。用于体育运动、文艺演出和非经营活动的大型游乐设施除外	
6100		观览车类	
6200		滑行车类	
6300		架空游览车类	
6400		陀螺类	
6500		飞行塔类	
6600		转马类	
6700		自控飞机类	
6800		赛车类	
6900		小火车类	
6A00		碰碰车类	
6B00		滑道类	
6D00		水上游乐设施	
6D10			峡谷漂流系列
6D20			水滑梯系列
6D40			碰碰船系列
6E00		无动力游乐设施	
6E10			蹦极系列
6E40			滑索系列

续表

代码	种 类	类 别	品 种
6E50			空中飞人系列
6E60			系留式观光气球系列
5000	场（厂）内专用机动车辆	场（厂）内专用机动车辆，是指除道路交通、农用车辆以外仅在工厂厂区、旅游景区、游乐场所等特定区域使用的专用机动车辆	
5100		机动工业车辆	
5110			叉车
5200		非公路用旅游观光车辆	
F000	安全附件		
7310			安全阀
F220			爆破片装置
F230			紧急切断阀
F260			气瓶阀门

附　录　三

特种设备作业人员作业种类与项目

（国家质量监督检验检疫总局公告2011年第95号）

序号	种类	作业项目	项目代号
01	特种设备相关管理	特种设备安全管理负责人	A1
		特种设备质量管理负责人	A2
		锅炉压力容器压力管道安全管理	A3
		电梯安全管理	A4
		起重机械安全管理	A5
		客运索道安全管理	A6
		大型游乐设施安全管理	A7
		场（厂）内专用机动车辆安全管理	A8
02	锅炉作业	一级锅炉司炉	G1
		二级锅炉司炉	G2
		三级锅炉司炉	G3
		一级锅炉水质处理	G4
		二级锅炉水质处理	G5
		锅炉能效作业	G6
03	压力容器作业	固定式压力容器操作	R1
		移动式压力容器充装	R2
		氧舱维护保养	R3
04	气瓶作业	永久气体气瓶充装	P1
		液化气体气瓶充装	P2
		溶解乙炔气瓶充装	P3
		液化石油气瓶充装	P4
		车用气瓶充装	P5
05	压力管道作业	压力管道巡检维护	D1
		带压封堵	D2
		带压密封	D3
06	电梯作业	电梯机械安装维修	T1
		电梯电气安装维修	T2
		电梯司机	T3

续表

序号	种类	作业项目	项目代号
07	起重机械作业	起重机械机械安装维修	Q1
		起重机械电气安装维修	Q2
		起重机械指挥	Q3
		桥门式起重机司机	Q4
		塔式起重机司机	Q5
		门座式起重机司机	Q6
		缆索式起重机司机	Q7
		流动式起重机司机	Q8
		升降机司机	Q9
		机械式停车设备司机	Q10
08	客运索道作业	客运索道安装	S1
		客运索道维修	S2
		客运索道司机	S3
		客运索道编索	S4
09	大型游乐设施作业	大型游乐设施安装	Y1
		大型游乐设施维修	Y2
		大型游乐设施操作	Y3
		水上游乐设施操作与维修	Y4
10	场（厂）内专用机动车辆作业	车辆维修	N1
		叉车司机	N2
		搬运车牵引车推顶车司机	N3
		内燃观光车司机	N4
		蓄电池观光车司机	N5
11	安全附件维修作业	安全阀校验	F1
		安全阀维修	F2
12	特种设备焊接作业	金属焊接操作	（注）
		非金属焊接操作	

注 1. 特种设备焊接作业（金属焊接操作和非金属焊接操作）人员代号按照《特种设备焊接操作人员考核细则》的规定执行。

2. 表中A1、A2、A6、A7、G6、R3、D2、D3、S1、S2、S3、S4、Y1、F1、F2项目和金属焊接操作项目中的长输管道、非金属焊接操作项目的考试机构由总局指定，其他项目的考试机构由省局指定。

附 录 四

质检总局办公厅关于压力管道气瓶安全监察工作有关问题的通知

（国家质量监督检验检疫总局办公厅质检办特〔2015〕675号）

各省、自治区、直辖市质量技术监督局（市场监督管理部门）：

为贯彻落实政府职能转变简政放权要求，进一步完善压力管道气瓶安全监察工作，结合新修订的《特种设备目录》（以下简称《目录》）和TSG R0006—2014《气瓶安全技术监察规程》，以下简称《瓶规》），现就压力管道气瓶安全监察有关问题的意见通知如下：

一、关于压力管道安全监察工作有关问题

（一）关于新《目录》中压力管道介质范围

新《目录》的压力管道定义中“公称直径小于150mm，且其最高工作压力小于1.6MPa（表压）的输送无毒、不可燃、无腐蚀性气体的管道”所指的无毒、不可燃、无腐蚀性气体，不包括液化气体、蒸汽和氧气。

（二）关于新《目录》中压力管道元件类别和品种

列入新《目录》的压力管道元件公称直径均应大于等于50mm。

1. 新《目录》中的“球墨铸铁管”不包括该品种以外的其他铸铁管；

2. 新《目录》中增加“复合管”品种，具体包括金属与金属复合、金属与非金属复合、非金属与非金属复合三类；

3. 新《目录》中“金属阀门”品种中典型产品包括：调压阀、调节阀、闸阀、球阀、蝶阀、截止阀、止回阀、疏水阀、隔膜阀、节流阀、旋塞阀、柱塞阀、低温阀、减压阀（自力式）、眼镜阀（冶金工业用阀）、孔板阀（冶金工业用阀）、排污阀、减温阀、减压阀等；

4. 新《目录》中“旋转补偿器”品种不包括原《目录》中的“特种型式金属膨胀节”；

5. 新《目录》中不包括原《目录》中的“铸造管件”“汇管”“过滤器”“特种型式金属膨胀节”“金属波纹管”“紧固件”“阻火器”品种以及“压力管道支撑件”“压力管道材料”。

（三）关于压力管道元件制造许可

TSG D2001—2006《压力管道元件制造许可规则》许可项目及级别表中所列的铸铁管、有色金属及有色金属合金制管件、铸造管件、管接头、金属软管、弹簧支吊架、紧固件、汇管、汇流排、过滤器、阻火器、其他元件组合装置（除污器、混合器、缓冲器、凝气（水）缸、绝缘接头）、低温绝热管、直埋夹套管、阀门铸件、锻制法兰的锻坯、锻制管件的锻坯、阀体锻件的锻坯、压力管道制管专用钢板、聚乙烯管材原料、聚乙烯复合管材原料、聚乙烯管件原料、聚乙烯复合管件原料等未纳入新《目录》范围，制造上述压力管道元件不再需要取得特种设备制造许可。

新《目录》将紧急切断阀划入安全附件种类，由总局负责实施制造许可，不再划分级别，但应限定其产品参数范围，其许可条件暂按 TSG D2001—2006《压力管道元件制造许可规则》中阀门的许可条件要求执行。

新《目录》范围内的压力管道元件制造许可级别品种见附件 1。

（四）关于压力管道元件制造监督检验

按照《质检总局办公厅关于暂缓实施〈压力管道元件制造监督检验规则〉的通知》（质检办特函〔2013〕583 号）要求，TSG D7001—2013《压力管道元件制造监督检验规则》暂缓实施。但埋弧焊钢管与聚乙烯管应按 TSG D7001—2005《压力管道元件制造监督检验规则（埋弧焊钢管与聚乙烯管）》的规定继续实施制造过程监督检验。

（五）关于压力管道元件型式试验

压力管道元件制造企业换证时，原则上应重新进行型式试验。如果换证企业已按现行安全技术规范、标准规定完成了相关产品的型式试验，并且相关产品的参数、结构、工艺没有发生变化，按照安全技术规范规定需要监督检验，已经实施了制造过程监督检验的，换证时可免做型式试验。

（六）关于压力管道安装

持有压力管道安装许可证的单位在安装压力管道的同时可以安装与其连接的压力容器或整装锅炉，并由具备相应资质的安装监检机构一并实施安装监督检验。

锅炉与用热设备之间的连接管道总长小于等于 1000 米时，该锅炉及其相连接的管道可由持有锅炉安装许可证的单位一并进行安装，由具备相应资质的安装监检机构一并实施安装监督检验，并可随锅炉一并办理使用登记。管道总长超过 1000 米时，与锅炉连接的管道必须由持有压力管道安装许可证的单位进行安装，并单独办理压力管道使用登记。

（七）关于压力管道元件组合装置

新《目录》中“元件组合装置”品种是指将管子、阀门、管件、法兰等压力管道元件组焊在一起具备某种功能的装置。目前只对井口装置、采油树、节流压井管汇和燃气调压装置、减温减压装置颁发制造许可。

持有 D 级压力容器制造许可或燃气调压装置制造许可的单位可以组装撬装天然气加注装置中的压力管道。装置中的压力容器应当由持相应级别的压力容器制造单位制造。撬装天然气加注装置中包含压力容器且压力管道总长度小于等于 10 米的，可随压力容器一并办理使用登记；不包含压力容器或压力管道总长度超过 10 米的，应单独办理压力管道使用登记。

（八）关于压力管道使用登记

长输（油气）管道和公用管道使用登记已列入行政许可改革范围，总局和各地质监部门暂停办理长输（油气）管道、公用管道的使用登记。工业管道仍须按 TSG

D5001—2009《压力管道使用登记管理规则》的规定办理使用登记。

（九）关于压力管道监督检验和定期检验

按照《特种设备安全法》的规定，对压力管道安装过程应当实施监督检验，对在用压力管道应当实施定期检验。经质检总局核准具有相应压力管道检验资质的检验机构，均可接受安装单位或使用单位的约请，对压力管道安装过程实施监督检验或对在用压力管道实施定期检验，出具检验报告并对检验结论负责。

具有压力管道定期检验资质的检验机构，均可承担其检验压力管道的合于使用评价工作，并对评价结论负责；具有RBI检验资质的检验机构，可以承担压力管道基于风险的检验（RBI）。

检验机构进行长输（油气）管道、公用管道定期检验时，可根据需要，按照TSG D7003—2010《压力管道定期检验规则—长输（油气）管道》、TSG D7004—2010《压力管道定期检验规则—公用管道》、GB/T 27512—2011《埋地钢质管道风险评估方法》等安全技术规范和标准的要求，对长输（油气）管道、公用管道开展风险评估和基于风险的检验（RBI）。

对使用未经检验或检验不合格的压力管道的违法行为，各级质监部门应当依法实施行政处罚。

（十）关于压力管道设计审批人员

压力管道设计鉴定评审机构按照TSG R1001—2008《压力容器压力管道设计许可规则》规定组织开展压力管道设计审批人员的考核发证工作时，相关考核计划和考核结果不再需要报送质检总局公布。

（十一）取消制造、安装单位注册资金要求

按照注册资本登记制度的改革要求，取消许可条件中对压力管道元件制造单位、压力管道安装单位注册资金的要求。

二、关于气瓶安全监察工作有关问题

（一）关于气瓶及气瓶阀门制造许可

根据新《目录》对气瓶品种分类的调整，按照减化许可数量、扩大许可覆盖范围的原则，依据《瓶规》附件A对气瓶制造许可级别品种进行相应调整。新《目录》范围内的气瓶许可级别品种划分见附件2，气瓶阀门制造许可项目划分见附件3，同时取消气瓶附件制造许可条件中有关注册资金的要求。

手提式干粉灭火器、手提式水基型灭火器按照《关于部分消防产品实施强制性产品认证的公告》（2014年第12号）规定管理，制造其焊接结构的筒体不需要取得气瓶制造许可。制造其他消防灭火用气瓶仍需取得气瓶制造许可。

（二）关于焊接绝热气瓶的制造与检验

1. 外封头盛装介质符号标志要求。

为吸取事故教训，防范焊接绝热气瓶的错装错用事故，焊接绝热气瓶制造企业应按照《瓶规》1.14.1.3的规定，在盛装液氧、液化天然气、氧化亚氮介质的焊接绝热气瓶外胆上封头便于观察的部位，压制明显凸起的“O_2”“LNG”“N_2O”等介质符号。大容积气瓶的字体高度不应低于60mm，中容积气瓶的字体高度不应低于40mm。对库存的无法压制介质符号的成品封头，企业应采用其它有效方法在封头便于观察的部位刻印永久介质符号，库存封头应于2015年12月底前使用完毕。2016年1月1日起，焊接绝热气瓶制造企业必须采用符合《瓶规》规定的封头产品。

2. 产品标签要求。

焊接绝热气瓶瓶体上应根据充装介质粘贴相应的产品标签，标签样式由全国气瓶标准化技术机构负责明确。

3. 定期检验要求。

焊接绝热气瓶的定期检验国家标准未颁布前，检验机构可依据地方标准或企业标准进行焊接绝热气瓶定期检验，具体可按照《瓶规》1.5条规定执行。

（三）关于气瓶阀出气口连接形式及螺纹旋向

对于直接作为介质充、放接口的气瓶阀门出气口，其连接形式及尺寸应符合《瓶规》和相关标准的要求，并采用有利于防止气体错装、错用的结构形式。用螺纹连接的可燃气体气瓶的阀门出气口螺纹应为左旋，用于助燃和不可燃气体气瓶的阀门出气口螺纹应为右旋。

车用气瓶阀门出气口连接形式和尺寸可不按照上述要求执行。同时装设气相和液相阀门的液化石油气钢瓶阀门出气口，应采用不同的结构形式，液相阀门的出气口宜采用快装结构，气相阀门的出气口应为左旋螺纹结构。

（四）关于气瓶焊缝

焊接瓶体的纵、环焊缝以及瓶阀阀座与瓶体连接的承压焊缝，应按照《瓶规》4.4规定采用自动焊；采用全焊透或者双面焊的阀座（或塞座）角焊缝，以及焊接绝热气瓶上的接管与瓶体连接的焊缝可采用其它焊接方式。

（五）关于气瓶无损检测

《瓶规》4.4规定“钢质无缝气瓶的无损检测应当采用在线超声自动检测（相应标准另有规定的除外），检测范围应当覆盖全部可检部位……”，其中“全部可检部位”是指相应标准规定的检测范围。

（六）关于气瓶水压试验

按照《瓶规》4.9条规定，无缝气瓶（小容积气瓶除外）应当采用外测法进行水压试验。目前采用内测法进行水压试验的无缝气瓶制造企业应积极整改，落实配备外测法实验装置，GB 5099—1994《钢质无缝气瓶》修订以前，仍可以继续采用内测法进行水压试验。但新申请取证的无缝气瓶制造企业，必须符合《瓶规》4.9条的要求。

（七）关于气瓶标志

气瓶的钢印标记（包括铭牌标记、标签标记等），应按照《瓶规》附件B规定的内容和排列格式执行。如果确有困难的，可对排列格式做适当调整，但内容、项目应当符合《瓶规》要求。

气瓶制造企业应按照《瓶规》规定对现有气瓶标志及时调整。2016 年 1 月 1 日起，气瓶制造企业应当使用符合《瓶规》规定的气瓶标志。

（八）关于气瓶产品合格证

产品合格证应当注明气瓶和所安装的气瓶阀门的制造单位名称和制造许可证编号，呼吸器用气瓶、消防灭火用气瓶以及出厂时未安装阀门的气瓶除外。

（九）关于液化石油气钢瓶的安全评定

按照 GB 5842—2006《液化石油气钢瓶》标准制造的气瓶，制造单位承诺的设计使用年限为 8 年，达到设计使用年限的液化石油气钢瓶，可以在通过安全评定合格后，继续使用最长不超过一个定期检验周期。安全评定由具有液化石油气瓶检验资质的检验机构按照 GB 8334《液化石油气钢瓶定期检验与评定》国家标准进行。检验机构应对评定结论负责，同时应出具安全评定报告并在瓶体上喷涂字高为 60 至 80mm 的“安全评定合格”字样。气瓶需要更换气瓶阀门时，检验机构应选用具有气瓶阀门制造许可证的企业制造的气瓶阀，并在检验报告或安全评定报告上注明气瓶阀的制造单位名称和制造许可证编号。

在 GB 5842—2006《液化石油气钢瓶》标准实施前制造的液化石油气钢瓶，依据钢印标记的出厂日期，使用年限达到 15 年的应当予以报废，并且采取可靠措施消除使用功能。

（十）关于对报废气瓶消除使用功能

当地质监部门应确定负责对报废气瓶进行消除使用功能处理的检验机构或专业单位并对其实施监督检查。当地质监部门暂未确定单位的，由实施气瓶定期检验的机构按照《瓶规》7.2 条规定进行消除使用功能处理。气瓶产权单位应依法履行气瓶报废义务，将报废气瓶委托给当地质监部门确定的单位进行消除使用功能处理。

（十一）关于车用气瓶充装记录

车用气瓶充装单位已采用信息化手段对气瓶充装进行控制和记录，且信息系统能够自动记录并保存 TSG R0009—2009《车用气瓶安全技术监察规程》第三十一条规定的充装记录相关内容，充装单位可不再进行人工书面记录和粘贴充装标签。

（十二）关于批量检验产品质量证明书和监督检验证书

鼓励气瓶制造企业将气瓶批量质量证明书和监检证书上网公示（应与气瓶瓶号钢印或在气瓶上装设的识别条码对应），并在产品外包装及合格证上印制识别二维码，为用户提供利用手机上网查询真伪功能。经气瓶用户（买方）同意，实施上述措施的气瓶制造企业可以不再向用户提供纸制批量检验产品质量证明书和监督检验证书。

附件：1. 压力管道元件制造许可品种级别

2. 气瓶制造许可品种级别

3. 气瓶阀门制造品种分项

质检总局办公厅

2015 年 6 月 19 日

附件 1

压力管道元件制造许可品种级别

序号	类别	品种	典型产品	级别代号
1	压力管道管子	无缝钢管		A1、A2（1）（2）（3）、B（1）（2）（3）
		焊接钢管	螺旋缝埋弧焊钢管	A1、A2、B（1）（2）
			直缝埋弧焊钢管	A1、A2
			直缝高频焊管	A1（1）（2）、A2、B
			其他焊接钢管	B
		有色金属管	铝、铜、钛、铅、镍、锆等有色金属管及其合金管	A
		球磨铸铁管		B
		复合管	金属与金属复合管	
			金属与非金属复合管	
			非金属与非金属复合管	A
		非金属材料管	聚乙烯管材	A1、A2、A3
			带金属骨架的聚乙烯管材	A
			其他非金属材料管	A
2	压力管道管件	非焊接管件（无缝管件）	钢制无缝管件（包括工厂预制弯管、有缝管坯制管件）	A（1）（2）（3）、B
		焊接管件（有缝管件）	钢制有缝管件（钢板制对焊管件）	B1（1）（2）、B2
		锻制管件	锻制管件	B
		复合管件	金属与金属复合管件	
			金属与非金属复合管件	
			非金属与非金属复合管件	A
		非金属管件	聚乙烯管件	A1（1）（2）、A2
			带金属骨架的聚乙烯管件	A
			其他非金属管件	A
3	压力管道阀门	金属阀门	闸阀、截止阀、节流阀、球阀、止回阀、蝶阀、隔膜阀、旋塞阀、柱塞阀、疏水阀、低温阀、减压阀（自力式）、调节阀（控制阀）、眼镜阀（冶金工业用阀）、孔板阀（冶金工业用阀）、排污阀、减温阀、减压阀等	A1（1）（2）、A2（1）（2）、B1、B2
		非金属阀门	聚乙烯阀门	A
			其他非金属阀门	A
		特种阀门		
4	压力管道法兰	钢制锻造法兰	锻制法兰	B
		非金属法兰		

续表

序号	类别	品种	典型产品	级别代号
5	补偿器	金属波纹膨胀节		A（1）（2）、B
		旋转补偿器		B
		非金属波纹膨胀节	织物补偿器、聚四氟乙烯波纹膨胀节、特种补偿器	B
6	压力管道密封元件	金属密封元件	金属垫片、基本型金属缠绕垫片、带加强环型金属缠绕垫片	AX
		非金属密封元件	非金属垫片、复合增强垫片、柔性石墨垫（板）、模压填料、编织填料	AX
7	压力管道特种元件	防腐蚀管道元件	防腐蚀压力管道用管子、管件、阀门、法兰	AX
		元件组合装置	井口装置和采油树、节流压井管汇	A、B
			燃气调压装置、减温减压装置	A、B

注 1. 具体产品限制范围见备注或型式试验证书。

2. 金属与金属复合管、金属与非金属复合管、金属与金属复合管件、金属与非金属复合管件、特种阀门、非金属法兰在 TSG D2001—2006《压力管道元件制造许可规则》中无相应的许可项目和许可条件，暂不实施许可。

3. 级别代号参照《压力管道元件制造许可规则》。

附件 2

气瓶制造许可品种级别

品种		级别代号		典型产品
无缝气瓶		B1	B1（1）	中小容积钢质无缝气瓶、车用钢质无缝气瓶
			B1（2）	铝合金无缝气瓶
			B1（3）	不锈钢无缝气瓶
			B1（4）	大容积钢质无缝气瓶、长管拖车用钢质无缝气瓶
焊接气瓶		B2	B2（1）	中小容积钢质焊接气瓶、大容积钢质焊接气瓶、铝合金焊接气瓶、不锈钢焊接气瓶
			B2（2）	非重复充装焊接钢瓶
			B2（3）	液化石油气钢瓶、车用液化石油气钢瓶、液化二甲醚钢瓶、车用液化二甲醚钢瓶
特种气瓶	纤维缠绕气瓶	B3	B3（1）	小容积金属内胆纤维缠绕气瓶、低压纤维缠绕气瓶
			B3（2）	中容积金属内胆纤维环缠绕气瓶、车用金属内胆纤维环缠绕气瓶
			B3（3）	中容积金属内胆纤维全缠绕气瓶、车用金属内胆纤维全缠绕气瓶
			B3（4）	大容积金属内胆纤维缠绕气瓶、长管拖车用金属内胆纤维缠绕气瓶
	低温绝热气瓶	B4	B4（1）	焊接绝热气瓶
			B4（2）	车用焊接绝热气瓶
	内装填料气瓶	B5	B5（1）	溶解乙炔气瓶
			B5（2）	吸附气体气瓶

注 具体产品限制范围见备注或型式试验证书。

附件 3

气瓶阀门制造许可品种分项

类别	品种	分项代号	分项及典型产品
安全附件	气瓶阀门	PF1	按照 GB15382《气瓶阀通用技术要求》生产的气瓶阀
		PF2	液化石油气瓶阀
		PF3	液化二甲醚瓶阀
		PF4	车用压缩天然气瓶阀
		PF5	机动车用液化石油气钢瓶集成阀
		PF6	低温绝热气瓶用集成阀
		PF7	溶解乙炔气瓶阀
		PF8	非重复充装焊接钢瓶用瓶阀

注 具体产品限制范围见备注或型式试验证书。

附　录　五

强制检定的测量设备强检形式及强检适用范围表

（国家技术监督局技监局量发〔1991〕374号）

序号	项目	种别号	种别	强检形式	强检范围
1	尺	(1)	竹木直尺	只作首次强制检定使用中的竹木直尺，不得有裂纹、弯曲，二端包头必须牢固紧附尺身，刻线应清晰，不符合上述要求的不准使用	用于贸易结算：商品长度的测量
		(2)	套管尺	周期检定	用于贸易结算：计量罐容积的测量
		(3)	钢卷尺	周期检定	用于贸易结算：商品长度的测量用于安全防护：安全距离的测量
		(4)	带锤钢卷尺	周期检定	用于贸易结算：计算罐中液体介质高度的测量
		(5)	铁路轨距尺	周期检定	用于安全防护：铁路轨距水平、垂直距离安全参数的测量
2	面积计	(6)	皮革面积计	周期检定	用于贸易结算：皮革面积的测量
3	玻璃液体温度计	(7)	玻璃液体温度计	周期检定	用于贸易结算：以液体容积结算时进行的温度的测量 用于安全防护：易燃、易爆工艺过程中的温度测量 用于医疗卫生：婴儿保温箱、消毒柜、血库等温度的测量
4	体温计	(8)	体温计：玻璃体温计其他体温计	只作首次强制检定使用中的玻璃体温计，汞柱显像应清楚鲜明，不符合上述要求的不准使用周期检定	用于医疗卫生：人体温度的测量
5	石油闪点温度计	(9)	石油闪点温度计	周期检定	用于安全防护：石油产品闪点温度的测量
6	谷物水分测定仪	(10)	谷物水分测定仪	周期检定	用于贸易结算：谷物水分的测量
7	热量计	(11)	热量计	周期检定	用于贸易结算：燃料发热量的测量

续表

序号	项目	种别号	种别	强检形式	强检范围
8	砝码	(12)	砝码	周期检定	见天平项
		(13)	链码	周期检定	见皮带秤项
		(14)	增砣	周期检定	见台秤、案秤项
		(15)	定量砣	周期检定	见杆秤、戥秤
9	天平	(16)	天平	周期检定	用于贸易结算：商品及涉及商品等定价质量的测量 用于安全防护：有害物质样品质量的测量 用于医疗卫生：临床分析及药品、食品质量测量 用于环境检测：环境样品质量的检测
10	秤	(17)	杆秤	周期检定 (流动商贩间断使用的杆秤，在使用时必须有在有效期内的合格证)	用于贸易结算：商品的称重
		(18)	戥秤	周期检定	用于贸易结算：商品的称重
		(19)	案秤	周期检定	用于贸易结算：商品的称重
		(20)	台秤	周期检定	用于贸易结算：商品的称重
		(21)	地秤	周期检定	用于贸易结算：商品的称重
		(22)	皮带秤	周期检定	用于贸易结算：商品的称重
		(23)	吊秤	周期检定	用于贸易结算：商品的称重
		(24)	电子秤	周期检定	用于贸易结算：商品的称重 用于安全防护：车辆轮载、轴载的称重 用于医疗卫生：药品的称重 用于环境检测：环境样品的称重
		(25)	行李秤	周期检定	用于贸易结算：包裹、行李的称重
		(26)	邮政秤	周期检定	用于贸易结算：信函、包裹的称重
		(27)	计价收费专用秤	周期检定	用于贸易结算：商品包裹、行李的称重
		(28)	售粮机	周期检定	用于贸易结算：粮食的称重
11	定重包装机	(29)	定量包装机	周期检定	用于贸易结算：商品定量包装量值的测量
		(30)	定量灌装机	周期检定	用于贸易结算：商品定量灌装量值的测量
12	轨道衡	(31)	轨道衡	周期检定	用于贸易结算：商品的称重

续表

序号	项目	种别号	种别	强检形式	强检范围
13	容重器	(32)	谷物容重器	周期检定	用于贸易结算：谷物收购时定等定价每升重量的测量
14	计量罐、计量罐车	(33)	立式计量罐	周期检定	用于贸易结算：液体容积的测量
		(34)	卧式计量罐	周期检定	用于贸易结算：液体容积的测量
		(35)	球形计量罐	周期检定	用于贸易结算：液体、气体容积的测量
		(36)	汽车计量罐车	周期检定	用于贸易结算：液体容积的测量
		(37)	铁路计量罐车	周期检定	用于贸易结算：液体容积的测量
		(38)	船舶计量舱	周期检定	用于贸易结算：原油，成品油及其他液体或固体容积的测量
15	燃油加油机	(39)		周期检定	用于贸易结算：成品油容量的测量
16	液体量提	(40)	液体量提	只作首次强制检定使用中的液体量提，口部应平整光滑，壳体应平坦，整体无变形，不符合上述要求的不准使用	用于贸易结算：液体商品容积的测量
17	食用油售油器	(41)	食用油售油器	周期检定	用于贸易结算：食用油的称重
18	酒精计	(42)	酒精计	周期检定	用于贸易结算：酒精含量的测量
19	密度计	(43)	密度计	周期检定	用于贸易结算：液体密度的测量
20	糖量计	(44)	糖量计	周期检定	用于贸易结算：制糖原料含糖量的测量
21	乳汁计	(45)	乳汁计	周期检定	用于贸易结算：乳汁浓度和密度的测量
22	煤气表	(46)	煤气表： 工业用煤气表 生活用煤气表	周期检定 只作首次检定。使用期限不得超过六年（天然气为介质的不得超过十年），到期轮换	用于贸易结算：煤气（天然气）用量的测量
23	水表	(47)	水表： 工业用水表 生活用水表	周期检定 只作首次检定。使用期限不得超过六年（口径为15～25mm）、四年（口径为25～50mm）到期轮换	用于贸易结算：用水量的测量（如冷水表、热水表）

续表

序号	项目	种别号	种别	强检形式	强检范围
24	流量计	(48)	液体流量计	周期检定	用于贸易结算：流体流量的测量 用于环境检测：排放污水的测量
		(49)	气体流量计	周期检定	用于贸易结算：气体流量的测量 用于医疗卫生：医用氧气瓶氧气流量的测量
		(50)	蒸汽流量计	周期检定	用于贸易结算：蒸汽流量的测量
25	压力表	(51)	压力表	周期检定	用于安全防护： 1. 锅炉主汽缸和给水压力部位压力的测量 2. 固定式空压机风仓及总管压力的测量 3. 发电机、汽轮机油压及机车压力的测量 4. 医用高压灭菌器高压锅压力的测量 5. 带报警装置压力的测量 6. 密封增压容器压力的测量 7. 有害、有毒、腐蚀性严重介质压力的测量（如弹簧管压力表、电远传和电触点压力表）
		(52)	风压表	周期检定	用于安全防护：矿井中巷道风压、风速的测量（如矿用风压表、矿用风速表）
		(53)	氧气表	周期检定	用于安全防护： 1. 在灌装氧气瓶过程中氧气监控压力的测量 2. 在工艺过程中易爆、影响安全的氧气压力的测量 用于医疗卫生：医院输氧用浮标式氧气吸入器和供氧装置上氧气压力的测量
26	血压计	(54)	血压计	周期检定	用于医疗卫生：人体血压的测量
		(55)	血压表	周期检定	用于医疗卫生：人体血压的测量
27	眼压计	(56)	眼压计	周期检定	用于医疗卫生：人体眼压的测量
28	出租汽车里程计价表	(57)	出租汽车里程计价表	周期检定	用于贸易结算：汽车计价里程的测量
29	测速仪	(58)	公路管理速度监测仪	周期检定	用于安全防护：机动车行驶速度的监测
30	测振仪	(59)	振动监测仪	周期检定	用于安全防护：机械、电气等设备和危害人身安全健康的振源的监测 用于环境监测：机械、电气等设备和危害人身安全健康的振源的监测

续表

序号	项目	种别号	种别	强检形式	强检范围
31	电能表	(60)	单相电能表：工业用单相电能表 生活用单相电能表	周期检定 只作首次检定。使用期限不得超过5年（单宝石轴承）、10年（双宝石轴承），到期轮换	用于贸易结算：用电量的测量
		(61)	三相电能表	周期检定	用于贸易结算：用电量的测量
		(62)	分时记度电能表	周期检定	用于贸易结算：用电量的测量
32	测量互感器	(63)	电流互感器	周期检定	用于贸易结算：作为电能表的配套设备，对用电量的测量
		(64)	电压互感器	周期检定	用于贸易结算：作为电能表的配套设备，对用电量的测量
33	绝缘电阻、接地电阻测量仪	(65)	绝缘电阻测量仪	周期检定	用于安全防护：绝缘电阻值的测量
		(66)	接地电阻测量仪	周期检定	用于安全防护：电气设备、避雷设施等接地电子值的测量
34	场强计	(67)	场强计	周期检定	用于安全防护：空间电磁波场强的测量 用于环境监测：空间电磁波场强的测量
35	心、脑电图仪	(68)	心电图仪	周期检定	用于医疗卫生：人体心电位的测量
		(69)	脑电图仪	周期检定	用于医疗卫生：人体脑电位的测量
36	照射量计（含医用辐射源）	(70)	照射量计	周期检定	用于安全防护：电离辐射照射量的测量 用于医疗卫生：电离辐射照射量的测量 用于环境监测：电离辐射照射量的测量
		(71)	医用辐射源	周期检定	用于医疗卫生：对人体进行辐射诊断和治疗。（如：医用高能电子束辐射源、X辐射源、γ辐射源）
37	电离辐射防护仪	(72)	射线监测仪	周期检定	用于安全防护：射线剂量的测量（如：γ、X、β辐射防护仪、环境监测用X、γ空气吸收剂量仪、环境监测用热释光剂量计） 用于环境检测：同上

续表

序号	项目	种别号	种别	强检形式	强检范围
37	电离辐射防护仪	(73)	射线量率仪	周期检定	用于安全防护：射线照射量率的测量 用于环境监测：射线照射量率的测量
		(74)	放射性表面污染仪	周期检定	用于安全防护：放射性核素污染表面活度的测量 用于环境监测：放射性核素污染表面活度的测量
		(75)	个人剂量计	周期检定	用于安全防护：工作人员接受辐射剂量的测量
38	活度计	(76)	活度计	周期检定	用于医疗卫生：以放射性核素进行诊断和治疗的核素活度的测量 用于安全防护：放射性核素活度的测量 用于环境监测：放射性核素活度的测量
39	激光能量、功率计（含医用激光源）	(77)	激光能量计	周期检定	用于医疗卫生：激光能量的测量
		(78)	激光功率计	周期检定	用于医疗卫生：激光功率的测量
		(79)	医用激光源	周期检定	用于医疗卫生：激光源对人体进行诊断和治疗
40	超声功率计（含医用超声源）	(80)	超声功率计	周期检定	用于医疗卫生：医用超声波诊断、治疗机输出的总超声功率的测量
		(81)	医用超声源	周期检定	用于医疗卫生：对人体超声诊断和治疗（如超声诊断仪超声源，超声治疗机超声源，多普勒超声治疗诊断仪）
41	声级计	(82)	声级计	周期检定	用于安全防护：噪声的测量 用于环境监测：噪声的测量
42	听力计	(83)	听力计	周期检定	用于医疗卫生：人体听力的测量
43	有害气体分析仪	(84)	CO 分析仪	周期检定	用于安全防护：工作场所中 CO 含量的测量 用于环境监测：大气中 CO 含量的测量
		(85)	CO_2分析仪	周期检定	用于安全防护：工作场所中 CO_2 含量的测量 用于环境监测：大气中 CO_2 含量的测量
		(86)	SO_2分析仪	周期检定	用于环境监测：大气及废气排放中 SO_2 含量的测量
		(87)	测氢仪	周期检定	用于安全防护：工作场所中氢含量的测量

续表

序号	项目	种别号	种别	强检形式	强检范围
43	有害气体分析仪	(88)	硫化氢测定仪	周期检定	用于安全防护：工作场所中硫化氢含量的测量 用于环境监测：大气中硫化氢含量的测量
44	酸度计	(89)	酸度计	周期检定	用于贸易结算：涉及商品定等定价中 pH 值的测量 用于医疗卫生：临床分析及药品、食品中 pH 值的测量 用于环境监测：环境样品中 pH 值的测量
		(90)	血气酸碱平衡分析仪	周期检定	用于医疗卫生：人体血气酸碱平衡的分析
45	瓦斯计	(91)	瓦斯报警器	周期检定	用于安全防护：可燃气体含量的测量（如瓦斯报警器、可燃性气体报警器）
		(92)	瓦斯测定仪	周期检定	用于安全防护：可燃气体含量的测量
46	测汞仪	(93)	汞蒸汽测定仪	周期检定	用于安全防护：工作场所中汞蒸汽含量的测量 用于环境监测：环境样品中汞蒸汽含量的测量
47	火焰光度计	(94)	火焰光度计	周期检定	用于贸易结算：涉及商品定价中化学成分的测量 用于医疗卫生：临床分析及药品、食品中化学成分的测量 用于环境监测：环境样品中化学成分的测量
48	分光光度计	(95)	可见光分光光度计	周期检定	用于贸易结算：涉及商品定等定价中化学成分的测量 用于医疗卫生：临床分析及药品、食品中化学成分的测量 用于环境监测：环境样品中化学成分的测量
		(96)	紫外分光光度计	周期检定	用于贸易结算：涉及商品定等定价中化学成分的测量 用于医疗卫生：临床分析及药品、食品中化学成分的测量 用于环境监测：环境样品中化学成分的测量

续表

序号	项目	种别号	种别	强检形式	强检范围
48	分光光度计	(97)	红外分光光度计	周期检定	用于贸易结算：涉及商品定等定价中化学成分的测量 用于医疗卫生：临床分析及药品、食品中化学成分的测量 用于环境监测：环境样品中化学成分的测量
		(98)	荧光分光光度计	周期检定	用于贸易结算：涉及商品定等定价中化学成分的测量 用于医疗卫生：临床分析及药品、食品中化学成分的测量 用于环境监测：环境样品中化学成分的测量
		(99)	原子吸收分光光度计	周期检定	用于贸易结算：涉及商品定等定价中化学成分的测量 用于医疗卫生：临床分析及药品、食品中化学成分的测量 用于环境监测：环境样品中化学成分的测量
49	比色计	(100)	滤光光电比色计	周期检定	用于贸易结算：涉及商品定等定价中化学成分的测量 用于医疗卫生：临床分析及药品、食品中化学成分的测量 用于环境监测：环境样品中化学成分的测量
		(101)	荧光光电比色计	周期检定	用于贸易结算：涉及商品定等定价中化学成分的测量 用于医疗卫生：临床分析及药品、食品中化学成分的测量 用于环境监测：环境样品中化学成分的测量
50	烟尘、粉尘测量仪	(102)	烟尘测量仪	周期检定	用于环境监测：大气中烟尘含量的测量
		(103)	粉尘测量仪	周期检定	用于安全防护：工作场所易燃、易爆、有毒、有害粉尘含量的测量

续表

序号	项目	种别号	种别	强检形式	强检范围
51	水质污染监测仪	(104)	水质监测仪	周期检定	用于医疗卫生：工业水和饮用水中镉、汞等元素含量的测量（如氨自动监测仪，硝酸根自动监测仪，钠离子监测仪，测砷仪，氰化物测定仪，余氯测定仪，总有机碳测定仪，氟化物测定仪，水质采样器，需氧量测定仪） 用于环境监测：同上
		(105)	水质综合分析仪	周期检定	用于医疗卫生：工业水和饮用水中镉、汞等元素含量的测量 用于环境监测：工业水和饮用水中镉、汞等元素含量的测量
		(106)	测氰仪	周期检定	用于医疗卫生：工业水和饮用水中氰化物含量的测量 用于环境监测：工业水和饮用水中氰化物含量的测量
		(107)	溶氧测定仪	周期检定	用于医疗卫生：工业水和饮用水中氧含量的测量 用于环境监测：工业水和饮用水中氧含量的测量
52	呼出气体酒精含量探测器	(108)	呼出气体酒精含量探测器	周期检定	用于安全防护：对机动车司机是否酒后开车的监测
53	血球计数器	(109)	电子血球计数器	周期检定	用于医疗卫生：人体血液的分析
54	屈光度计	(110)	屈光度计	周期检定	用于医疗卫生：眼镜镜片屈光度的测量

附　录　六

某发电有限公司氢站氢气罐爆炸火灾事故应急预案

1　范围与依据

1.1　事故类型

在电力生产和基建过程中，发生的设备事故，主要有以下类型。

1.1.1　氢气置换前密封油系统运行不正常，导致氢气泄漏。

1.1.2　发电机及氢气系统气密性试验不合格，导致漏氢。

1.1.3　发电机密封油排烟风机、主油箱排烟风机运行不可靠，导致油箱内积存氢气，从而发生氢气爆炸、火灾。

1.1.4　氢气置换时，发电机未进行任何电气试验，未充分排净死角，引起自燃。

1.1.5　氢气置换时，未用二氧化碳等惰性气体作为中间介质，导致空气与氢气直接接触置换。

1.1.6　氢气、二氧化碳使用前未进行化验，纯度不符合规定。

1.1.7　氢气管道与压缩空气管道未有效隔离。

1.1.8　在正在运行的机组现场进行动火工作时，未严格执行动火工作票。

1.1.9　气体置换未按规程进行，开启了氢气系统机房内排地沟门。

1.1.10　氢气系统的操作未使用专用防爆工具。

1.1.11　排氢和补氢操作不均匀、缓慢，剧烈排送，氢气因摩擦而自燃。

1.1.12　氢气置换期间，氢区内未严格禁止明火作业或进行能产生火化的工作。

1.1.13　充氢（空气）工作时未经化验二氧化碳纯度合格后即进行，同时未注意取样与化验工作的正确性，造成误判。

1.1.14　未加强氢气纯度的在线检测，同时未注意取样与化验工作的正确性，造成误判。氢气纯度低时未及时进行排污和换氢。

1.1.15　机组运行中密封油系统工作异常，未及时调整，造成漏氢。

1.1.16　氢区未严格执行“严禁烟火”的规定。

1.1.17　现场氢气检测仪工作不可靠，造成误判。

1.1.18　氢气系统动火检修时，未按规定用氮气或二氧化碳清扫管道，或未用堵板将氢气源可靠隔离，阀门内漏造成氢气爆炸。

1.1.19　未按时检测发电机密封油系统、主油箱内、封闭母线、内冷水箱内的氢气含量，或发现异常时未及时进行查漏、消除。

1.1.20 储氢罐存在设备缺陷，未按期进行定期检验或漏检。

属特种设备管理的压力容器和承压管道的爆破。

1.2 适用范围

本预案适用于公司及所属各单位，发生本预案所描述的设备事故时进行的应急行动。

1.3 编制依据

《中华人民共和国安全生产法》

《中华人民共和国消防法》

《中华人民共和国特种设备安全法》

国务院第549号令《特种设备安全监察条例》

《危险化学品安全管理条例》

《电力设备典型消防规程》

DL 647—2004《电站锅炉压力容器检验规程》

TSG 21—2016《固定式压力容器安全技术监察规程》

1.4 事故条件

氢气属于无色、无味、无毒、易燃、易爆气体。氢气着火的特点是燃烧速度快、爆炸力强、释放的热量高。在生产、储存和使用过程中极易泄漏。因为密度小，所以易在设备容器、建筑物顶部积累，如遇到火种、热源则立即发生燃烧爆炸，一旦着火，造成的损失将是不可估量的。储氢罐属于三类压力容器，属于国家重点监察的特种设备之一。

2 应急处置基本原则

2.1 坚持“安全第一、预防为主”原则，加强日常安全生产管理，及时排查安全隐患，落实事故预防和控制措施，防止事故发生。

2.2 坚持“统一指挥、分级负责”原则，在公司应急指挥部的统一指挥下，对事故应急工作实行分级响应，分级管理，各负其责。

2.3 坚持“救死扶伤，以人为本”原则，采取有效措施，最大限度地预防和减少人身伤亡。

2.4 坚持“自救为主，内外结合”原则，应急救援工作以企业自救为主，区域联防和社会救援相结合，最大限度地提高应急处理能力。

3 组织机构及职责

3.1 应急组织体系

公司成立应急管理委员会，即安全生产突发事件应急指挥部（下称公司应急指挥部），是公司处置突发事件的最高指挥机构，由公司总经理任总指挥，分管副总经理任副总指挥，成员为：办公室、安监部、人力资源部、生产技术部、运行部、物资公司、后勤公司、保卫部等主管负责人。现场设应急指挥部，办公室设在生产技术部或事故现场。

3.2　指挥机构及职责

3.2.1　指挥机构

发生 6.1 响应分级中所列Ⅰ级、Ⅱ级应急响应中的设备事故后，按照事故性质和严重程度，由公司总经理或分管副总经理组织公司安监部、生产技术部、政工部、人力资源部等有关部门组成应急救援指挥机构。

3.2.2　职责

3.2.2.1　公司应急救援总（副）指挥职责 ：

(1) 公司Ⅰ级、Ⅱ级设备事故发生后，负责组织公司应急救援指挥部及应急指挥办公室，指挥、协调各部门进行应急救援，进行事故调查和应急救援工作。及时向上级单位相关部门汇报情况。

(2) 发布公司Ⅱ级设备事故应急响应的启动和结束命令。

(3) 指挥、调动所属其他部门的应急救援力量。

3.2.2.2　公司安监部的应急职责：

(1) 公司Ⅰ级、Ⅱ级设备事故应急响应启动后，配合公司应急指挥办公室进行应急救援；参与事故现场的应急指挥和安全管理工作。

(2) 设备事故发生后，按照规定向上级安监部门报告应急工作情况；监督各生产部门做好事故所需应急物资的储备。

(3) 做好设备事故的调查、取证及事故的性质认定和责任人的处理。

(4) 配合教培中心做好应急预案的培训和演练。

3.2.2.3　公司生产技术部的应急职责：

(1) 公司Ⅰ级、Ⅱ级设备事故应急响应启动后，负责履行公司应急指挥办公室的职责，负责事故应急指挥。

(2) 负责组织编写公司《设备事故应急预案》，负责事故应急指挥。

(3) 负责提供设备事故的技术支持和事故应急协调工作，设备事故发生后，按照规定向上级归口部门报告应急工作情况。

(4) 负责督促和保证事故所需应急设备、物资的统筹、供应工作。

3.2.2.4　运行部的应急职责：

(1) 负责事故现场应急指挥。

(2) 负责调整系统运行方式，及时向上级调度中心汇报事故发生的性质和事故发展趋势。

(3) 负责调度、指挥事故后的系统和设备运行方式的恢复。

3.2.2.5　后勤公司的应急职责：

提供和保障事故应急所需的医疗设备、急救药品和具有丰富医疗救治经验的医疗救护人员。

3.2.2.6 公司办公室、人力资源部的应急职责：

(1) 授权向政府及上级报告（汇报）事故和应急抢险情况和人员、财产损失等。

(2) 负责授权发布事故应急信息（新闻发布会、与应急工作有关的公告）等。

(3) 负责接受公众对事故及应急抢险情况的咨询。

3.2.2.7 物资公司的应急职责：

负责事故情况下按照事故应急指挥部的命令和现场事故需求，提供并保障事故应急所需的设备、备品以及相关抢险物资。

3.2.2.8 保卫部的应急职责：

(1) 负责事故应急处理过程中的道路疏通及安全警戒、保卫工作。

(2) 负责事故应急情况下的消防设施及设备的调遣和使用。

4 预防与预警

4.1 危险源监控

4.1.1 氢罐火灾爆炸设备事故，由生产技术部负责进行事故后的设备损坏程度的技术检测和相应的损失评估。

4.1.2 事故所在部门，主要负责设备的抢修、进展和恢复过程的质量监测。

4.1.3 运行部负责事故情况下的系统、设备各类操作和现场安全措施的正确性、安全性以及电网安全运行的监测。

4.1.4 由安监部负责对事故应急抢险全过程，进行各个环节安全管理方面的监测。

4.2 预警行动

4.2.1 启动应急指挥部门的标准和程序：

(1) 当值长接到事故通报后，由当值运行值班人员对爆炸和火灾事故发展态势及影响进行动态的监测，并对爆炸和火势情况做出初步判断和评估，由保卫部、安监部会同运行部、检修公司汽机队对发生爆炸和火灾的具体设备、范围、程度做出进一步的判断和评估，并将判断和初步评估的结果快速反馈给当值值长，为整体的应急决策提供依据。若属Ⅱ级应急响应级别，应立即启动相应的应急预案。

(2) 根据事故报告的信息和事故性质，若属Ⅲ级应急响应，由事故现场进行应急处置。

4.2.2 应急指挥与控制程序：

生产技术部成立事故应急指挥部，指定应急总指挥，启动本预案后，由事故应急总指挥按照责任分工，确定事故控制抢险程序。

(1) 根据氢罐爆炸火灾事故的现场情况，立即指挥、调集事故应急体系中的各部门事故抢险突击队，携带应急救援所需物资到位，并按照职责分工，开展事故现场的救援抢险工作。

(2) 根据事故现场状况，向各部门通报并确定重点危险区域、重点保护区域和人员疏散区域。

(3) 将爆炸事故的现场人员伤亡和设备损坏以及周围环境破坏等方面的控制情况，及时向上级领导和当地政府部门汇报，并随时保持与事故发生部门的通信联系，密切关注和掌握事故应急抢险和对人员进行救治工作的进展、控制情况。

(4) 根据现场事故部门的现场报告及增援请求，负责协调和调配其他有关部门的应急力量和应急物资。

4.2.3 按程序指挥下列部门参加抢险：命令下列部室和相关车间，按照部门事故应急职责分工立即进入事故现场，履行现场的应急指挥与救援职责。

(1) 运行部按事故处理需要，指挥和协助当值值长，按事故处理程序，时刻保持与本市地调和省调度中心的通信联系，按调度命令实施事故情况下的机、炉、电、热工等生产系统运行方式的变更、切换操作和系统、设备的恢复操作。

(2) 安监部按《电业安全工作规程》规定，故障隔离后，穿戴好安全防护用品、带上安全用具进入现场，做好安全技术措施；火灾事故的应急救援工作危险性比较大，必须对应急人员自身的安全问题进行周密的考虑，防止被火烧伤；防止燃烧物所产生的有毒有害气体引起中毒、窒息，保证应急人员免受火灾事故的伤害。电气设备上灭火时还应防止触电。现场有危及人身安全的情况发生时应迅速撤离现场。爆炸现场及时做好保护和隔离的措施。

(3) 生产技术部履行指挥职责的同时，应协助事故部门全面做好事故现场危险区域的隔离措施、人员的安全防护措施以及应急处理必需的现场安全管理工作。

(4) 生产技术部对设备事故提供事故技术分析和相关技术资料支持、保证事故所需设备备品和相关物资的技术需求保障。

(5) 保卫部按照应急指挥部的应急命令，根据事故处理需要组织应急队伍赶赴现场，全面负责事故现场的安全警戒和治安保卫工作。

氢气系统火灾事故发生后，保卫部负责对爆炸和火灾事故现场进行警戒，设立事故区域并设置标志牌，禁止无关人员进入。无关人员未经应急人员同意不得进入事故现场。现场警戒人员在火灾事故现场警戒时应配戴好个人防护用品。

(6) 根据事故现场情况，若由于压力容器爆炸而发生其他事故时，应及时启动相应事故应急预案，组织应急队伍按照预案程序实施救援。

(7) 物资公司按照应急指挥部的应急命令，根据事故处理需要全面保证事故抢险过程各部门所需的设备、各类器材和相关物资的供应工作。

(8) 后勤公司医务室按照应急指挥部的应急命令，组织救护人员进入事故现场，按程序实施现场人员急救。

根据事故现场及抢险救援的进展情况，若事故可能进一步扩大，将超出本公司的承受能力时，事故应急指挥部在必要时，应及时向上级各部门通报，同时，向地方政府部门寻求抢险支援，根据需要派出现场指挥协调组或专家组与相关部门进行协调救援。

5 信息报告程序

5.1 信息报警条件、程序

5.1.1 报警人员报警应详细叙述下列基本内容：

(1) 说明发生事故的时间、地点、所在部门、自己姓名、事故设备的名称及影响范围等。

(2) 详细叙述事故情况。例如，“上午大约9点10分，＃2机组＃1储氢罐爆炸，并发生火灾事故，储氢罐附近大约多少人员正在从事其他设备的消缺工作，受伤人员的数量。另外，火灾的区域和范围，现场的风向，照明情况，设备的损坏情况，请赶快派人到现场进行抢险、救助”。

5.1.2 值长接到事故报警后，应再次确认事故的以下信息：

(1) 事故的类型、发生时间、发生地点。

(2) 事故的原因、性质、影响范围、设备破坏严重程度。

(3) 事故现场伤亡人员、受困人员的情况和相应人数等。

(4) 是否已采取相应的事故控制措施及其他应对措施。

(5) 详细记录上述内容和报警人员的姓名及通信联系方式等。

5.2 信息报警方式、方法

(1) 报警电话：

1) 值长电话：2520；

2) 公司内火警电话：119。

(2) 事故报告及报警流程：

现场值班人员发现制氢站储罐爆炸或氢气系统发生火灾后，应立即向值长报告，并向保卫部火警值班报警（见图1）。

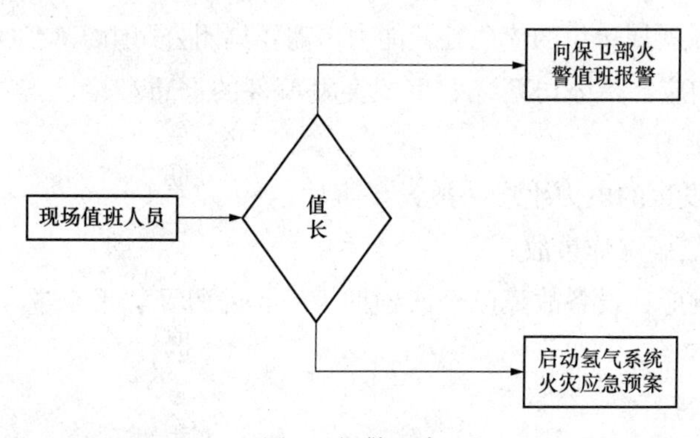

图1 报警程序

(3) 发生爆炸或火灾事故后，现场值班人员应加强与值长的联系，随时听候命令，进行事故处理。

5.3 信息报警内容时限

5.3.1 汇报时限：在1h内向集团公司发电部报告，书面详细情况汇报不得超过12h。在4h内向市质监局报告。事故应急结束后，在48h内将事故应急救援处置情况汇总后，向集团公司安监部和市质监局汇报。

5.3.2 汇报内容：

发生爆炸或氢气系统火灾时，现场值班人员须及时向值长简明扼要地汇报以下情况：

（1）爆炸或火灾事故发生的时间、地点；

（2）爆炸或火灾事故的范围、经初步判断设备烧坏的程度；

（3）爆炸或火灾事故对其设备的影响程度；

（4）已采取的控制措施；

（5）报告人员姓名及通信方式。

5.4 通信联络

通信联络见表1。

表1 **通信联络表**

部门	职务	固定电话	手机

6 应急处置

6.1 响应分级

设备事故分为Ⅰ级响应、Ⅱ级响应、Ⅲ级响应，分别如下：

6.1.1 Ⅰ级响应：指公司系统发生的突发事件的严重程度已经或预期达到下列情形之一：

（1）公司系统发生的较大及以上设备事故；

（2）电力生产重大及以上火灾事故；

（3）超出公司及所属单位的应急处置能力，需要集团公司组织应急处置的设备事故。

6.1.2 Ⅱ级响应：指公司系统发生的突发事件的严重程度已经或预期达到下列情形之一：

（1）公司系统发生的电力生产一般设备事故；

（2）燃油罐、氢罐爆炸事故。

6.1.3 Ⅲ级响应：设备故障已经或预期为一类障碍及严重未遂。

6.2 响应程序

6.2.1 应急指挥

公司应急指挥办公室或其他值班人员接到突发事件报警时，应做好突发事件的详细情况和联系方式等方面的记录，并及时向公司应急指挥部报告。同时对险情做出准确判断，当确定为Ⅰ级、Ⅱ级响应时，公司启动本预案，公司生产技术部履行应急指挥办公室职责。

6.2.2 应急行动

本预案启动后，由公司应急指挥部组织成立工作组，负责指挥、协调事故应急处理及事故调查，并及时向集团公司应急指挥办公室报告情况。

6.2.3 资源调配

(1) 应急力量的组成、各自的应急能力及分布情况：

应急力量由运行、检修人员和保卫消防队员组成。现场运行人员主要负责巡视检查制氢设备、储氢罐及氢气系统，对氢气系统进行隔离，同时应做好现场汇报联系工作；检修人员主要负责灭火及现场恢复。

(2) 重要应急设备、物资的准备情况：

1) 在现场配有灭火器、火灾报警装置、测氢仪。

2) 在运行机组集控室配备各类防爆安全工（器）具、通信工具。

3) 应急个人防护用品主要有：防毒面具、绝缘手套、绝缘鞋等。

4) 应急工具主要有：固定（便携）移动照明工具等。

(3) 社会的可用应急资源情况：市人民医院、120 急救中心、市消防队。公司各部门根据突发事件应急救援的需要，协调公司系统其他单位的救援力量进行支援。

6.2.4 应急避险

公司应急救援工作组及事故单位抢险救援人员，应注意现场自身安全和抢救人员的安全，防止在救援过程中遭受伤害。

6.2.5 扩大应急

当设备事故继续扩大时，应根据应急响应级别及时启动更高级别的响应，必要时向上级单位及政府部门申请应急救援。

6.3 处置措施

设备事故发生后，本着“保人身、保电网、保设备”的原则，迅速开展应急救援，使发生事故的设备及时得到恢复，主要工作内容如下：

当发电机氢气系统着火时，应迅速切断氢源，隔离供氢系统，解列发电机组，并使用固定的灭火装置进行灭火（机旁应设置大中型二氧化碳或 1211 灭火装置作灭火备用）。发电机应使用二氧化碳灭火，发电机的灭火工作应在主断路器及公司用断路器跳闸，发电机灭磁后进行。当发电机着火时，值班人员应立即采取下列措施。

(1) 立即停止机组，维持机组惰走运行、内冷水泵继续运行。

(2) 值班人员应使用就地备用的发电机灭火器及时灭火；同时通知消防队救援，并点明具体着火的设备。不得使用泡沫式灭火器或砂子灭火。

(3) 启动发电机辅助油泵，顶轴油泵。避免一侧过热而致主轴弯曲，禁止在火熄灭前，将发电机完全停止转动。

机组正常运行中封闭母线护罩内的氢气含量超过 1%时，应向内部送入惰性气体（二氧化碳或氮气），立即将发电机与电网解列。在发电机停下之前就应开始排放定子机壳内的氢气。因氢气无色、无味，起火后传播速度快、火焰温度高，要求救火时需穿隔热服，防止烧伤。灭火要注意电源的防爆，切断电源后进行救火。

公司保卫部值班人员接到报警后，应迅速集合公司义务消防员，携带灭火器材赶往着火地点，进行扑救。待公司义务消防员赶到火场后，班长立即向公司消防负责人汇报火灾情况，协助公司消防员进行扑救。公司义务消防员利用现场的室内消防栓、后续灭火器等资源进行火灾扑救。现场监测人员应监测现场火灾的发展情况，随时将监测到的结果反馈给现场指挥人员。

整个火灾扑救现场人员的安全由现场的应急指挥负责，专家组为火灾事故的扑救工作提供技术等专业咨询服务，记录员负责做好处理应急事故的详细记录。

压力容器爆炸现场，应迅速切断氢源，隔离供氢系统，解列爆炸设备，并使用固定的灭火装置进行灭火。做好火灾蔓延，导致附近储氢罐和供氢系统二次爆炸和火灾的安全措施。

7 应急物资与装备保障

公司应急物资主要是交通和通信工具，各部门要根据情况明确应急处置所需的物资与装备数量、管理和维护、正确使用等，准备充足的紧急救治药品、器械和工具。

8 附则

8.1 相关应急预案名录（略）

8.2 火灾事故应急响应流程见图 2。

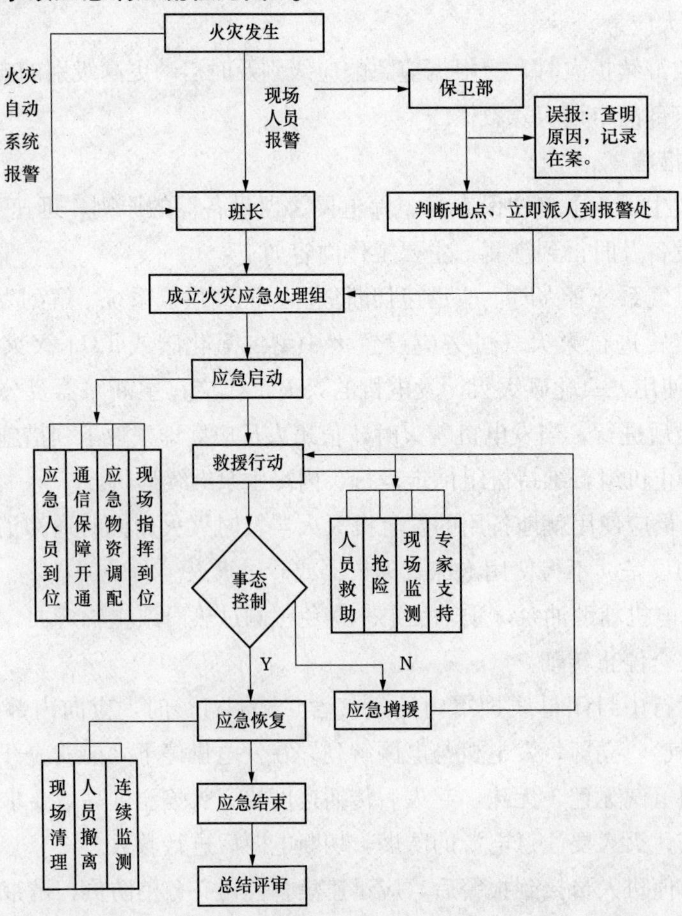

图 2　火灾事故应急响应流程

8.3　备案

本预案由某发电有限公司应急管理委员会负责备案。

8.4　维护和更新

某发电有限公司生产技术部负责更新本预案，由公司突发事件应急指挥办公室牵头对本预案每年评审一次，提出修订意见报应急管理委员会审批。

8.5　制定与解释部门

本预案由某发电有限公司生产技术部负责制定并解释。

8.6　实施时间

本预案自发布之日起实施。

参　考　文　献

1. 侯锡瑞主编. 电站锅炉压力容器压力管道安全技术. 北京：中国电力出版社，2005.
2. 王可勇主编. 金属热处理. 北京：中国水利水电出版社，2010.